W0290583

Günther Ohloff

Irdische Düfte
– Himmlische Lust –
Eine Kulturgeschichte der Duftstoffe

Birkhäuser Verlag
Basel · Boston · Berlin

Die Deutsche Bibliothek – CIP-Einheitsaufnahme

Ohloff, Günther:
Irdische Düfte – himmlische Lust : eine Kulturgeschichte der Duftstoffe / Günther Ohloff. – Basel ; Boston ; Berlin : Birkhäuser, 1992
ISBN 3-7643-2753-7

Das Werk ist urheberrechtlich geschützt. Die dadurch begründeten Rechte, insbesondere die der Übersetzung, des Nachdruckes, der Entnahme von Abbildungen, der Funksendung, der Wiedergabe auf photomechanischem oder ähnlichem Wege und der Speicherung in Datenverarbeitungsanlagen bleiben, auch bei nur auszugsweiser Verwertung, vorbehalten. Die Vergütungsansprüche gemäß § 54, Abs. 2 UrhG werden durch die «Verwertungsgesellschaft Wort», München, wahrgenommen.

© 1992 Birkhäuser Verlag Basel
Umschlaggestaltung: Atelier Schnug, Rosenheim
Printed in Germany
ISBN 3-7643-2753-7

Inhaltsverzeichnis

VIERTER TEIL

FÜNFTER TEIL

ANHANG

PROLOG

Über die chemischen Sinne

Die Wahrnehmung von Gerüchen gehört zum Menschen wie Schmecken, Sehen, Hören und Fühlen. Leben und Kultur sind durch den Geruchssinn geprägt worden, wovon uns eindrucksvolle Zeugnisse aus den letzten 5000 Jahre erhalten geblieben sind. Rauchopfer durch Verbrennen von Harzen, Hölzern und anderen aromatischen Pflanzenteilen als Zeichen der Verehrung übersinnlicher Wesen waren die frühesten Zeugen einer Duftkultur.

Deutung und Verarbeitung von olfaktorischen Sinneseindrükken werden wohl zu den ältesten Merkmalen gehört haben, durch die sich der Mensch von anderen Lebewesen seiner Umgebung unterschied. An soziale und Umweltgerüche als Teil ihrer Überlebensstrategie gewöhnt, müßen unsere Urahnen in grauer Vorzeit die Erscheinung des stofflich nicht faßbaren Wohlgeruchs, der unkontrolliert Emotionen hervorrufen kann, rätselhaft und unerklärbar empfunden haben. Duftsignale schienen Zeichen des Himmels, von göttlichem Ursprung zu sein. Mythos und Religion entwickelten sich daraus als Teil unserer Kultur.

Erst im Zeitalter der rationalen griechischen Naturerklärung um 500 v. Chr. erfahren wir von dem Philosophen Demokrit von Abdera über die Grundbausteine der Materie: «Die Begriffe farbig, süß und bitter sind lediglich Konventionen. In Wirklichkeit existieren nur die Atome und der leere Raum». Nach der stofflichen Definition des Duftes von Platon (um 360 v. Chr.), die wir aus dem *Timäus* erfahren, ist das, was auf den Geruchssinn wirkt, kompakter als Luft und dünner als Wasser. Bei Theophrastos (geb. 372 v. Chr.) gelten die Beziehungen scharf, kräftig, schwach und süß gleichermaßen für übelriechende wie für wohlriechende Stoffe. Mit dem Mischen von verschiedenen Aromen wollte man der Natur nachhelfen und besondere Geruchsqualitäten und einen besseren Geschmack herstellen. Auch Theophrastos stellte die bedeutende Frage: «Warum wird ein Wohlgeruch, der in einem Parfüm als angenehm empfunden wird und den man auch im Wein akzeptiert, in einem Nahrungsmittel abgelehnt?» Bedeutende Beiträge zur Geruchswahrnehmung sowie die Kenntnis der Wohlgerüche der antiken Welt verdanken wir auch den Schriftstellern Herodot, Horaz, Ovid und besonders Martial. Diese und mit ihnen viele andere haben sich nicht gescheut, in oft blumenreichen Berichten die Schönheitspflege und ihre duftenden Mittel zu preisen, aber auch deren exzessiven Gebrauch und die Verschwendungssucht ihrer Liebhaber anzuprangern.

Nach unseren heutigen Erkenntnissen sind Riechen und Schmecken Sinneseindrücke, die durch den direkten Kontakt chemischer Verbindungen mit einem peripheren Rezeptorsystem ausgelöst werden. Man nennt sie daher die chemischen Sinne. Bereits Aristoteles (geb. 384 v. Chr.) kommt zu der Erkenntnis, daß die Geschmackswahrnehmung nur in Gegenwart von Feuchtigkeit ausgelöst werden kann. Schmecken ist eine Form von Berührung, die von der Nahrung ausgeht. Fühlen und Schmecken erfolgen daher durch Kontakt, die Geruchswahrnehmung aus der Entfernung. Wir rechnen heute Schmecken dem Nahsinn, Riechen dem Fernsinn zu.

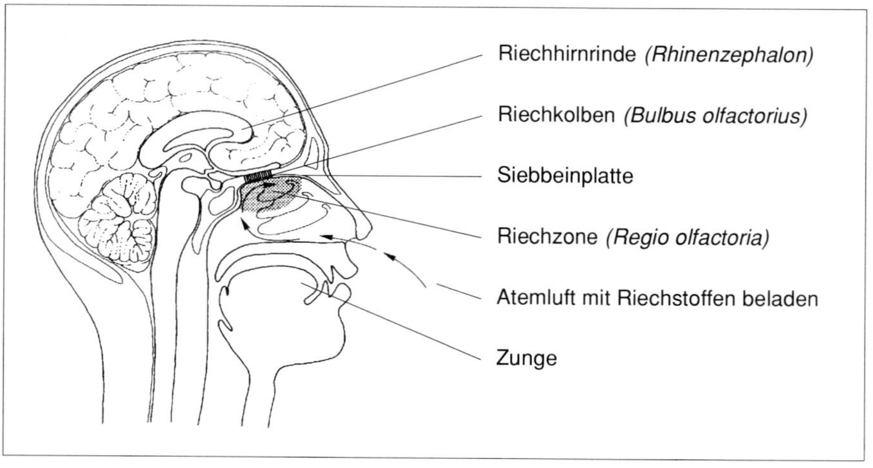

Schematische Darstellung der menschlichen Geruchswahrnehmung.

Geschmackstoffe stimulieren, im wäßrigen Medium des Speichels gelöst, auf der Zunge befindliche Sinnesnervenzellen. Duftstoffe hingegen sind ausschließlich flüchtige Verbindungen, welche mit der Atemluft in den oberen Teil des Nasendaches gelangen und dort in der Riechzone (*regio olfactoria*) auf spezielle Rezeptorzellen stoßen, um schließlich ihre Wirkung entfalten zu können. Auch neurophysiologisch besteht unter den beiden Sinnen eine strikte Trennung, denn Geruchs- und Geschmackseindrücke werden in unterschiedlichen Gehirnteilen registriert. Das ändert sich auch nicht, wenn sie für bestimmte Erkennungsmuster oder bei synergistischen Effekten, wie sie bei der Nahrungsaufnahme erzeugt werden können, Einheitlichkeit vortäuschen. Was angenehm schmeckt, entscheidet die Nase, denn etwa neunzig Prozent der Sinneseindrücke während einer Mahlzeit stammen von Geruchssignalen. Ein einfacher Versuch mit Äpfeln und Zwiebeln belegt das Phänomen sehr deutlich, denn beide können, wenn sie zu einem Püree gleicher Konsistenz verarbeitet werden, bei geschlossener Nase nicht mehr voneinander unterschieden werden. So gehört der Geschmack zu den einfachen Sinnen, da er nur vier Qualitäten bei relativ hohen Konzentrationen unterscheidet, nämlich süß, sauer, bitter und salzig. Demgegenüber ist der Geruch der höchstentwickelte menschliche Sinn, ist er doch in der Lage, eine unbegrenzte Anzahl von Stoffen und Stoffgemischen in oft mini-

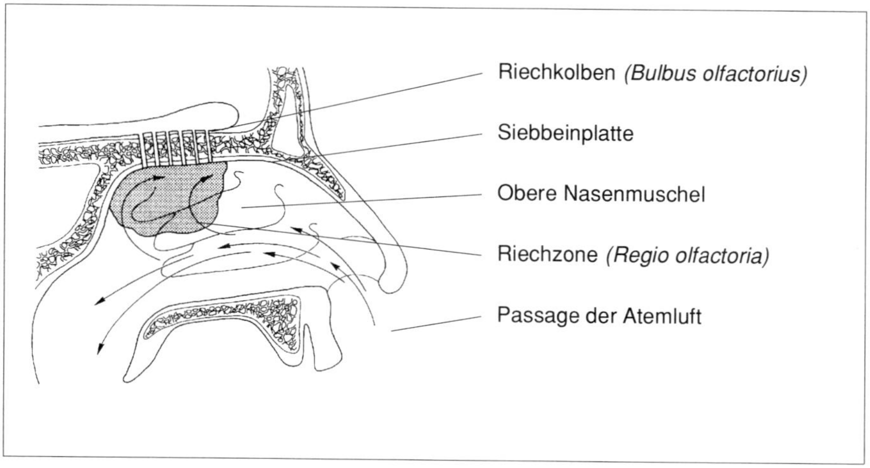

Diagramm der lateralen Nasenhöhlenwand.

malsten Spuren zu zu unterscheiden. Die Riechstoff-Rezeptoren liegen in den geißelförmigen Riechhaaren (*cilia olfactoria*), welche die gesamte Riechschleimhaut durchdringen; Bündel von bis zu zehn dieser Fäden sind mit den zwanzig Millionen Riechzellen verbunden. Der eigentliche Riechvorgang spielt sich an den aus hochmolekularen Glykoproteinen bestehenden Rezeptormolekülen ab, die in eine Lipoidmembran eingebaut sind. Bei der Geruchsauslösung treffen Riechstoff-Moleküle auf entsprechende Rezeptorstellen, was eine Veränderung der sogenannten Quaternärstruktur des Rezeptorproteins bewirkt, zu einer Depolarisierung der olfaktorischen Membran führt und schließlich mit dem Zusammenbruch des elektrischen Potentials der Zelle endet. Dieser Vorgang löst nach einem komplexen biochemischen Prozeß einen elektrischen Impuls aus, der in Riechfasern durch die Siebplatte des Nasendaches in den Riechkolben des Vorderhirns geleitet wird. Diese elektrischen Signale, die alle molekularen Informationen des Riechstoff-Moleküls in kodierter Form enthalten, werden im Riechkolben (*bulbus olfactorius*) in chemische Signale transformiert und als Transmitter-Substanzen in spezifischen Riechsträngen in das Riechzentrum geleitet, wo sie an die Großhirnrinde Geruchsempfindungen vermitteln. Eine besondere Erwähnung verdient in diesem Zusammenhang Claudius Galenus (129–199 n.Chr.), der neben Hippokrates zu den bedeutendsten Ärzten der Antike zählte. Diesem Forschergeist verdanken wir die Entdeckung der Riechnerven, die Leonardo da Vinci in akkuraten anatomischen Zeichnungen darstellte; auch kannte Leonardo bereits die Verbindung dieser Nervenstränge mit dem Riechkolben des Vorderhirns. Die entschlüsselten und in Geruchsempfindungen transformierten Signale, die wichtige Informationen über unsere Außenwelt dem Gehirn vermitteln, werden unserem Gedächtnisspeicher zugeführt und dort mit vorhandenen Erkennungsmustern verglichen. Ist dort der Wohlgeruch einer Rose registriert, so wird man diese direkt erkennen und als Signal der Blüte eindeutig identifizieren. Selbst wenn man vorher niemals Rosengeruch wahrgenommen hat, wird man eine semantische Deutung vornehmen und ihn als blumig beschreiben können. Bei eingehender Geruchsanalyse stößt man auf blätter- und zitronenartige Untertöne, die von schweren fruchtigen Nuancen begleitet werden. Im Gegensatz zum Geruchsorgan und seinem bioche-

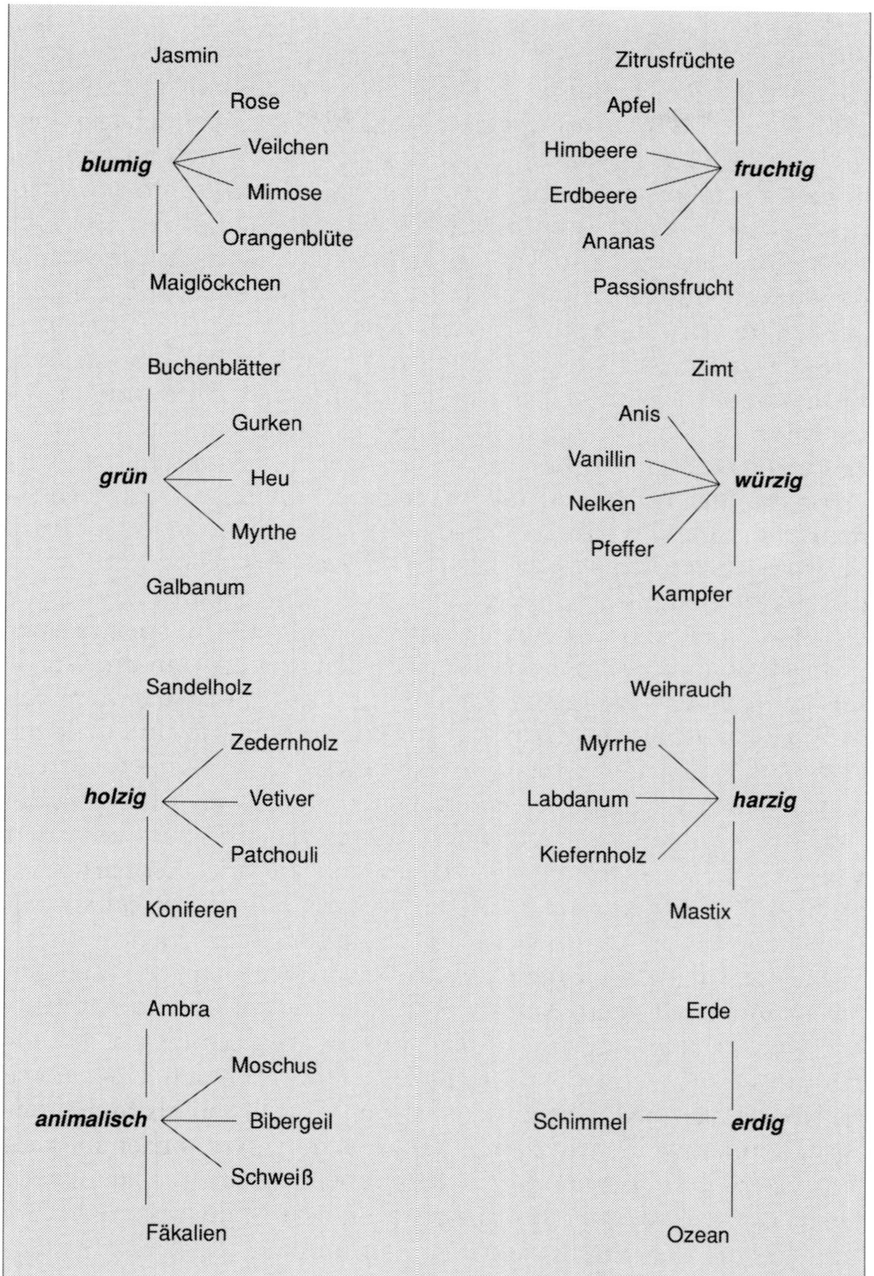

Klassifizierung von Gerüchen.

misch-neurophysiologischen System ist das Erkennen und Beschreiben von Gerüchen nicht genetisch determiniert, sondern eine erworbene, sprich erlernbare Fähigkeit. Diese Tatsache erschwert eine objektive systematische Klassifizierung von Geruchseindrücken. Um sich miteinander verständigen zu können, müßen die Menschen einen Katalog von Geruchsqualitäten erstellen und dafür gleichzeitig Referenzen angeben. Teilt man, wie in Abb. 3 (S. 11) aufgeführt, die Geruchsnoten in acht Grundgerüche ein, die sich auf natürlich vorkommende Geruchsquellen berufen, dann kann eine Gruppe von Geruchsanalytikern die olfaktorischen Eigenschaften eines Duftstoffes relativ genau beschreiben. In der Praxis wird dieser nach der semantischen Funktion aufgestellte Geruchskodex ergänzt, verfeinert und außerdem mit hedonischen Begriffen wie angenehm, unangenehm oder stinkend versehen. Da jeder Duftstoff meist mehrere Sinneseindrücke gleichzeitig hervorrufen kann, erhält man als Summe der deskriptiven Ausdrücke sein Geruchsprofil. Um einen molekularen Einblick in die quantitativen Beziehungen zwischen Struktur und Geruch zu erhalten, wählt der Chemiker Standard-Moleküle, die sich mit der größtmöglichen Anzahl von Riechstoffen korrelieren lassen. Der Geruch von Kampfer erscheint dabei am häufigsten. Den gleichen Modellcharakter weist Santalol für Sandelholzgeruch auf. Über zweihundert Riechstoffe konnten Santanol bereits angeschlossen werden. Muskon stellt den Prototyp für Moschusgerüche dar und Ambrox für Ambra. Schließlich führt man alle schweiß- und urinartigen Tonalitäten auf Androstenon zurück, ein enzymatisches Abbauprodukt des männlichen Sexualhormons Testosteron, dem sich viele strukturelle Varianten anschließen.

Diese molekulare Referenzmethode, die der Chemiker beliebig ausbauen kann, gibt ihm einen wichtigen Einblick in die Struktur-Wirkungsbeziehungen von Riechstoffen. Man nimmt an, daß olfaktorisch aktive Stoffe auf komplementäre Rezeptorstellen stoßen und mit ihnen einen reversiblen Komplex bilden, der zur Signalauslösung führt. Die olfaktorische Sinneswahrnehmung wird qualitativ um so spezifischer und intensiver ausfallen, je besser die molekulare Paßform gewährleistet ist, je stärker also die Bindungen im Komplex ausfallen. So modern diese Theorie der Rezeptoraktivität, die in groben Zügen auch für pharmakologische Wirkstoffe gilt, anmutet – sie ist doch bereits über 2000 Jahre alt. Der römische Dichter und Naturphilosoph Titus Lucretius Carus (97–55 v.Chr.) nämlich schrieb bereits in seinem Werk *De rerum natura*, daß ein Geruch ausgelöst wird, wenn Moleküle durch Schlitze des Sinnesorgans mit angepaßter Gestalt hindurchtreten können. Entsprechend sollen angenehm riechende Substanzen aus glatt-runden Partikeln, die bitter-scharfen Gerüche jedoch aus kompakten und gebogenen Teilchen bestehen. Erst am Ende des vorigen Jahrhunderts sollte diese erste Theorie über Struktur-Wirkungsbeziehungen von biologisch aktiven Molekülen durch die Schlüssel-Schlüsselloch-Theorie von Emil Fischer ersetzt werden. Das Postulat dieses außergewöhnlichen Forschers gründete sich auf der Beobachtung biochemischer Prozesse, wonach eine chemische Wirkung bei einer Enzym-Substrat-Interaktion nur auftreten kann, wenn beide wie Schloß und Schlüssel zueinander passen. Linus Pauling übertrug diese Beobachtung auf die Olfaktion und stellte fest, daß Form und Größe der Molekularstruktur eines Riechstoffes Voraussetzung für die Auslösung einer spezifischen Geruchsqualität sind. Schließlich begründete John E. Amoore auf dieser Basis die Stereochemische Geruchstheorie, die auch noch nach vierzigjährigem Bestehen in den Grundzügen Bestand hat.

Das qualitative und quantitative Erkennen von Duftstoffen ist nicht die einzige Information, die Riechstoffsignale vermitteln. Diese können mehr oder weniger stark Funktionen des limbischen Systems beeinflussen, in dem das Riechzentrum lokalisiert ist. Der limbische Teil gehört philogenetisch zu den ältesten Strukturen des menschlichen Gehirns. Er beherbergt unser Gedächtnis, reguliert unsere Emotionen und steuert Lust und Ekel, Lust auch in Freudschem Sinne.

Die Bewußtseinsveränderung beim Menschen durch Einwirkung von Duftstoffen ist vielfältig und auf verschiedene Weise literarisch ausgedrückt worden. Von allen Sinneseindrücken, die z.B. Nostalgie auslösen können, wird der Geruch als der stärkste betrachtet. Aus der Fülle von Zitaten sollen hier einige typische Beispiele aus Prosa und Lyrik wahllos herausgegriffen werden:

Goethes Mignon-Lied *Kennst Du das Land* weckt mit der sinnlichen Vergegenwärtigung fremdartiger Früchte und Pflanzen des Südens Italiensehnsucht. Und Charles Baudelaire drückte das

Fernweh in *Die Blumen des Bösen* so aus: «(...) Gedüft, das weckt die Träume nach Oasenferne (...)»

«Das duftet nach Fichten und Farnkraut und Blut und Jugend», sagte Christian Dietrich Grabbe seinem Biographen Karl Ziegler, die Hermannschlacht kommentierend. «Ja, den lippischen Wald, den möchte ich schon noch mal schnuppern», ließ Thomas Valentin seine Figur Grabbe im Angesicht des Todes sagen. Der Dichter Christian Dietrich Grabbe hingegen hat Heimat schlicht mit Geruch assoziiert.

Der heimwehkranke Heinrich Heine beschrieb den Heimatgedanken in seinem Epos *Deutschland. Ein Wintermärchen* so:

Ich sehnte mich nach Torfgeruch,
Nach deutschem Tabaksdampfe,
Es bebte mein Fuß vor Ungeduld,
Daß er deutschen Boden stampfe.

Nach Lew Kopelew, dem Biographen Heines, ist Torfgeruch synonym mit Hamburg und Tabaksqualm schlechthin mit Deutschland.

In Friedrich Dürrenmatts *Der Besuch der alten Dame* gerät die von Enttäuschungen zerfressene Claire Zachanassian fast nostalgisch ins Schwärmen, wenn sie sagt: «Schwül hier – zum Ersticken – Doch ich liebe diese Scheune, den Geruch von Heu, Stroh und Wagenschmiere. Erinnerungen.»

Elias Canetti hat uns unsterbliche Zeugnisse von psychologisch interessanten Sinneseindrücken geliefert. Hier ein Auszug aus *Die gerettete Zunge. Geschichte einer Jugend*:

Tot, sagte sie, das ist alles tot! Es riecht nicht, es macht einen nur traurig! Von der Rütliwiese aber war sie hingerissen: Kein Wunder, daß die Schweiz hier entstanden ist! Unter diesem Zyklamengeruch hätte ich alles geschworen. Die haben schon gewußt, was sie verteidigen. Für diesen Duft wäre ich bereit, mein Leben hinzugeben. Plötzlich gestand sie, daß ihr an Wilhelm Tell immer etwas gefehlt habe. Nun wisse sie, was es sei: der Geruch.

Schließlich sei hier ein Zitat aus der amerikanischen Literatur wiedergegeben: «Der Geruchssinn ist ein mächtiger Zauberer, der uns über Tausende von Kilometern und über alle Lebensjahre hinwegzutragen vermag. Obstduft bringt mich unter die Pfirsichbäume zurück, wo ich als Kind gespielt habe; ich kenne Gerüche, bei denen sich mein Herz erinnerungsselig weitet, und andere, bei denen es sich erinnerungsweh verkrampft.» Dieses nostalgische Zeugnis von Helen Keller, in hohem Alter niedergeschrieben, ist ungetrübt von allen anderen Sinnen, denn die Schriftstellerin war taubstumm und blind. Keine anderen, von außen empfangenen Signale, können hier den Geruchssinn überlagert haben.

Im Tierreich existiert eine sehr ausgeprägte Duftsprache, die den Lebewesen die Futterquelle anzeigt, sie vor Feinden warnt oder ihr Sexualverhalten steuert. Wir kennen bereits einige wichtige Vokabeln dieser Sprache, und an ihrer Syntax wird an vielen Forschungszentren der Welt fieberhaft gearbeitet. Für die Klasse der Sexuallockstoffe prägte der Münchner Biochemiker Adolf Butenandt den Begriff Pheromone. Chemische Signale des Partners können oft über große Distanzen wahrgenommen werden. Insekten z.B. würden kaum eine Chance zu ihrer Fortpflanzung haben, wenn sie sich nicht über artspezifische Signalstoffe verständigen könnten. Männliche Seidenspinner empfangen die weiblichen Pheromone, die Kopulationsbereitschaft signalisieren, über eine Entfernung von elf Kilometern. Schon Einzeller finden durch chemotaktische Anziehung zueinander. Aber auch bei den höchstentwickelten Lebewesen, den Wirbeltieren, wird das Sexualverhalten durch Botenstoffe bestimmt. So werden die solitär lebenden männlichen Moschustiere durch den weiblichen Drüsenduftstoff Muskon angezogen. Hunde wittern von weitem «heiße» Weibchen. Weibliche Säugetiere, die ständig männlichem Urin ausgesetzt sind, erreichen wesentlich früher die Pubertät als andere. Sobald eine trächtige Maus den männlichen Urin einer anderen Kolonie riecht, unterbricht sie augenblicklich ihre Schwangerschaft. Offenbar können Mäuse genetische Unterschiede ihrer potentiellen Paarungspartner herausriechen. Diese Gene liegen nach den Untersuchungen von Gary K. Beauchamp und seinen Mitarbeitern im Bereich immunologischer Funktionen, die für das Erkennen körperfremder Stoffe und deren Abwehr verantwortlich sind. Sie gehören daher zur Gruppe derjenigen Gene, die auch der Annahme oder Abstoßung von Gewebe oder Organtransplantaten dienen.

Androstenon ist eindeutig als das Sexualpheromon von Schweinen identifiziert worden. Wird dieser Ebergeruch von weiblichen Partnern während der Brunstzeit wahrgenommen, so löst sich augenblicklich die sogenannte Begattungsstarre. Unterbricht man durch einen chirurgischen Eingriff die Riechnervenstränge bei Säuen oberhalb des *bulbus olfactorius*, so ist der pheromonale Effekt verschwunden.

Diese wenigen Beispiele einer eindeutigen chemischen Kommunikation unter den Geschlechtern im Tierreich führen zwangsläufig zu der Frage, ob zwischenmenschliche Beziehungen ebenfalls durch Botenstoffe beeinflußt werden können. Bevor wir allerdings nach naturwissenschaftlichen Grundlagen für das eventuelle Vorhandensein solcher Stoffe suchen, wollen wir uns umsehen, wie sich die Literatur mit dieser Thematik auseinandergesetzt hat:

Eine Frau ist etwas mit Geruch.
Unsägliches! Stirb hin! Resede,

sagte Gottfried Benn in seinem Gedicht *D-Zug*. In *Der Arzt* wurde er noch konkreter: «Ich weiß, wie Huren und Madonnen riechen.» Johannes R. Bechers Gedicht *Der Freund* schließt mit dem Vers:

Ein wenig gleichst Du der Geliebten auch,
bist Duft von ihr und Hauch von ihrem Hauch.

«Bitte wasch Dich nicht, meine Liebste», schrieb Henry IV. seiner Maitresse Gabrielle d'Estrées, «ich werde in einer Woche zurückkehren». Hier sind wir hautnah am Körpergeruch. Goethe gestand, Frau v. Stein ein Mieder entwendet zu haben, um nach Lust und Laune daran riechen zu können. Eine Klassifizierung der Frauen glaubte J.K. Huysmans nach dem Signalcharakter ihres Körpergeruchs vornehmen zu können. In seinem Roman *Croquis parisiens* aus dem Jahre 1880 schrieb er nämlich:

Brünette und Schwarze riechen temperamentvoll und gelegentlich anstrengend, Rothaarige dagegen scharf und wild, Blondinen aber berauschend und vollmundig wie die Blume eines Spitzenweins. Man könnte fast sagen, daß dies genau ih-

rer Art zu küssen entspricht: fester und besitzergreifender die Brünetten, hingebungsvoller die Blondinen.

Männerduft war bei der Damenwelt in der Antike sehr begehrt. Griechische und römische Frauen salbten sich mit Rhypos, der den mit Olivenöl extrahierten Schweiß von Ringern und Gladiatoren enthielt. Ähnliches kennt auch die Neuzeit, denn mit Schweiß getränkte Halstücher der Beatles oder von Elvis Presley versetzten die weiblichen Fans in Ekstase.

Der Roman *Ulysses* von James Joyce ist ein Meisterwerk sensorischer Dichtung und eines der ersten, in das die tiefenpsychologischen Erkenntnisse Freuds eingingen. Das Werk endet mit dem Bekenntnis der Molly Bloom:

Ich habe ihm zuerst die Arme um den Hals gelegt und ihn zu mir niedergezogen, daß er meine Brüste fühlen konnte, wie sie dufteten, ja, und das Herz ging ihm wie verrückt, und ich habe ja gesagt, ja, ich will, JA.

Die Macht der Düfte beschwört natürlich auch Patrick Süskind in seinem Roman *Das Parfüm*. Sein mörderisches Monstrum Grenouille extrahiert den Körpergeruch von fünfundzwanzig soeben zur Blüte gelangten, erschlagenen Mädchen und kreiert daraus ein unwiderstehliches Superparfüm. Der Gerechtigkeit zugeführt und auf den Richtplatz gebracht, nimmt Grenouille einen Tropfen davon, worauf die Rachsucht der Zuschauer in Ergriffenheit, Sympathie und schließlich in sexuelle Ausschweifungen umschlägt.

Welche Bedeutung mißt die Forschung menschlichen Duftsignalen bei? Tatsache ist, daß diese von Tausenden exokriner Drüsen unterschiedlicher Bauart und Funktion emittiert werden und sich über den ganzen Körper verteilen. Hier sollen uns nur zwei Typen interessieren, deren Sekretion über den Hormonhaushalt gesteuert werden. Einmal sind es die über Gesicht und Kopfhaut verteilten Talgdrüsen und zum anderen die apokrinen Schweißdrüsen, die sich am zahlreichsten in den Achselhöhlen und der Genitalgegend befinden. Die Sekrete dieser Drüsen sind geruchlos, werden jedoch von den auf der Haut angesiedelten Mikroorganismen in riechende Substanzen überführt. Das dabei entstehende Geruchsmuster ist von Geschlecht, Alter, dem Gesundheitszustand und der Nahrungsaufnahme abhängig. Außerdem weisen die Rassen genetische Unterschiede auf. Koreaner, die über keine apokrinen Schweißdrüsen verfügen, kennen auch so gut wie keinen Körpergeruch. Wenig Körpergeruch besitzen Chinesen und Japaner, Weiße hingegen wesentlich mehr und Schwarze am meisten. Unter den Metaboliten der Sekrete befinden sich eine Reihe von Fettsäuren. Dieses Geruchsmuster wurde besonders von Japanern unangenehm wahrgenommen, was den Europäern und Amerikanern den Namen «Butterstinker» (*batakusai*) eingebracht hat.

Unsere besondere Aufmerksamkeit jedoch verdient der eigentliche Schweißgeruch, der aus mikrobiellen Abbauprodukten männlicher Sexualhormone besteht und zu den wichtigsten Substanzen des olfaktorischen «Fingerprints» beim Menschen gehört. Dieser sogenannte Steroidgeruch geht vom weiblichen Geschlecht, entsprechend seiner wesentlich geringeren Konzentration an männlichen Hormonen, nur marginal aus. Eine dieser Verbindungen ist das Andostenon, das Sexualpheromon des Ebers, das seine Entdecker, die Zürcher Forscher V. Prelog und L. Ruzicka, zutreffend an den «Geruch von Gefäßen, die längere Zeit für die Aufbewahrung von Harn benutzt worden waren», erinnert. Seine natürlichen Derivate weisen animalischen Moschusgeruch mit stark sandelholzartigem Einschlag auf. Schließt man den Fettsäuregeruch ein, dann hat man es mit vier Grundgerüchen zu tun, denen eine potentielle Signalwirkung beim Menschen zukommen könnte. Tatsächlich fehlt es nicht an indirekten Hinweisen, welche diese Vermutung erhärten. So hat man herausgefunden, daß sich Partner an ihrem Körpergeruch wiedererkennen. Allerdings stellt sich dieses Phänomen erst nach der Pubertät ein, d.h. nach dem Auftreten von Sexualhormonen in den apokrinen Drüsen.

Frauen empfinden Duftstoffe im allgemeinen stärker als Männer. Außerdem ist ihre Sensibilität von dem durch Hormone gesteuerten Menstruationszyklus abhängig, nämlich am stärksten während der Ovulation und am schwächsten bei der Menstruation. Nach Einnahme der «Pille» hebt sich diese stärkere Empfindlichkeit auf und nähert sich dem männlichen Verhalten an. Androstenon wird von 71% aller Frauen wahrgenommen, aber nur 63%

der Männer riechen seine urinartige Schweißnote. Ähnliche Verhältnisse trifft man bei den übrigen drei menschlichen Grundgerüchen Fettsäuren, Moschus und Sandel an. Bananengeruch in Form von Isoamylacetat dagegen wird mit Ausnahme der kleinen Gruppe der Geruchsblinden von allen wahrgenommen, ohne Ansehen der Geschlechter.

Frauen, die in enger Gemeinschaft leben, synchronisieren ihren Menstruationszyklus. Dieser nach ihrer Entdeckerin benannte McClintock-Effekt konnte mehrfach als ein vom Körpergeruch abhängiges Phänomen bestätigt werden. So applizierte George Preti vom Monnel Chemical Senses Center in Philadelphia Frauen ohne deren Wissen in einer Doppelblindstudie mehrfach wöchentlich in Alkohol gelösten Achselschweiß auf die Oberlippe. Bereits nach wenigen Monaten löste sich ihre Periode zur gleichen Zeit aus wie die der Schweißspenderin. Regelmäßigkeit der Periode wird auch dann beobachtet, wenn Frauen ein geregeltes Sexualleben aufweisen. Schnuppern an männlichem Urin ohne Partnerschaft führt zum gleichen Effekt. Michael Kirk-Smith zeigte einer Gruppe von Männern und Frauen Fotos von Menschen, Tieren und Häusern. Unter dem Geruchseindruck von Spuren des Androstenons fand man die Frauen mehr sexy, die Bilder freundlicher und wärmer. In einem anderen Versuch besprühte der englische Forscher einige Stühle in einem ärztlichen Wartezimmer mit einer verdünnten Lösung des Steroids. Danach setzten sich Frauen mit Vorliebe auf die androstenonimprägnierten Stühle. Alle diese Versuche zeigen, daß Duftstoffe im allgemeinen und menschliche Grundgerüche im besonderen in den Hormonhaushalt des Menschen eingreifen und eine stimulierende, wenn nicht sogar in manchen Fällen erotisierende Wirkung entfalten können.

Diese bisherigen Ausführungen haben nur indirekt mit dem Inhalt des vorliegenden Buches zu tun. Doch sollen sie dem Leser Arbeitsweise und Funktion seines Geruchsorgans näherbringen und ihn in das zu Erwartende einstimmen. Denn der ästhetische Aspekt der geruchlichen Sinneswahrnehmung hat eine molekulare Basis, die man seit den letzten fünfzehn Jahren immer besser versteht, obwohl die Forschung zu ihrer vollständigen Aufklärung noch einige Etappen zurückzulegen hat. Dabei hat sich die Olfaktion zu einer interdisziplinären Wissenschaft entwickelt, unter Beteiligung von Neurophysiologie, Biochemie, Endokrinologie,

Molekularbiologie und Genetik. Bei diesen interdisziplinären Forschungen sollten auch Psychologen, Psychiater und Verhaltensforscher mitarbeiten; schließlich hat der organische Chemiker und Riechstoff-Forscher die Duftstoff-Moleküle zu entdecken, zu synthetisieren und ihre Eigenschaften festzulegen, um sie dann Hand in Hand mit dem kreativen Parfümeur unseren schönsten Duftschöpfungen zuzuführen.

Parfüms sind Symphonien und Parfümeure Komponisten. In der Kunst ist die Parfümerie die duftende Nachbarin der wohlklingenden Musik, hat uns Jean Cocteau wissen lassen. Ein Parfüm ist immer etwas Künstliches, gleich ob es sich aus einer Mischung ätherischer Öle, naturähnlicher und synthetischer Komponenten oder aus allen drei Segmenten zusammensetzt. Man muß die großen Kreationen als wirklich poetischen Schöpfungsakt ansehen, der dem Zusammenspiel von Idee, Talent und Inspiration entspringt. Der Mensch kreiert Düfte, die seine natürliche Umgebung nicht hervorbringt, ebenso wie Gemälde, die von der Natur nicht erzeugt werden können, oder Musik, die nur seiner Phantasie entspringt. Das Bedürfnis des Menschen, künstliche Gerüche zu schaffen, muß sich bereits in archaischen Zeiten entwickelt haben. Sie wurden durch Rauch aus bevorzugten Pflanzenmischungen erzeugt. Pro fumum erinnert uns an die älteste Form des Parfüms. Es ist das flüchtigste aller Luxusgüter, denn es erregt nur für einen kurzen Moment unsere Sinnesnervenzellen, um sofort wieder zu verschwinden. «Ein Parfüm ist der Atem des Himmels», heißt es bei Victor Hugo. In diesem Sinne sollen auch die schönsten Schöpfungen der modernen Parfümerie in diesem Buch Aufnahme finden.

ERSTER TEIL

Die magische Welt der Düfte im Altertum

Am Anfang war der Rauch

Unsichtbar, unwägbar, nicht fühlbar und nur für einen flüchtigen Moment sinnlich erfaßbar, muß ein Duft dem Menschen der Urzeit wie eine Fata Morgana erschienen sein. Das unbekannte «Nichts» löste bei ihm Reaktionen aus, die er nicht gewollt hatte, und führte zu Verhaltensweisen, die sich seiner Kontrolle entzogen. Instinkt und Witterung gehen durch die Nase und sichern Arterhaltung und Überleben. So scheint der Geruchssinn als Relikt der animalischen Abstammung des Menschen der archaischste aller Sinne zu sein. Er steht am Anfang seiner Weisheit, der Naseweisheit. «Der Sapiens ist ursprünglich der Riechende» [1], der *Homo odorus*.

Eine Duftkultur muß lange vor der Geschichtsschreibung eingesetzt haben. Ihre Entstehung könnte in die Zeit des Feuermachens gefallen sein. Wie sollte der Mensch dieser Zeit die verwirrende Vielfalt der durch Verbrennen verschiedener Materialien erzeugten Geruchseindrücke deuten, die sich von den gewohnten Duftsignalen seiner Umgebung abhoben? Feuermachen gelang durch göttliche Fügung. Den zum Himmel emporsteigenden Rauch spendete man den Göttern zum Dank für ihr Wohlwollen. Wohlgeruch sollte Lebende und Tote schützen, Gesunde stärken und Kranke heilen sowie den Menschen mit seinen Ahnen verbinden. Sagen, Mythen und Symbole, lange vor der Schrift entstanden und über Jahrtausende mündlich überliefert, zeugen von einer blühenden Duftsprache. Ihre ersten Aufzeichnungen reichen weiter als 5000 Jahre zurück.

In Mesopotamien, dem Land zwischen Euphrat und Tigris, stand die Wiege der Menschheit, und hier befand sich ihr irdisches Paradies. Zwar wird die Entstehung der Sinne in der Schöpfungsgeschichte nicht ausdrücklich gefeiert, dennoch [2]: «Jahwe blies ihm den Odem des Lebens in seine Nase. Und so ward der Mensch ein lebendiges Wesen», und als Gott und seine Engel Adam und Eva aufsuchten, «(...) da bewegten sich alle Blätter des Paradieses, so daß alle Menschen, von Adam gezeugt, vom Wohlgeruch einschlummerten». Hier im Garden Eden, wo sich alle aromatischen Pflanzen versammelt haben sollen, entwickelten sich die ersten Hochkulturen der Sumerer, Babylonier und Assyrer. Im Zweistromland fand man das älteste Epos der Menschheitsgeschichte, in dem der Urvater Ut-napischti für seine Rettung vor der Sintflut mit den Worten dankt [3]:

Ein Schüttopfer spendete ich dem Gipfel des Berges,
sieben und abermals sieben Räuchergefäße stellte ich hin,
in ihre Schalen schüttete ich Süßrohr, Zedernholz und Myrte.
Die Götter rochen den Duft,
die Götter rochen den wohlgefälligen Duft,
die Götter scharten sich wie Fliegen um den Opferer.

Die heiligen Zedern stammten aus dem fernen Libanon, in das sich Gilgamesch mit seinem Freund Enkidu aufmachte, um den Unhold Chumbaba, den Wächter des Zedernwaldes, zu töten [4]. Dieser versuchte, sein Leben zu retten, indem er sich anbot [5]: «Ich will für dich bewahren den Myrtenbaum. (...) Die Hölzer für die würdige Ausstattung deines Palastes!» Der Palast der Venusgöttin Ischtar war mit Zedernholz ausgestattet, was aus ihrem Heiratsantrag an Gilgamesch hervorgeht [6]: «Komm Gilgamesch! Du sollst mein Gatte sein! (...) Unter Zederndüften betritt unser Haus!»

Im *Gilgamesch-Epos* werden auch bereits die Zypresse [7] und der Styraxbaum [8] erwähnt. Nach Ausgrabungen in Ur war der mit blaßblauen Emailziegeln erbaute Tempel für den Mondgott Nanna mit Zedern- und Zypressenholz getäfelt sowie mit Marmor, Alabaster, Onyx, Achat und Gold ausgelegt. Die Sumerer als das nachweislich früheste Kulturvolk im Zweistromland hatten es zu hoher Kunstfertigkeit gebracht. Ihre ausdrucksstarken Figuren mythologischer Gottheiten und ihre symbolischen Tierdarstellungen beeindrucken ebenso wie die Ornamente auf Vasen und Gefäßen. Einige davon waren bereits zur Aufbewahrung von wohlriechenden Salben und Ölen bestimmt. Selbst dekorative Kosmetik nahm schon damals einen hohen Rang ein, denn in einer Hymne auf die sumerische Muttergöttin sprach man von «(...) Farben, mit denen das Antlitz verschönt wird, das auf diese Art dem König wie ein prächtiger Tag leuchtet» [9]. Als Grabbeilage der Königin Schubad, die um 3500 v. Chr. lebte, entdeckte man eine Reihe von Utensilien zur Schönheitspflege wie eine Schminkdose aus Goldfiligran oder einen kleinen Tiegel aus Malachit zum Anrühren der Pigmente. Das Bedürfnis nach kosmetischen Korrekturen geht auch aus dem *Zyklus von Tammuz* hervor [9].

Den ausgiebigen Gebrauch von wohlriechenden Salben können wir bereits dem *Gilgamesch-Epos* entnehmen, denn zur Besänftigung der Götter heißt es im Text [10]: «Sechs Kor Öl, den Inhalt der beiden, schenkt er als Salbe seinem Schutzgott Lugalbanda.» An anderer Stelle fragt Gilgamesch die göttliche Dirne [11]: «Brauchst du Salbe für den Leib, oder brauchst du Gewänder?» Salbung machte aus dem Wildmenschen Enkidu erst einen richtigen Menschen [12]: «Er salbte sich mit Öl und wurde dadurch ein Mensch.» Allerdings verliebte er sich so sehr in die kosmetischen Mittel, daß es für ihn fatale Folgen haben sollte. Er schlug nämlich den gutgemeinten Rat Gilgameschs aus [13]: «Sonst erkennen sie, daß du dort ein Fremder bist! Darfst dich mit gutem Öl aus der Büchse nicht salben, sonst scharen sie sich zu dir, sobald sie es riechen! (...) Mit gutem Öl aus der Büchse salbte er sich. Sie scharten sich zu ihm, sobald sie es rochen.»

Von mesopotamischen Keilschriftafeln kennen wir bereits Myrrhe, Kalmuswurzeln und Zypressenholz als Räuchermittel jener Zeit. Einem anderen Dokument kann man entnehmen, daß bei einer «Prozession der Wohlgeruch den Himmel wie ein schwerer Orkan überwältigt» hat [14]. In der assyrischen Hauptstadt Ninive schien Weihrauch als höchste Opfergabe für den Sonnengott Baal zu gelten, was fünftausend Jahre alten Aufzeichnungen zu entnehmen ist. Herodot zufolge soll während der Regierungszeit von Hammurabi (um 1700 v. Chr.) im Beltempel zu Babylon jähr-

Geflügelte mesopotamische Gottheit beim Sammeln von Zapfen zur Balsamzubereitung (aus dem Palast des assyrischen Königs Assurbanipal II.).

lich eine Menge von 2000 Talenten (29000 kg) Weihrauch geopfert worden sein [15]. Erste Proteste gegen den aufwendigen Baal-Kult regten sich bereits im *Alten Testament* [16]. Auch der Tempelbau wurde von Räucherungen begleitet [17]: «Wacholder, das reine Gewächs des Berglandes, steckte er ins Feuer, Zedernharz, den Wohlgeruch der Götter, verbrannte er.» Selbst die Ziegel wurden mit duftenden Ölen gesalbt: «Mit Honig, fürstlichem Öl, gutem fürstlichem Öl bestrich er die Ziegelform, Ambra und Essenzen verschiedener Bäume.» Die Weihe des heiligen Hauses wurde «mit Öl aus leuchtender Schale» vollzogen. Nach Berichten aus dem 18. Jh. v. Chr. gehörten Zederndufl, Weihrauch und Zypergras ebenso zu den Opferzeremonien wie «Gutes Öl, Honig, Aromata gute, Myrrhe, Hanf, das ist das Zubehör des Kultes» [17].

Nicht nur die Götter, sondern auch ihre Priester, der Hofstaat der damaligen Herrscher und andere hochstehende Persönlichkeiten mit ihren Frauen ließen sich von auserwählten Duftstoffen verwöhnen. Diese bereicherten die Lebensfreude und steigerten den Genuß, was der assyrische König Assurbanipal wie folgt ausdrückte: «Iß, trink und liebe, alles andere ist nichts wert.» So wie dieser letzte Monarch aus Ninive lebte, so starb er auch, nämlich gemeinsam mit seinen Frauen auf einem brennenden Scheiterhaufen aus duftenden Hölzern und allen seinen beträchtlichen aromatischen Schätzen. Noch verschwenderischer als Ninive gab sich Babylon, von Moralisten «die große Hure» genannt, das in der Antike als das bedeutendste Handelszentrum für Duftstoffe galt. Hier fand besonders in der spätbabylonischen Zeit (6. Jh. v. Chr.) ein florierender Gewürzhandel mit Indien statt. Weihrauch und Myrrhe wurden von der arabischen Halbinsel importiert, und wohlriechende Balsame kamen aus Judäa. Mesopotamien selbst war reich an duftenden Pflanzen. Topologische und klimatische Unterschiede sowie die hohe Technologie der Bewässerungssysteme förderten den variantenreichen Anbau von aromatischen Drogen und Kräutern. Berühmt waren die von Nebukadnezar II. angelegten Hängenden Gärten der Semiramis, welche die Griechen zu den sieben Weltwundern zählten [18].

Herodot hat uns ein lebhaftes Bild von diesem luxusliebenden Volk mit seinem enormen Bedarf an ausgefallener Kosmetik und kostspieligen Duftstoffen geschildert [19]. Das Salben zu religiösen oder festlichen Anlässen, als Gastgeschenk, zum Schutz vor der starken Sonneneinstrahlung und zur allgemeinen Körperpflege wurde ausgiebig und in einem ungeahnten Variantenreichtum betrieben.

Die dekorative Kosmetik hatte bei den Babyloniern einen hohen Stellenwert. Große Sorgfalt verwendete man auf Bart- und Haarpflege. Augenbrauen und Wimpern wurden nachgezeichnet, und das Rouge für die Wangen und Lippen durfte in keinem Schminkkästchen fehlen. Die babylonischen Duftsalben dienten zur Pflege des Teints und wurden auch in der übrigen antiken Welt hoch geschätzt. Die Königssalbe Nebukadnezars II. soll sich aus 25 wohlriechenden Bestandteilen zusammengesetzt und noch nach zweieinhalbtausend Jahren einen berauschenden Duft ausgeströmt haben [18].

Die große Kunstfertigkeit der Salbenbereitung in Mesopotamien ist der Nachwelt auf Tontafelrezepten überliefert worden. Dafür war ein hochangesehener Berufsstand verantwortlich, der meist von Frauen wahrgenommen wurde. Nach einem Keilschriftfragment aus dem Tempel von Assur aus dem 2. Jahrt. v. Chr. wird die «Verarbeitung von Blüten, Öl und Kalmus für den Festtag, um auf den König zu schütten, nach der Vorschrift der *Tappûti-Bêla-*

têkallim, der Parfümbereiterin» vorgenommen [17]. Auch Israel kannte weibliche Parfümeure, denn im *Alten Testament* steht geschrieben [20]: «Eure Töchter aber wird er nehmen, daß sie Salben bereiten.»

Als Salbengrundlage diente seit dem 3.Jahrt. das geruchlose Sesamöl, das ebenfalls zur Zubereitung von Speisen Verwendung fand. Duftstoffe aus aromatischen Pflanzen wurden durch Enfleurage oder Mazeration [21] gewonnen. Im ersten Fall durchdringt das fette Öl das Pflanzenmaterial und extrahiert gleichzeitig die Duftstoffe. Tierische Fette mit ihrem wesentlich höheren Schmelzpunkt lieferten die damals beliebten Pomaden. Beim zweiten, häufigsten Verfahren wurde die Extraktion der Duftstoffe bei erhöhter Temperatur vorgenommen und das Mazerat anschließend filtriert, solange es heiß war. Nach einer dritten Gewinnungsmethode wurde das Pflanzenmaterial ausgepreßt. Als Gerät benutzte man eine Sackpresse, wie man sie für Wein und Oliven verwendete, denn hydraulische Pressen waren zu dieser Zeit noch unbekannt. Eine explizite Arbeitsanweisung zur Herstellung wohlriechender Öle ist uns erhalten geblieben [22]:

«Öl wird bereitgestellt. Wasser, am besten Brunnenwasser aus dem Palast, wird gekocht, eine oder mehrere Spezereien, eventuell gewaschen, getrocknet und ausgelesen oder zerstoßen und durchgesiebt, werden in das kochende Wasser getan und bleiben den Tag über darin stehen. Am Abend kommen manchmal noch eine oder mehrere Spezereien dazu. Die Mischung wird über die Nacht unberührt gelassen. Am Morgen werden die durchgefeuchteten Spezereien, nach Ausseihen und eventuellem Zusetzen weiterer Rohstoffe, erhitzt. Fettes Öl wird dazugetan. Das Gemisch wird verrührt, es darf aber nicht geschüttelt werden. Der Topf wird zugedeckt. Wenn das Öl hochkommt oder die verschiedenen Substanzen ineinander übergehen, wird nochmals umgerührt und alles zugedeckt der Ruhe überlassen. Vier Tage bleibt es stehen, um dann nach leichter Abkühlung durchgeseiht zu werden.»

Die Analyse des mesopotamischen Rezeptes zeigt das tiefe technologische Verständnis der Salbenbereiter, denn nach unseren heutigen Kenntnissen wurden die Riechstoffe unter optimalen Bedingungen aus den Pflanzenzellen über die wässrige Suspension in die Ölphase überführt. Durch das Arbeiten in kleinen Portionen und eine mehrfache Wiederholung der gesamten Operation erhielt man die größtmögliche Ausbeute. Diese Technik bewährte sich ebenfalls bei der Herstellung parfümierter Wässer, was 4000 Jahre alten akkadischen Parfümerietexten zu entnehmen ist [22]:

«Man geht von einem Öl mit Balsamgeruch aus. Es wird in einem feinen Sieb abgeklärt und dann in eine Flasche geschüttet. Darin laß es für einen Monat stehen. Nach einem vollen Monat wird es in einen Siedetopf dekantiert. Vierzig Waschungen des Balsams sind für die Herstellung des Duftwassers erforderlich. Sein Name ist Waschwasser für den König.»

Die maximale Sättigung des Wassers mit Riechstoffen ist tatsächlich nur durch häufige Wiederholung des Extraktionsprozesses zu erreichen, da die hydrophoben Bestandteile der ätherischen Öle eine geringe Wasserlöslichkeit aufweisen. Wohlriechende Wässer spielten bei der Reinigungszeremonie im mesopotamischen Tempelkult eine wesentliche Rolle. Oft wurden die Weihwässer mit Honig versetzt. Babylonische Salben standen im Altertum in hohem Ansehen und gehörten daher zu den wichtigsten Exportartikeln Mesopotamiens. Die allerkostbarste scheint die Nardensalbe gewesen zu sein, die aus einem indischen Baldriangewächs gewonnen wurde. Sie spielte bei der Salbung des Leichnams Jesu Christi eine Rolle und fand auch häufige Erwähnung im profanen Schrifttum der Antike. Das susische Salböl wurde aus Lilienblüten hergestellt, wobei man meist Auszüge von Myrrhe und Kardamom-Nüssen beigab [17]. Susa war eine Stadt westlich vom Unterlauf des Tigris, wo sich das antike Zentrum der Lilienkulturen befand. Harze von Myrrhe, Weihrauch und Myrte wurden ebenso zu Parfümölen verarbeitet wie Wacholder, Zypergras und Kalmuswurzeln. Unter den Gewürzen waren Thymian und das nach organischen Schwefelverbindungen stinkende *Asa foetida*, bei uns unter dem Namen Teufelsdreck bekannt, sehr beliebt. Selbst die Rose findet man bereits in Mesopotamien unter den Parfümrohstoffen. Die *Rosa centifolia* war ursprünglich auf den Südhängen des Kaukasus beheimatet.

Ein «Duftvakuum» gab es im Zweistromland nie, denn bei den auf die Babylonier nachfolgenden Medern und später bei den Persern war das Paradies immer noch «wohlriechender als alle Winde der Erde». Allerdings ist nach der persischen Lehre des Zarathustra *Ormuzd* als Geruch nur noch sinnbildlich zu verstehen. Er ist weder duftend, noch wirkt er auf die Sinne, denn nur die Seele der Gerechten fühlt sich bei Morgengrauen «(...) unter Blumen und Düften getragen und ihr deucht, vom Lande des Südens wehe ein aromatischer Wind, süßer duftend als alle Winde». Wer jedoch in das Reich des Dunklen und Bösen von Ahriman verschlagen wird, der muß sich auf Schlimmes gefaßt machen: «Am Ende der dritten Nacht, im Morgengrauen, fühlt sich die Seele des Gottlosen unter Schnee und Gestank versetzt und ihr deucht, daß von den Ländern des Nordens übelriechende Winde wehen, die übelsten aller Winde.» Wohlgeruch und Pestilenz sind hier gleichbedeutend mit Gut und Böse. «Der Geruch selbst wird zum moralpädagogischen Symbol des sittlichen Wohlverhaltens» [23].

Der Duft der Göttlichkeit im alten Ägypten

Parallel zu den Hochkulturen Mesopotamiens entwickelte sich vor mehr als fünftausend Jahren die hohe Duftkultur im Lande der Pharaonen. In der ägyptischen Mythologie kündigt sich durch wohlgefälligen Dufthauch die göttliche Epiphanie an. So verrät bei der Suche nach der als Osiris verkleideten Isis in Byblos der wunderbare Duft der Kleidung die Göttin. Ägyptische Götter waren kraft ihres Wesens mit einer Aura von Wohlgeruch umgeben, und ihre Schönheit und Vollkommenheit bedurften einer menschlichen Pflege. Diese wurde in den Tempeln durch kultische Handlungen der Priester vorgenommen. So mußten den Götterbildern dreimal täglich Opfer durch Räucherwerk, Salbung oder Schminken [24] dargebracht werden, um göttliches Wohlgefallen zu erlangen. Der Anspruch der Götter auf dieses Kultritual geht aus einer Forderung des Amun an die Königin Hatschepsut hervor [25]:

Himmel und Erden sollen mit Weihrauch überfließen,
der Duft soll im Fürstenhaus sein.
Du sollst sie mir sehr rein und makellos darbringen,
damit Salbe für die göttlichen Glieder ausgepreßt wird,
damit Myrrhe dargebracht,
Salben zeremoniell überreicht werden
und mein Götterbild mit dem Halskragen festlich gemacht wird.

Die aromatischen Opfergaben galten neben Musik, Gesang und Tanz als irdische Nahrung der Götter und wurden stellvertretend von den Kultbildern in Empfang genommen [26]:

Gesang, Tanz und Weihrauch sind seine Speise,
Kniefall zu empfangen ist sein Reichtum.
Tu das dem Gott, um seinen Namen groß zu machen.

Der König als der höchste Priester des Staates, dem im Alten Reich noch eine uneingeschränkte Göttlichkeit zukam, wurde vor der Zeremonie selbst einer Reinigungsprozedur unterzogen. Hohe Hofbeamte verrichteten dieses Ritual, was aus ihren Titeln hervorgeht:

Vorsteher der Friseure Pharaos – Aufseher über die Nagelpflege des Palastes – Vorsteher der beiden Bäder – Priester des Kinnbartes – Schminker – Hersteller der Salben.

Auch der Totenkult wurde von Opfern begleitet. Auf der Grabstele des Standartenträgers Usi findet sich folgende Formel für die Verehrung des Jenseitsgottes Osiris [27]:

Er möge geben ein Totenopfer an Brot und Bier,
Ochsen und Vögeln, Alabastergefäßen und Kleiderstoffen,
Weihrauch und Salböl,
und von allen guten Dingen für den Ka
des vom vollkommenen Gott Gelobten.

Aufwendige Grabbeilagen begleiteten den Toten ins Jenseits, und an Festtagen versuchte man, durch Gaben mit ihm in Kontakt zu kommen, was aus einem Grabspruch hervorgeht [28]:

So wie du auf Erden warst
Blumen zu empfangen, so daß dein Duft lieblich sei
und du den Duft dessen riechst, was in deinem Salbenkasten ist.

Damit die Totenopfer für alle Ewigkeit gewährleistet waren, ließ man Vorlesepriester Opferformeln oder Speiselisten zitieren, die an den Scheintüren des Grabes oder an Grabwänden angebracht waren [29].

In der Geburtslegende von Deir el-Bahri und Luxor erweckt der Gott Amun die schlafende Königin durch seinen lieblichen Duft. «Die Königin erwachte von dem Wohlgeruch des Gottes, und sie lachte in der Gegenwart seiner Hoheit. Er kam zu ihr geraden Weges und entbrannte für sie. Er schenkte ihr sein Herz und ließ sie seine Göttergestalt schauen, als er vor sie getreten war. Sie freute sich, als sie seine Schönheit erblickte, und Liebe durchströmte ihren Körper. Der Palast aber war durchflutet vom Geruch des Gottes, alle seine Düfte waren die von Punt» [30]. In dieses sagenhafte Land am Roten Meer, zwischen dem heutigen Eritrea und Somalia, das mit dem legendenumwobenen Ophir identisch zu sein scheint, schickte König Isesi bereits nachweislich 2800 v.Chr. eine Expedition zum Erwerb von Weihrauch. Der Rauch dieses Harzes war praktisch identisch mit dem Götterduft. Über das Medium des zum Himmel aufsteigenden Weihrauchs treten ägyptische Könige mit ihren Göttern in Verbindung. Nach einem alten Totenritual heißt es [31]:

Entzündet ist die Flamme,
es leuchtet auf die Flamme.
Gelegt ist der Weihrauch auf die Flamme,
es erglänzt der Weihrauch.

Es kommt dein Geruch zu Unas, o Weihrauch,
es kommt der Geruch des Unas zu dir, o Weihrauch.
Es kommt euer Geruch zu Unas, o Götter,
Es kommt der Geruch des Unas zu euch, o Götter.

In den Osiris-Mysterien begleitete sein Wohlgeruch das Opfer des Horusauges, so daß es vom Pharao hieß: «Osiris, er bringt dir das Horusauge als Weihrauch und beräuchert dich mit dem, was aus dir hervorgeht.» Zu Ehren der ägyptischen Schutzgöttin Isis opferte man alle sechs Monate in einer prunkhaften Zeremonie einen mit Weihrauch, Myrrhe und anderen duftentwickelnden Drogen gefüllten Ochsen, der mit Öl übergossen dem Feuer übergeben wurde. Die sich entwickelnden wohlriechenden Dämpfe überdeckten den penetranten Gestank nach verbranntem Eiweiß, der

Weihrauchbaum (um 1480 v.Chr.) im Grabmal der Königin Hatschepsut in Deir el-Bahri.

sonst selbst den glühendsten Anbetern der Göttin unerträglich gewesen wäre. Wandfriese erzählen von den fünf Schiffen, welche die berühmte Pharaonin Hatschepsut 1482 v.Chr. ausrüsten ließ, um Myrrhen- und Weihrauchbäume sowie andere aromatische Pflanzen für die Terrassen ihres Totentempels in Theben zu holen. «Wohlgerüche von Punt» prägten die Erscheinungsweise der Götter des Himmels. Ihr duftender Odem übertrug sich auf die Könige, was diese zu gottähnlichen Wesen machte. Von Hatschepsut, der Gemahlin Thutmosis II., berichtet eine Inschrift [32]: «Köstliche Myrrhen sind auf ihrem ganzen Leib, ihr Wohlgeruch ist himmlischer Tau, ihr Duft mischt sich mit dem Duft von Punt.» Der Name Punt galt im alten Ägypten als Inbegriff allen Wohlgeruchs.

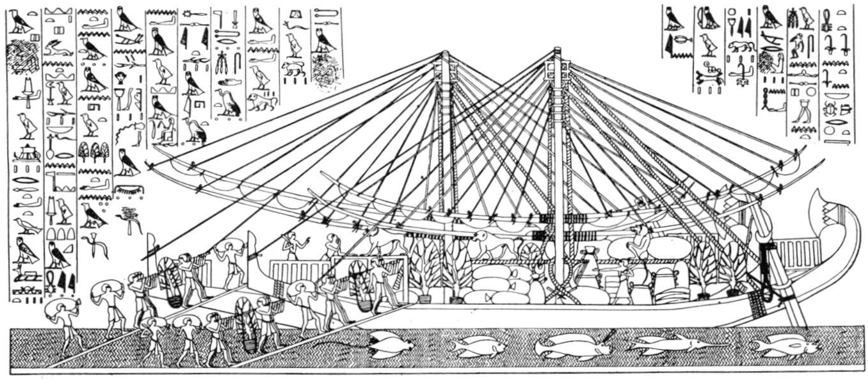

Beladen zweier Getreideschiffe im Hafen
(Expedition der Königin Hatschepsut). Ägyptische Malerei, 17. Jh. v.Chr.

Dem Sonnengott Ra als dem Schöpfer der Götter, des Menschen und des gesamten Universums opferte man dreimal täglich: Weihrauch bei seinem Aufgang, Myrrhe im Zenit und der nach Plutarch aus 16 Ingredienzien zusammengesetzte *kyphi* bei seinem Untergang. Der Gottesduft wurde für liturgische Räucherungen in Tempeln oder zur Animation der Götterbilder erzeugt [33]: «Kyphi ist die den Göttern genehmste Räuchermischung.» Die Sphinxen von Heliopolis halten in ihren Vordertatzen Gefäße, in denen das kostbare Räucherwerk geopfert wurde.

Räucherungen mit ihrer reinigenden und belebenden Wirkung gehörten zu den am häufigsten praktizierten Parfümierungen im alten Ägypten. Aromatische Harze, Hölzer, kombiniert mit anderen Pflanzenteilen und teils vermischt mit Honig, Pech oder Fetten, bildeten die Grundlage von Räuchermischungen, unter denen *kyphi* die bekannteste darstellte und weit über ihr Ursprungsland hinaus in der antiken Welt geschätzt wurde. Die Räuchermischung des ägyptischen Altertums enthielt nach dem *Papyrus Ebers* (1550 v. Chr.) unter anderem Weihrauch, Myrrhe, Kalmuswurzeln, Galgant, Mastix, Zimtrinde, Rosinen, Wacholderbeeren, Zypressenholz, Zypergras, Erdpech aus Judäa, Bilsenkraut, Ebenholzrinde, Kardamom und Terpentin. *kyphi* scheint in seiner Zusammensetzung nicht konstant gewesen zu sein, denn andere Quellen nennen als seine Bestandteile auch Kostuswurzeln, Benzoeharz, ostindisches Sandelholz, Labdanum, Galbanum und sogar die tierischen

Stoffe Ambra, Moschus und Zibet. Zwei Rezepturen, nach denen während der Ptolemäerzeit geräuchert wurde, sind auf den Tempelwänden von Edfu zu finden. Nach dem *Berliner Papyrus* setzt sich *kyphi* auch aus den Bestandteilen der «Drecksapotheke» wie dem Kot von Löwen, Krokodilen, Schwalben, Gazellen und Straußen sowie aus Skorpionstacheln, Eselshaar und Hirschgeweih zusammen. Mit dem Verbrennen getrockneter Exkremente sollten schlechte Gedanken ausgeräuchert werden.

kyphi beherrschte nicht nur Kult und Magie, sondern auch die Heilkunde. Dieses Gemisch sollte Krankheitsdämonen vertreiben, diente als Deodorans im Haus, unterstützte die Mundhygiene und wurde zur Parfümierung von Kleidern benutzt [34]. In der Gynäkologie wurden Räucherungen zur Behandlung uteriner Krankheiten wie Vorfall, Entzündungen und Krebs verordnet. «Kyphi wird auch den Gegengiften zugemischt und in Getränken den Asthmatikern gegeben» [33]. Außerdem sollte es Schlangen- und Skorpionenbisse heilen oder schädliche Tiere aus den Behausungen treiben [35]. Dioskurides zufolge sollte *kyphi* Entspannung bringen, beruhigend wirken, die Sorgen des Tages vertreiben und sich wohltuend auf den Schlaf auswirken; Plutarch meinte, dieser Duft wirke wie die Musik einer Leier. Hier wird schon auf die halluzinogene Wirkung der Rauchopfer hingewiesen, die man dann später durch Verbrennen von Tabak oder Cannabis-Stroh noch steigern sollte. Um die Mächtigen des Himmels zu erfreuen, wurde beim Tempelbau Moschus dem Mörtel beigemischt. Sein Duft sollte die heilige Stätte weithin riechbar machen und auf diese Weise das Werk krönen. Mit Wohlgeruch verschafften die Opfernden sich den spirituellen Zugang zur Sphäre der Götter. Eine Kommunikation war nur über die gleiche Duftwelle möglich.

Die Ungezieferplage, die uns das *Alte Testament* in den zehn Heimsuchungen Ägyptens [36] in so dramatischer Weise schildert, betrifft nicht nur den Einfall großer Heuschreckenschwärme, sondern auch das massenhafte Auftreten anderer Parasiten wie Fliegen, Milben und Läuse. Den gottgewollten Feldschädlingen konnten die Nilbewohner nur Gebete, Beschwörungsformeln und demütige Opferrituale entgegensetzen. Zur Abwehr und Vernichtung von Vorratsschädlingen in ihren Kornkammern jedoch wußten sie gezielt Räucherungen mit aromatischen Stoffen einzusetzen. Bereits geringe Mengen Weihrauch vertrieben Getreidemotten und Speisebohnenkäfer. So vernichtete eine Menge von einem Gramm des pyrolisierten Harzes innerhalb von vierundzwanzig Stunden den größten Teil der Schadinsekten in einem Luftraum von fünfzig Litern. Eine ähnliche Wirkung ging von dem ätherischen Öl von Wacholderbeeren, Dillsamen und Zimtrinde aus. Kalmusöl führte bei einigen Ungezieferarten wie etwa der Stubenfliege oder der Kopflaus zur Sterilisation [37].

Für die Beschaffung von duftendem Material war kein Weg zu weit und keine Gefahr zu groß. Ismaelitische Händler «kamen von Gilead mit ihren Kamelen. Die trugen kostbares Harz, Balsam und Myrrhe und zogen hinab nach Ägypten» [38]. Der berühmte «Balsam von Gilead» wurde als Gummiharz aus dem stark duftenden Strauch der Amyris gewonnen, der an südlichen Berghängen des Libanon wuchs. Bereits vor der Pharaonenzeit sollen Handelsbeziehungen zwischen Ägypten und Indien existiert haben, wobei die Israeliten als Zwischenhändler dienten. Auf diese Weise gelangten die Nilbewohner in den Genuß von Aloe- und Sandelholz, Benzoe-Harz, Kassia und Zimt, von Spikenarde, Gingergras und anderen wohlriechenden Gräsern [39].

Duftstoffe gehörten zu einem wesentlichen Bestandteil des ägyptischen Totenkults. Bereits die Särge waren aus dem als unverweslich geltenden wohlriechenden Zedernholz gefertigt, das aus dem Libanon importiert werden mußte. Die Ägypter kannten auch schon die Gewinnung des ätherischen Zedernöls. Dieses fungierte nämlich unter den sieben Sorten «heiliger» Öle, die als Bindemittel von Asphalt und Harzen der Mumifizierung dienten. Hierdurch wurde nicht nur die Konservierung des Leichnams erreicht, sondern mit der Einbalsamierung sollte die diesen Duftspendern innewohnende Kraft in den Toten übergehen, der dann von übelwollenden stinkenden Dämonen ungehindert zu den himmlischen Gefilden fahren konnte.

Wohlriechende Geschenke gehörten aber auch zu den Festfreuden, die vom Spender mit einem Segensspruch überreicht wurden [40]:

Empfangen von Salbe, Myrrhen und Öl
sowie aller Blumen lieblichen Duftes,

von denen ein Gott lebt.
Dich umarmt der herrliche Balsam,
der den Duft deines Kastens angenehm macht.

Die durch duftende Öle, Salben und Balsame stimulierten Sinnesfreuden der alten Ägypter schlagen sich in einem Lied nieder [41]:

Feiere einen schönen Tag!
Gib Balsam und Wohlgeruch zusammen an deine Nase,
Kränze von Lotus und Liebesäpfeln auf deine Brust,
während deine Frau, die in deinem Herzen ist, bei dir sitzt.

Der Sänger wollte anläßlich eines Festmahls, das zu Ehren eines Toten abgehalten wurde, die Überlebenden ermutigen, ihre begrenzte Erdenzeit zu nutzen.

Szenen aus dem *Erotischen Papyrus* weisen auf den engen Zusammenhang zwischen Schönheitspflege, Musik, Tanz und Erotik hin. Man glaubte an die potenzfördernde Wirkung der Salben und die den Liebeszauber auslösende Kraft der Duftstoffe.

Neben praktischem Gerät und Nahrungsmitteln wurden dem Verstorbenen stets duftende Beigaben in die Ewigkeit mitgegeben. Noch nach 4000 Jahren entströmte einem Grab aus der 11. Dynastie (2134–1991 v. Chr.) in Illahun südlich von Memphis ein Wohlgeruch, der von aromatischen Hölzern ausging. Im Grabe Tutenchamuns (1350 v. Chr.) fand man mehrere kostbare Gefäße aus Porphyr, Alabaster und Onyx als Duftstoffbehälter [42]. Sie enthielten Nardenöl, das in den langen Jahren von seiner Duftqualität nichts eingebüßt hatte. Ägyptische Lieder von Liebe und Sehnsucht sind in einer ergreifenden Duftsprache verfaßt worden. «Der Tod ist für mich wie der Duft von Myrrhe und Lotos», heißt es im *Leidener Papyrus*, oder: «Deine Liebe hat durchdrungen mein Inneres, wie ein Räuchermittel, das Duftharz durchdrang.» Das viertausend Jahre alte *Lied des Harfners* aus der Zeit des Königs Entet beginnt mit den Versen:

Folge deinem Wunsch, dieweil du lebst,
leg Myrrhe auf dein Haupt,
kleide dich in feines Linnen,

salbe dich ein mit den echten Wunderdingen Gottes,
schmücke dich, so schön du kannst, und
lasse dein Herz nicht sinken.

Erst unter Ramses III. wurden Rauchopfer, Salböle und gemischte Wässerchen, bis dahin ausschließlich religiösen Handlungen und Staatszeremonien vorbehalten, auch für profane Zwecke freigegeben, indem die Priester ihre Produkte und Rezepte der zahlungskräftigen Oberschicht verkauften. Parfümerie und Kosmetik erreichten im alten Ägypten eine bis dahin nicht gekannte Verbreitung. Was in den Tempel-Laboratorien begonnen hatte, wurde zur ersten industriellen Fertigung kosmetischer Mittel ausgebaut. *kyphi* und andere Produkte wurden von phönizischen Händlern über die Hafenstadt Alexandrien (gegr. 332 v. Chr.) in den gesamten Mittelmeerraum exportiert, besonders begehrt von Griechen und Römern. Den Höhepunkt seiner Riechstoffindustrie erreichte Ägypten unter Kleopatra (69–30 v. Chr.), die selbst als Autorin eines Werkes über Schönheitspflege und Duftstoffe zum damaligen Wissensstand der Parfümerie und Kosmetik beigetragen hatte. Kleopatra, die sich als menschliche Verkörperung der Venus verstand, wurde zum Symbol für Sinnlichkeit und Schönheit in der antiken Welt. Ihre durch raffinierte Parfüms unterstützten Verführungskünste sind Legende. Bei der historischen Begegnung mit Antonius an den Ufern des Cydnus ließ die Königin die Segel ihrer Barke in kostbare Parfüms tauchen, und ihr Thron war umringt von brennenden Weihrauchgefäßen. Plutarch gibt uns hierüber einen genauen Bericht, dem Shakespeare seinen dichterischen Glanz aufsetzte. Kleopatras Traum von der Vereinigung der arabischen Welt mit dem römischen Reich ging nicht in Erfüllung, obwohl sie diesen mit ihren Verehrern Antonius und Caesar teilte. Wie nahe lagen doch hier Weltgeschichte und Dufthauch beieinander.

Salben der Götter

Nach der Legende soll der ibisköpfige Gott Toth, dem man die Erfindung der Hieroglyphen und der Chemie zuschreibt, die Priester in der Kunst des Parfümkomponierens unterrichtet haben [43]. Die im Tempelkult oder zur Feier der zahlreichen Götterfeste notwendigen aromatischen Substanzen wie Räucherwerk, wohl-

Palette für die sieben heiligen Salböle, Altes Reich, um 2450 v.Chr.

riechende Öle und Salben oder Schminke bewahrte man in den Weihrauchkammern des Heiligtums auf. Dieses «Schatzhaus für wohlriechende Harze und Balsame», wie es in der Hieroglyphenbeschriftung der Kammertüren bezeichnet wird, war gleichzeitig Depot für Utensilien, Rohstoffe und Fertigprodukte. Es war mit Salbentöpfen, Ölkrügen, Räucherarmen, Paletten, Schalen, Vasen und Gefäßen ausgestattet und wurde von seinen Entdeckern «Laboratorium» oder auch zutreffender «Droguerie» genannt [44]. Eigene Tempelwerkstätten dienten den Salbenköchen zur Zubereitung von Parfümen, Salb- und Räucherwerk. An die Wände meißelte man die Herstellungsverfahren, die neben den Basisstoffen und Ingredienzien auch Maß- und Gewichtsangaben sowie die Dauer der gesamten Prozedur enthielten. Selbst Ausbeute und Verluste wurden vermerkt. Nach den Angaben benötigte man zur Herstellung der kostbarsten Parfüms eine Arbeitszeit von sechs Monaten. Im Horus-Tempel von Edfu z.B. fand man die folgenden Rezepte [45]: *Rezept zur Herstellung von ti-schepses-Öl, Rezept zur Herstellung von medjet-Salbe, Rezept zur Herstellung von kyphi besserer Qualität.* Im pharaonischen Ägypten dienten tierische Fette, Bienenwachs und die aus Behennüssen oder Sesamsamen gewonnenen pflanzlichen Öle als Basis der Salbenherstel-

Ägyptischer Salblöffel, Neues Reich, um 1600 v.Chr.

lung. Zur Gewinnung des fetten Öls aus Behennüssen, die auch unter dem Namen Salbeneicheln bekannt sind, werden die Früchte fein gestoßen und anschließend ausgepreßt. Die haselnußartigen Früchte stammen vom Behenbaum [46], der im Altertum unter dem Namen *balanos* oder *myrobalanon* in Arabien heimisch war und auch in anderen Regionen kultiviert wurde. In Ägypten gebrauchte man Dioskurides [47] zufolge auch eine verwandte Frucht [48], die in Palästina weit verbreitet war und deren Öl unter der Bezeichnung Jericho Balsam exportiert wurde [49]. Schon dieser Naturphilosoph wußte die Vorzüge des Balanosöls zu preisen. Der in Ägypten *baq*-Öl genannte Rohstoff blieb nämlich farblos und wurde nicht so leicht ranzig wie andere fette Öle. In beschränktem Umfange wurden auch Olivenöl, Leinöl, Bittermandelöl, Erdnußöl und Lattichöl zur Salbenherstellung genutzt.

Räucherarm aus Bronze, Spätzeit, um 600 v.Chr.

Um Olivenöl farblos und haltbar zu machen, wurde es eine Woche lang an der Sonne durch starkes Rühren und häufiges Umgießen gebleicht. Zur Steigerung seiner Haltbarkeit wurde es mit in heißem Wasser mazeriertem *Foenum graecum* und dünnen terpentinhaltigen Fichtenspänen versetzt. Nach weiteren acht Tagen mischte man Honigkleeblüten und Iriswurzeln dazu. Von den festen Bestandteilen durch Filtration gereinigt, gewann man so für die Salbenbereitung ein Olivenöl mit angenehmem Grundgeruch [40]. Das kostbarste Olivenöl mußte aus Syrien, Kreta und Zypern eingeführt werden.

Den alten Hebräern diente der Ölbaum [50] als Lebensgrundlage. Unzählige Male in der Bibel erwähnt [51], überlebte er nach der Überlieferung die große Sintflut als Ölzweig in der aus Zypressenholz gefertigten Arche Noah [52]. Um den Lebensnerv der Juden zu treffen, ließ der Sohn (Titus) des römischen Kaisers Vespasian 70 n.Chr. alle ihre Ölbäume abschlagen.

Einer der wichtigsten Öllieferanten des Nillandes war der «Wunderbaum» Rizinus, aus dessen Samen das *kiki-Öl* als Salbölgrundlage des «kleinen Mannes» gewonnen wurde, denn der Olivenbaum wurde in Ägypten erst im Neuen Reich angepflanzt. Den Ägyptern war bereits die hohe Toxizität der frischen Rizinussamen bekannt. Daher mußte vor ihrem Pressen eine thermische Denaturierung vorgenommen werden. Tatsächlich enthalten die Samen ein Ricin genanntes hochgiftiges Protein, das beim Erhitzen koaguliert und dadurch unwirksam wird.

Salbentopf mit Deckel aus braunschwarzem Granit. Abydos, Ägypten, Mittleres Reich.

Neben pflanzlichen und tierischen Fetten kannte man als kosmetischen Grundstoff auch schon Präparate aus Stärke. Diese schleimartigen Polysaccharide wurden aus dem Pulp der Johannisbeerschoten, Datteln oder Kürbiskerne gewonnen. So bestand das zu den sieben heiligen Salbölen gehörende *heken*-Öl ebenso wie das *tesep*-Öl aus einem weinhaltigen Gel, die beide im Geruch an geharzten Wein erinnern [27].

Ähnlich wie in Mesopotamien wurden auch in Ägypten parfümierte Öle und Salben durch Fettextraktion aus Pflanzen oder Pflanzenteilen hergestellt. Für die *matet*-Salbe wurden die zerkleinerten Teile der Zypergraswurzeln, Wacholderbeeren, Zedern-Wacholder und Harze von Koniferen zunächst mehrfach mit Wasser gewaschen. Dieser von Verunreinigungen befreiten wäßrigen Suspension fügte man fein zerstoßene Schminkwurz [53] hinzu und kochte sie nach Zugabe mit der Salbengrundlage auf einem Holzkohlenfeuer. Duft- und Farbstoffe diffundierten bei dieser Prozedur in die Fettschicht, die von den mechanischen Anteilen und Wasser befreit die wohlriechende Salbe lieferte.

Das Streben nach vollkommener, göttergleicher Schönheit führte im alten Ägypten zu einem außergewöhnlich hohen Stand in der Entwicklung der dekorativen Kosmetik. Die Vielfalt der als Grabbeilagen gefundenen kosmetischen Geräte bis hin zu kompletten Toilettenkästen [54] weisen auf die Bedeutung hin, die man Hygiene und Schönheitspflege beimaß. So erreichte die Schminktechnik einen bis heute nicht gekannten Höhepunkt [55]. Als Pigment der schwarzen Augenschminke *kohl* diente mit Ruß vermischtes Bleisulfid oder Magnetit aus der Gegend von Assuan, eine Mischung, die auch heute noch demselben Zweck dient. Später gebrauchte man auch Antimonglanz, der im Punjab und bei Kandahar gewonnen wurde und über die Seidenstraße den Nahen Osten erreichte. Ergraute Haare färbte man mit dem Farbstoff der Wacholderbeeren, den man durch Fettauszüge von fein zerstoßenen Früchten bereitete. Neben dem organischen Pigment extrahierte man gleichzeitig seine Geruchsstoffe. Als Salbengrundlage für Schminkpasten diente nach dem Berliner *Medizinischen Papyrus* ein Gemisch aus Rindertalg, Bienenwachs und ein mit Weihrauch parfümiertes Behenöl. Grüner Lidschatten wurde mit dem vom Sinai stammenden basischen Kupferkarbonat Malachit erzeugt, während zur Blaufärbung ein bei der Glasherstellung anfallendes Kupfer-Natriumsilikat verwendet wurde [56]. Das «Rouge» der Wangen und das Rot der Lippen wurde ebenso wie in Mesopotamien und Griechenland aus rotem Ocker hergestellt. Gelben Ocker bevorzugte man in Sumer als Gesichtspuder. Dieses in den verschiedensten Farbtönen existierende Eisenhydroxyd tauchte bereits in der Felsenmalerei der jüngeren Altsteinzeit auf und dient seit dem Altertum bis zur Gegenwart in der Wand-, Tafel- und Buchmalerei als Künstlerpigment. Der beste rote Ocker kam aus der Oase Dachla und aus Sinope, der beste gelbe aus Attika. Ebenso waren auch organische Farbstoffe für kosmetische Zwecke bekannt. Mumienfunde und der *Papyrus Holm* belegen den Gebrauch der aus dem östlichen Mittelmeer stammenden Alkannawurzel [53]. Griechen und Römer benutzten sie zum Färben von Haaren und Fingernägeln sowie von Salben und Wolle. Aus der getrockneten Alkanna- oder auch Ochsenwurzel gewinnt man heute den Farbstoff Alkannin für kosmetische Erzeugnisse aller Art. Starke Sonneneinstrahlung und das trockene, heiße Klima im Nilland führten im allgemeinen zum schnellen Altern der Haut.

Schminkpalette in Form einer doppelten Schildkröte
(Ägypten, 2000 v.Chr.).

Zur Vorbeugung gegen Faltenbildung, Rissigwerden und Sonnenbrand empfahl der *Medizinische Papyrus* die Anfertigung einer Gesichtsmaske, die außerordentlich modern anmutet:

Ein anderes Mittel für die Beseitigung von Falten des Gesichts.
Gummi von senetjer 1,
Wachs 1,
frisches Behen-Öl 1,
Zypergras 1
werde fein zerrieben, werde gegeben in Pflanzenschleim, werde an das Gesicht gegeben jeden Tag. Mache es, du wirst den Erfolg sehen.

Ein einfaches Mittel gegen das starke Austrocknen der Haut bildeten die mit Myrrhe parfümierten «Salbkegel», die man auf den

Kopf setzte. Im Verlaufe der Zeit schmolz die klebrig-fettige Masse und bildete damit ein Salbenreservoir, das permanent Öl und Duft nachlieferte.

Die Duftstoffe der Salbenbereiter

Holz als weitverbreiteter Rohstoff zur Tempelausstattung, zum Schiffsbau oder als Basis für Räucherwerk und aromatische Zubereitungen existierte in Ägypten nicht. Die einheimischen Baumarten wie Tamarisken, Sykomoren und Palmen waren als Bauholz ungeeignet. So mußte geeignetes Material in großen Mengen eingeführt werden, was die Ägypter vor enorme logistische Probleme stellte.

Zu den wichtigsten organischen Baustoffen der ägyptischen Antike zählte die Libanon-Zeder [57], die nicht nur aus den gebirgigen Gegenden des Libanon und Syriens stammte, sondern auch mächtige Wälder im Kilikischen Taurus bildete. Fälschlicherweise bezeichnete man daher die Libanon-Zeder auch als «kilikische Fichte». Dieser bis zu vierzig Meter hohe Baum erreicht einen Umfang von vier Metern und besitzt eine ungewöhnlich lange Lebensdauer. Im Libanon soll es noch einige Exemplare aus der Zeitenwende geben. Die eindrucksvolle Gestalt der Zeder und die Beständigkeit ihres Holzes galt den Propheten als Symbol der Erhabenheit, des Stolzes und des Unvergänglichen. So spricht Gott zu Hesekiel [58]: «(...)sage zum Pharao, dem König von Ägypten, und zu seinem stolzen Volk: Wem bist du gleich in deiner Herrlichkeit? Siehe, einem Zederbaum aus dem Libanon, mit schönen Ästen und dichtem Laub und sehr hoch, so daß sein Wipfel in die Wolken ragte. Ja, er war so schön wie kein Baum im Garten Gottes.» Allerdings geht das *Alte Testament* mit dem Begriff Zeder oft sehr großzügig um, denn in einigen Fällen handelt es sich offensichtlich um aromatisch riechende Nutzhölzer verwandter Provenienz [59].

Die Zeder nimmt im antiken Ägypten sowie im gesamten Nahen Osten die gleiche Bedeutung ein wie der Sandelbaum auf dem indischen Subkontinent und in ganz Ostasien. Die Libanon-Zeder gehört zu den am häufigsten genannten und am höchsten geschätzten Pflanzen der Bibel [60]: «Sie war in der Pflanzenwelt der Prinz der Bäume, so wie der Löwe in der Tierwelt.» Der Legende nach soll Adam auf dem Sterbebett seinen Sohn Seth in den Garten Eden geschickt haben, um von den Engeln ein wenig von dem wertvollen Saft des «Lebensbaumes» zu erbitten. Statt dessen erhielt er jedoch einen Holzspan, der später auf Adams Grab gepflanzt wurde. Daraus wuchs ein Baum mit drei Zweigen; der eine stammte von einer Zypresse, der andere von einer Zeder und der dritte vom Ölbaum. Später wurde daraus das Holzkreuz gefertigt, an dem Jesus gekreuzigt wurde, wobei das Kopfende des Balkens aus Zedernholz, der Querbalken aus Zypresse und der Fußbalken aus Olivenholz bestand. In der Kunst und Literatur des Mittelalters war die Zeder Maria gewidmet.

Salomos Tempel in Jerusalem war ebenso wie die gesamte Residenz aus Zedernholz erbaut. Eine Armada von dreißigtausend Israeliten wurde in den Libanon entsandt, um die hundertfünfzigtausend Arbeiter und dreitausenddreihundert Aufseher des Königs Hiram von Tyros beim Holzfällen zu unterstützen. Der Prophet Hesekiel hat schon im *Alten Testament* (um 590 v.Chr.) in dramatischer Weise vor dem Raubbau an den Zedernwäldern und seinen Folgen gewarnt. Die Umweltprobleme größten Ausmaßes begannen bereits 4000 v. Chr. mit dem prähistorischen Hüttenbau, der riesige Mengen von Holzkohle verschlang, um Erz zu reinem Metall zu verarbeiten. So hatte der Kupferabbau auf Zypern schon im 3. Jahrt. v. Chr. vorindustrielle Dimensionen angenommen, wozu der umliegende Waldbestand in unkontrollierter Weise abgeholzt wurde. Besonders betroffen war die Region Fenan im heutigen Jordanien mit ihren bedeutenden Kupfervorkommen. Hier führte die maßlose Rodung schließlich zur Entstehung einer Wüstenlandschaft [61].

Bereits in tinitischen Königsgräbern der ägyptischen Frühzeit taucht Zedernholz auf [62]. Aus diesem gegen Mikroben und Ungeziefer aller Art resistenten Werkstoff wurden Mumienbehälter, Schreine und Tempelgeräte hergestellt. Dank seines angenehm balsamischen Duftes war das stark harzhaltige Holz als Räucherwerk in Gottesdienst und Totenkult besonders geeignet. Wegen seiner außergewöhnlichen Eigenschaften spielte Zedernholz im Schiffsbau eine große Rolle. Als ein besonders prächtiges Beispiel sei hier das 67 m lange Opferschiff von Ramses III. erwähnt.

Aus dem angenehm balsamisch riechenden Harz der Zeder wurde ein ätherisches Öl gewonnen, das bereits in Babylonien unter der Herrschaft Hammurabis bekannt war und Herodot und Diodor zufolge zum Einbalsamieren der Toten in Ägypten verwendet wurde [63]. Dioskurides verdanken wir die Kenntnis des originellen Herstellungsverfahrens für das *oleum cedrinum* [33]. Danach erhitzte man Zedernharz in einem Gefäß, das mit Wolle abgedeckt war. Das verdampfende ätherische Öl wurde von der Wolle absorbiert und konnte nach ihrer Sättigung durch Auspressen in reiner Form gewonnen werden. Diese Methode stellt eines der ältesten Verfahren zur Gewinnung eines ätherischen Öls dar. Trotz seiner großen historischen Bedeutung liegen nur unvollständige Berichte über die chemische Zusammensetzung des echten Zedernöls vor.

Den Mesopotamiern war bereits im 2. Jahrt. v. Chr. die Gewinnung ätherischer Öle durch Wasserdampfdestillation bekannt [65]. Sie verlief ähnlich wie die Herstellung von Zedernöl im antiken Ägypten. In einem gebrannten Tontopf mit zwei auf verschiedenen Ebenen liegenden Rändern wurde das pflanzliche Rohmaterial zusammen mit Wasser erhitzt, das Destillat in dem ausgebildeten Kanal aufgefangen und danach mit Tüchern aufgetupft. Nach einer erhaltenen akkadischen Vorschrift [20] mußte man die verschiedenen Teiloperationen vier Tage lang mit der größten Sorgfalt ausführen, um das feste biologische Material von seinem ätherischen Öl zu trennen. Dieses wurde danach in fetten Ölen aufgenommen und zu Parfüm weiterverarbeitet. Allerdings hat dieses Verfahren, das aus der Zeit um 3500 v. Chr. stammt, keine Verbreitung über Ninive am Tigris hinaus gefunden, und erst viel später sollten die Araber eine neue und effizientere Technik zur Gewinnung ätherischer Öle mit Hilfe von Wasserdampf erfinden, die dann über Jahrhunderte und in großem Stil angewendet wurde und in den Grundzügen noch der heutigen Arbeitsweise entspricht.

Eine der Libanon-Zeder nahe verwandte Varietät ist die Atlas-Zeder [66]. Sie ist in Nordafrika heimisch und genießt heute noch in Algerien und Marokko große wirtschaftliche Bedeutung. Das Holz einer reichlich ölhaltigen dritten Verwandten, der Himalaya-Zeder [67], zeichnet sich durch einen starken und angenehm aromatischen Geruch exotischer Prägung aus. Dieser Duft setzt sich hauptsächlich aus einem Ketongemisch von Derivaten des Atlantons sowie aus weiteren Sesquiterpenen mit dem Namen Himachalen und Himachalol zusammen. Neben seiner Verwendung in der

Parfümerie findet man gelegentlich Atlas-Zedernöl als Arzneimittel gegen Bronchitis und gewisse Hautkrankheiten [68]. Die Bedeutung der Atlas-Zeder für das antike Ägypten ist ungewiß. Unbestritten aber spielte ihr Holz für die Entwicklung der levantischen Völker im Altertum eine Rolle. Die Himalaya-Zeder dagegen war und ist auch heute noch auf Ostasien beschränkt, wo sie als eine begehrte nachwachsende Rohstoffquelle u. a. auch für die Parfümerie in Indien dient. Nach der stofflichen Zusammensetzung ihrer ätherischen Öle sind Atlas- und Himalaya-Zeder chemotaxonomisch relativ eng verwandt. Letztere wird auch *deodar tree* genannt und enthält als prägenden Riechstoff das Deodaron.

Unter der Bezeichnung Zeder ist eine bedeutende Anzahl von wichtigen Nutzpflanzen bekannt, die nur weitläufig mit der echten, der Libanon-Zeder verwandt sind oder sogar in keiner genetischen Beziehung zu ihr stehen, sondern einzig durch einen ähnlichen Geruch mit ihr verbunden sind. Unter ihnen befindet sich die in Kalifornien beheimatete Scheinzypresse *western white cedar* [69], die als amerikanischer Lebensbaum bekannte *western red cedar* [70] oder die Virginische Wacholder *red cedar* [71], die wegen ihrer speziellen Verwendung auch unter dem Namen Bleistiftzeder bekannt ist und das in der modernen Parfümerie so angesehene Zedernholzöl liefert. Sein angenehmer Geruch unterscheidet sich stark von dem intensiv kampferartig und nach Rainfarn riechenden Thujaöl aus dem abendländischen Lebensbaum [72], was auf die unterschiedliche Zusammensetzung ihrer Inhaltsstoffe zurückzuführen ist. Das sehr haftfeste Zedernholzöl besteht hauptsächlich aus dem Sesquiterpen Cedren und seinen sauerstoffhaltigen Derivaten wie dem Zedernkampfer Cedrol, die seinen Geruch prägen. Nach dem Einatmen seiner Dämpfe nimmt der Urin Veilchengeruch an. Thujaöl setzt sich fast ausschließlich aus den flüchtigen Monoterpenen zusammen. Sein Hauptprodukt, das charakteristisch riechende Thujon, ist ein Abortivum und gleichzeitig ein starkes Nervengift, welches künstlich epileptische Krämpfe auslöst. Da dieses Keton ebenfalls im Absinth und auch im Wermutwein vorkommt, muß bei deren Mißbrauch mit gesundheitlichen Schäden gerechnet werden.

Das zedernartig riechende Westindische Zedernholz [73] ist ein in Südamerika beheimateter Laubbaum aus der Familie der Mediazeen mit interessanten parfümistischen Eigenschaften.

Der Zedern-Wacholder [74], der in Nordafrika, den Mittelmeerländern und dem Nahen Osten, insbesondere dem Libanon verbreitet ist, erwies sich als ein bedeutender Rohstoff für die ägyptische Salbenbereitung [75]. Seine rotbraunen Scheinbeeren enthalten ein balsamisches, im Geruch an Terpentin und schwach an Wacholder erinnerndes, dickflüssiges ätherisches Öl. Die flüchtigen Bestandteile aus Nadeln und Zweigspitzen zeichnen sich durch einen sehr feinen Geruch nach Fichtennadelöl aus, während das Holzöl eine balsamisch-würzige Note aufweist. Letztere ergibt sich aus seiner chemischen Zusammensetzung, denn die Hauptbestandteile Caryophyllen und Humulen tragen auch zum Geruch der Nelkenknospen bei, währen Kubeben und Kubenol das ätherische Öl des Kubebenpfeffers prägen. Nach dem *Papyrus Ebers* waren die Beeren dieser Wacholderart ein Bestandteil des ägyptischen *kyphi.*

Bei der trockenen Destillation, d.h. dem destruktiven Erhitzen seines Holzes, entsteht das Kadeöl (Wacholderteeröl) als eine dunkelbraune, zähflüssige, teerartig riechende Substanz. Kadeöl besitzt eine stark bakterizide Wirkung und dient der Bereitung medizinischer Seifen und Salben gegen Haut- und Gelenkkrankheiten. Ein dem Kadeöl entsprechendes Teeröl haben bereits die alten Ägypter gekannt und zur Mumifizierung eingesetzt. Seine chemischen Bestandteile setzten sich neben Benzolderivaten und Phenolen hauptsächlich aus Sesquiterpenen zusammen, wobei das vom Namen des Kadeöls abgeleitete Cadinen das Hauptprodukt darstellt.

Nach Dioskurides waren auch der im Mittelmeerraum beheimatete Zypressen-Wacholder [76] sowie der Weihrauch-Wacholder [77] als Duftrohstoffe in Ägypten bekannt. Allerdings gibt es keine Hinweise auf die Verwendung des in unseren Breitengraden weit verbreiteten gemeinen Wacholders [78] [79], obwohl Griechen und Römer diese Pflanze als Heil- und Zaubermittel schätzten.

Aus derselben Familie wie der Wacholder stammt die Zypresse [80], die bis zu 2000 Jahre alt werden kann. Sie soll nach alter Überlieferung in Kreta heimisch gewesen sein. Allerdings ist der Name dieser Taxodiacee mit dem Namen der Kupferinsel Zypern (griech. *kupros, cupar* oder *cupor*) liiert [81], auf der die Pflanze verehrt wird. Den Semiten galt der Baum als heilig. Legenden ranken sich in großer Zahl um die Zypresse. So soll der altiranische Religionsstifter und Prophet Zarathustra (um 600 v. Chr.) unter einem Zypressenbaum gelebt haben, und aus der Zypresse auf dem Grab des persischen Königs Cyrus tropft, so heißt es, an jedem mohammedanischen Sabbat (Freitag) Blut.

Die widerstandsfähigen Eigenschaften des Holzes nutzten die Phönizier zum Schiffsbau, während es von den Ägyptern zur Herstellung von Särgen verwendet wurde. Zypressenöl, nach der antiken Methode der Fettextraktion aus seinem Harz gewonnen, gehörte außerdem zu den Mitteln der Mumifizierung. Das komplex zusammengesetzte ätherische Öl ist eine charakteristisch nach Zypresse riechende gelbe Flüssigkeit, die beim Verdampfen einen an Labdanum erinnernden ambraähnlichen Geruch annimmt.

Bei den Griechen und Römern wurden die Eingangspforten und Dächer der Tempel aus Zypressenholz gefertigt. Auch die Türen des Petersdoms in Rom sind aus Zypressenholz und zeigen nach 1200 Jahren keinerlei Zeichen der Vergänglichkeit [81]. Seit dem Altertum gilt die Zypresse in vielen Kulturen als Symbol der Trauer und des Todes sowie der Langmut, des weisen Zögerns und der Verschwiegenheit [82]. So betrauerte Venus den Tod ihres Geliebten Adonis durch Tragen eines Zypressenkranzes. Auch die tragische Muse Melpomene schmückte sich damit. Das Geheimnis der Zypressen haben die Brüder van Eyck auf den Genter Altar gebannt. Der angenehme Rauch verbrannter Zypressenzweige sollte noch im Mittelalter böse Geister, Zauber und Seuchen abwehren. Von römischen und arabischen Ärzten wurden Pflanzenteile oder deren galenische Zubereitungen als Heilmittel empfohlen. Lungenkranke schickten die Araber in Zypressenwälder. Hildegard von Bingen empfahl Bäder mit einem Gemisch aus Zypressenspänen und -zweigen gegen allgemeine Körperschwäche – ein Mittel, das heute noch therapeutischen Wert besitzt. Das ätherische Öl wendet man in der modernen Medizin gegen Krankheiten der Atemwege, bei Rheuma und bei Muskel- und Nervenspannungen an.

Der biblische Symbolgehalt der beiden schönsten Bäume des Libanon ist in verschiedenster Weise dokumentiert, und Herodot berichtet von einem Angebot des Königs von Tyros an Salomon: «Ich werde veranlassen, daß soviel der besten Zedern und Zypressen geschnitten und exportiert werden wie du brauchst.»

1. Glasflakon, überzogen von haarnetzartigem Filigran aus feinem Gold. Indien, Ende 18. Jh., 11 bzw. 9 cm hoch.

2. Parfümflakon aus Meißner Porzellan (1750-1755) mit zeitgenössischen galanten Szenen vor Landschaften nach Watteau. Das birnenförmige Gefäß rechts hat einen aus Gold gearbeiteten Stengel als Verschluß.

3. Englische Parfümflakons um 1760. Die beiden rechten bestehen aus Kristall mit einem Überzug aus stilisierten Goldblüten, die linken aus Alabaster. Auf dem Verschluß des als chinesische Tabaksdose gearbeiteten Flakons steht in Goldschrift: *«Le temps passe, l'amitié reste.»*

4. Französischer Parfümflakon der Epoche Louis XVI.
Kristall mit modischer junger Dame in Emaillemalerei, 6,5 cm hoch.

5a. Damaszener Rose [317], auch Rose von Kazanlük genannt; sie liefert das bulgarische Rosenöl.

5b. Orangenblüten [588], aus denen das kostbare Neroliöl hergestellt wird.

6. Magnolienblüten, von den Chinesen als Symbol der Reinheit verehrt, finden sich häufig als Motiv in der traditionellen ostasiatischen Malerei wieder. Fritierte Blütenblätter werden als Delikatesse angesehen. In der chinesischen Volksmedizin verwendet man ihre Blütenknospen. Die *Magnolia grandiflora* der Abbildung ziert viele europäische Gärten.

7. Die *Gardenia florida* mit ihrem jasminartigen Duft ist nach dem Tang-Lyriker Tu Fu (712–770) die kostbarste aller Blumen».

8a. Die in China heimische Kartoffelrose [625] gehört zu den bedeutendsten Wildrosen der heutigen Züchtung.

8b. Blütenzweig der wohlriechenden *La Mei*, die traditionelle chinesische Neujahrsblume, bei uns unter dem Namen Winterblüte bekannt. Der Duftstoff liefernde Strauch [627] wird in Südfrankreich angebaut.

Der Handel von Produkten der Libanon-Zeder und verwandter Hölzer mit Ägypten wurde durch die Phönizier über den legendären Hafen von Byblos an der syrischen Küste abgewickelt. Das erste schriftliche Zeugnis darüber findet man auf dem Palermostein, dem zufolge unter König Snofru (4. Dynastie) vierzig Schiffe voll Zedernbäume in Ägypten eingetroffen sein sollen. Schiffer nannte man ganz allgemein «Byblosfahrer»; selbst die im Roten Meer operierende Berufsgruppe führte diese Bezeichnung [62], was den Hinweis erlaubt, daß die syrische Küste noch früher als Punt angesteuert worden ist.

Der aromatische Wohlgeruch der Zeder und der spezielle Duft ihres Harzes und ihrer ätherischen Öle gaben seit alters her Anlaß zu vielseitiger Verwendung.

Im Goldland Nubien befanden sich ausgedehnte Akazienwälder, deren Holz für den Bootsbau eingeführt wurde und der Gewinnung von Gummi arabicum diente. Aus der Rinde extrahierte man einen Gerbstoff zur Lederherstellung [83]. Auch Ebenholz für das ägyptische Kunsthandwerk stammte aus Nubien. Fahrten an die Somaliküste in das sagenhafte Punt sind seit der 5. Dynastie belegt. Sie wurden bald zu regelmäßigen Handelsunternehmungen ins Weihrauchland ausgebaut [84].

Edelhölzer, Gewürze und Öle gehörten seit der 4. Dynastie zum Staatsmonopol und wurden ausschließlich mit königlichen Schiffen von Staatsbeamten befördert und durch amtliche Stellen verteilt [85]. In Suez oder dem heutigen Al-Kusair am Roten Meer [86] starteten die Schiffsexpeditionen in südliche Richtung, nicht ohne vorher für ihre Ausrüstung enorme logistische Probleme bewältigt zu haben [87]. Als dann das Alte Reich zusammenbrach und eine über zweihundertjährige instabile Periode das Land in Unsicherheit und Verzweiflung stürzte, waren die *Mahnworte eines ägyptischen Weisen* voll von bitteren Klagen: «Man fährt heute nicht mehr nach Byblos. Was sollen wir tun, um Zedern für unsere Mumien zu bekommen? (...) Man ist entblößt von Kleidern, Wohlgerüchen und Öl» [88]. Erst in der 11. Dynastie wurden die Handelsbeziehungen zu Punt durch Mentuhoptep II. wieder belebt, und unter Thutmosis III. (nach 1500 v. Chr.), der das Reich von Napata im Süden bis zum Euphrat im Norden ausdehnte, herrschte wieder unbegrenzter Reichtum und Wohlgeruch.

Blumen hatten im alten Ägypten einen hohen Symbolwert. Ihre Beliebtheit muß dem ästhetischen Sinn für Form und Farbe sowie der Freude der Nilbewohner an Wohlgerüchen zugeschrieben werden. So fand man Blumen in den raffinierten Gärten der Tempel, Paläste und Villen. Blüten als Schmuck für Frauen und Männer trug man besonders bei Festen weiblicher Gottheiten. Am reichsten schmückten sich Tänzerinnen. Kultische und religiöse Festzüge, Trauerzeremonien oder Opferspenden in Tempeln waren von üppigem Blumenschmuck begleitet [89].

Während Lilienduft zu den beliebtesten Geruchsnoten im alten Ägypten zählte, gehörte das balsamisch riechende Weihrauchöl zu den kostbarsten Parfümölen [90]. Nach einem Grabrelief [91] aus der 26. Dynastie wird zur Bereitung des Lirinon genannten Lilienöls der Blütensaft mit Hilfe einer Sackpresse gewonnen und das Konzentrat unter Zusatz verschiedener Duftstoffe zu Salben weiterverarbeitet [92].

Der «blaue Lotos», als Königin der Blumen vergleichbar unserer Rose, nimmt in der ägyptischen Kultur und Kunst einen hohen Rang ein. Bei dieser heiligen Pflanze mit ihrer hohen symbolischen Bedeutung handelt es sich botanisch gesehen um die blaue Wasserlilie [93], die keinen genetischen Zusammenhang mit dem dem Buddha geweihten indischen Lotos [94] aufweist. Lotos wurde in der ägyptischen Metaphorik am häufigsten von allen Blumen gebraucht. So steht der Tod vor dem Lebensmüden «wie der Duft von Lotos», und die Liebe eines Menschen zur Gottheit ist «wie ein Sommerlotos in der Liebe». Ebenso ist die Nase der Hathor «wie ein Sommerlotos». Wie in der Bildsprache, so erscheint der Lotos ebenfalls im ägyptischen Schriftbild als Zeichen der Freude. Die Lotosblüte, die blühende Rispe des Papyrus und eine blühende Binse sind Vorbilder für Schriftzeichen. Auf Ornamenten, Friesen, Stelen und Ikonen tritt der «blaue Lotos» ebenso häufig auf wie als Bemalung von Parfümflakons oder auf Fayence und Schmuck. Ein Brustschild in Gestalt einer sich öffnenden Knospe der blauen Wasserlilie wurde im Grab des Tutenchamun entdeckt [42]. Seit dem Alten Reich wird der Salbengott Nefertem in einem Hymnus als «die Lotosblüte an der Nase des Re» gepriesen. In seiner menschlichen Erscheinungsform trägt Nefertem eine Lotosblüte als Kopfschmuck, oder er hockt als jugendlicher Sonnengott auf einer solchen Blume [95]. Dieser memphitische Duftgott

Herstellung von Lirinon. Relief aus dem Grab des Psammetich-meri-Neith aus der 26. Dynastie.

Gewinnung von Lilienöl (Lirinon) durch Extraktion der Blüten mittels Fetten unter Anwendung der Sackpresse.

spendet durch seinen Wohlgeruch Leben und manifestiert den eigentlichen Urlotos; er erfrischt den Odem [96]. Sein Duft trug dem «blauen Lotos» religiöse Wertschätzung ein. Die Blüte, die sich morgens öffnet, abends schließt und im Wasser versinkt, symbolisiert die Urzeugung, die Schöpfung aus dem Urwasser. Sie steht für Neugeburt, Wiedergeburt und Lebensspende. Lotos ist daher die Blume des Nilgottes. Außerdem war die blaue Wasserlilie dem Sonnengott Ra gewidmet. Ihr Fruchtknoten mit strahlend gelben Narben, der sich gegen die blaue Blütenkrone absetzt, symbolisiert Ra, der im blauen Himmel leuchtet [97].

Die in Wein getauchten Blütenköpfe lieferten das von der ägyptischen Oberschicht bevorzugte Getränk mit moderater halluzinogener Wirkung. In der Tat werden bei dieser Herstellung Alkaloide wie Apomorphin, Nuciferin und Nornuciferin extrahiert, die eine typisch psychotrope Wirkung aufweisen [98]. Auf Wandfriesen trugen die zu Trauerfeierlichkeiten eingeladenen Gäste Kränze von Wasserlilien um den Hals, deren Duft in ihre Nase

^
Das Wandgemälde aus dem Grab des Nacht bei Theben zeigt Damen der Gesellschaft, die an Seerosen riechen.

>
Grab des Sennefer. Merit reicht Sennefer eine Schale mit Duftingredienzien, Theben West, Sargkammer.

stieg. Da auch der Verstorbene an dem «blauen Lotos» riecht, wird diesem Akt eine religiöse Bedeutung beigemessen [99]. Vielleicht beabsichtigte man, über eine Art Trancezustand mit dem Toten in Verbindung zu treten. Eine eingehende Analyse zeigt, daß die blaue Wasserlilie wahrscheinlich bereits im dynastischen Ägypten für schamanistische Praktiken eingesetzt wurde, denn ihren Priestern war die Bewußtseinsveränderung, die ihr Duft bewirkte, wohlbekannt [100]. Es handelt sich dabei um das nachweislich erste Beispiel dafür, daß mit Hilfe des Geruchs psychotrope Effekte induziert werden können. Auch die aphrodisierende Wirkung des «blauen Lotos» blieb den Ägyptern nicht verborgen, und zum Zeichen ihrer gegenseitigen Liebe wurden die Blüten von jungen Paaren getragen. Man glaubte, das Schwimmen im Lotos-Teich bringe Fruchtbarkeit. Die in Ägypten ebenfalls verehrte weiße Wasserlilie [101] besitzt einen schwächeren Geruch und enthält auch weniger halluzinogene Alkaloide.

Ebenso war den Ägyptern die hypnotisierende Wirkung der Alraune bekannt [102], die auf der Psychoaktivität von Tropan-Alkaloiden wie Hyoscyamin, Scopolamin, Atropin und Mandragorin beruht [98]. Auch das aus Zypern eingeführte Opium mit seinem schmerzstillenden Effekt gehört in diese Kategorie.

Wurzelstöcke von Zypergras [103] besitzen einen lang anhaltenden aromatischen Geruch von kampferähnlicher Tonalität. Parfüms aus dieser weitverbreiteten Pflanze waren nicht nur auf Ägypten beschränkt, sondern in der ganzen zivilisierten Welt der Antike geschätzt. Man kennt mehrere Varietäten des Zypergrases, die noch heute die Ausgangsbasis für die Parfümerie darstellen. Das Rhizom der in Indien wachsenden Abart [104], im Sanskrit *nagar mustaka* genannt, besitzt einen zedernholzartigen Geruch mit würzig-aromatischem Einschlag. Es findet in der indischen Medizin Verwendung und dient der Herstellung von Haarölen und Lederparfüms oder als Ersatz für Patchouliöl [105]. Der Geruch anderer Abarten von Zypergraswurzeln erinnert an Veilchen oder auch Vetiverwurzeln. Als allen Zyperölen gemeinsames Hauptprodukt erwiesen sich ein nach der Stammpflanze Cyperon genanntes Sesquiterpenketon sowie dessen Isomere. Die davon abgeleiteten Alkohole besitzen einen angenehmen, zarten Rosengeruch von großer Haftfestigkeit [106].

Zur gleichen Pflanzenart gehört der an feuchten Standorten wachsende ägyptische Papyrus [107]. Aus dem Mark seines Stengels wurde seit der ersten Dynastie Schreibmaterial hergestellt, und die Wurzelknollen waren ein beliebtes Nahrungsmittel. Ein anderer, geruchloser Verwandter ist die Erdmandel [108], deren Rhizome bereits in der vordynastischen Zeit ein wichtiges Lebensmittel darstellten und zur Herstellung von feinem Speiseöl verwendet werden konnten [109].

Der biblische Wohlgeruch

Kurz nachdem Moses die Juden um 1240 v. Chr. aus ägyptischer Gefangenschaft geführt hatte, gab ihm Jahwe, der Gott Israels, die Anweisung: «Du sollst auch einen Räucheraltar machen, zu räuchern, von Akazienholz (...)» [110] «(...) und Aaron soll darauf räuchern gutes Räucherwerk alle Morgen.» [111] Und der Herr sprach zu Moses [112]: «Nimm dir Spezerei: Balsam, Stakte, Galbanum und reinen Weihrauch, von einem soviel wie vom andern, und mache Räucherwerk daraus, gemengt nach der Kunst des Salbenbereiters, gesalzen (gemischt), rein zum heiligen Gebrauch.» Nach Jahwes Wort hat dieses Rauchopfer als hochheilig zu gelten: «(...) denn es ist ein Bild für den Odem und den Namen des Herrn» [113]. Es erfolgt ebenfalls die Eingebung für ein heiliges Salböl: «Und der Herr redete mit Moses und sprach: Nimm dir die beste Spezerei – die edelste Myrrhe 500 Lot und Zimt, die Hälfte davon, 250, und Kalmus, auch 250 Lot und Kassia, 500 nach dem Lot des Heiligtums und eine Kanne Olivenöl. Und mache daraus ein heiliges Salböl nach der Kunst des Salbenbereiters» [114]. Rauchwerk war ausschließlich für die Altäre bestimmt und wurde von dem Hohenpriester äußerst sparsam für heilige Handlungen eingesetzt. Persönlicher Gebrauch der vier heiligen Stoffe war ausdrücklich untersagt: «(...) des gleichen Rauchwerk sollt ihr euch nicht machen, sondern es soll heilig sein dem Herrn. Wer ein solches machen wird, daß er damit räuchere, der wird ausgerottet werden von seinem Volke» [115]. Die gleiche Anweisung gab Jahwe für das heilige Salböl: «(...) auf Menschenleib soll's nicht gegossen werden (...)». Eine Ausnahme davon bildeten die jüdischen Könige ebenso wie Aaron und seine Söhne [116], denn die Salbung sollte an ihnen von den Propheten im Namen Gottes vorgenommen werden. Ein Verstoß gegen diese Gebote wurde von Moses und Aaron unnachgiebig geahndet. So wurden Korah, Dathan und Abiram mit 250 Männern der Rotte, ihren Familien und ihrem Hab und Gut von der Erde verschlungen [117]. Die Zügelung der Sinnenfreuden durch das Gesetz schien bei den Juden nicht zu allen Zeiten Wirkung gezeigt zu haben. Die Oberschicht wurde vom Propheten Amos mit den Worten zur Mäßigung aufgefordert: «(...) denn ich kann eure Feste nicht riechen.»

Das *Neue Testament* legt dem durch Salbung Neubekehrten die Verpflichtung zum Glauben an Christus auf [118]: «(...) ihr habt die Salbung von dem, der heilig ist, und wisset alles.» Der Duft ihrer Salbe entspricht dem Wohlgeruch der Gnosis, denn es heißt im *2. Brief des Paulus an die Korinther* [119]: «Aber Gott sei gedankt, der uns allezeit Sieg gibt in Christus und offenbart durch den Wohlgeruch seiner Erkenntnis an allen Orten! Denn wir sind Gott ein guter Geruch Christi unter denen, die gerettet werden, und unter denen, die verlorengehen: diesen ein Geruch des Todes zum Tode, jenen aber ein Geruch des Lebens zum Leben.» Noch bis zum ausgehenden Mittelalter empfingen Könige den Segen Gottes durch Salbung. Diese wurde nicht nur als ein Ritual bei der Krönungszeremonie verstanden, sondern auch als Treuegelöbnis des Gesalbten gegenüber der Kirche.

Bei der von den Ägyptern übernommenen sorgfältigen Körperhygiene kamen auch parfümierte Salben zur Anwendung: «Das Herz freut sich an wohlriechender Salbe und Räucherwerk, und süß ist der Freund, der wohlgemeinten Rat gibt» [64], und im *Hohenlied* wird geradezu eine Hymne auf die Duftspender angestimmt. Zu Zeiten der Sakralprostitution mußten sich Frauen einer aromatischen Reinigungsprozedur unterziehen und sich sechs Monate lang mit einem Gemisch aus Balsam- und Myrrhenöl und sechs Monate mit wohlriechenden Bädern und Salben behandeln lassen. Nach der biblischen Überlieferung fand so Esther Gnade und vor allen anderen Jungfrauen den bevorzugten Zugang zu dem persischen König Ahasver (Xerxes) [120]. Die Verführungskünste hebräischer Frauen wurden stets durch Geruchseindrücke unterstützt. Fatal wurde die Duftwolke Judiths für Holofernes. Die Ehebrecherin animierte den Jüngling mit den Worten: «Ich habe mein Lager mit Myrrhe, Aloe und Zimt besprengt, komm laß uns der Liebe pflegen.» [121] Dies führte zur Befreiung des jüdischen Volkes aus der Unterdrückung durch die Assyrer [122]. Legendär ist die amouröse Begegnung der Königin von Saba mit König Solomo (961–922 v.Chr.), dessen expansive Handelspolitik zu einer Bedrohung des südarabischen Duftstoffmonopols für Myrrhe, Weihrauch, Narde, Zimt und viele andere aromatische Substanzen heranwuchs [123]. Der König war beeindruckt von der pompösen Ankunft und den Gastgeschenken seiner Besucherin, denn es heißt: «Und sie gab dem König 120 Zentner Gold und Spezerei in großer Menge und Edelsteine. Nie wieder kam soviel Spezerei ins Land, wie sie die Königin Reicharabiens dem König Salomo gab» [124], dazu «(...) sehr viel Sandelholz und Edelstein» [125]. Auch noch tausend Jahre später waren Spezereien aus Südarabien hochgeschätzte Gastgeschenke; denn die drei Weisen aus dem Morgenland, wahrscheinlich jemenitische Potentaten, «(...) taten ihre Schätze auf und schenkten ihm (dem Jesuskind) Geld, Weihrauch und Myrrhe» [126]. Salomo als Gebieter über 700 Ehefrauen war von dem Charme seines weiblichen Gastes entzückt, denn er schwärmte: «Deine Liebe ist lieblicher als Wein, und der Geruch deiner Salben übertrifft alle Gewürze. Von deinen Lippen, meine Braut, träufelt Honigseim. Honig und Milch sind unter deiner Zunge, und der Duft deiner Kleider ist wie der Duft des Libanons.» [127] «Du bist gewachsen wie ein Lustgarten von Granatäpfeln mit edlen Früchten, Zyperblumen und Narde, Narde und Safran, Kalmus und Zimt, mit allerlei Weihrauchsträuchern, Myrrhe und Aloe, mit allen feinen Gewürzen.» [128] Im *Hohenlied* feiern die Sinnenfreuden Salomos wahre Triumphe, die bei keiner biblischen Gestalt übertroffen werden.

Aromatische Pflanzen in biblischer Zeit

Die Bibel gehört zu den ersten umfassenden Aufzeichnungen der antiken Pflanzenwelt. Das Fehlen naturwissenschaftlicher Kriterien in der damaligen Zeit sowie mehrdeutige Beschreibungen und Fehler in den Übersetzungen haben die Identifizierung biblischer Pflanzen erschwert. Dennoch hat man heute über zweihundert botanische Spezies [49] definieren können. Viele andere geben noch Rätsel über ihre Herkunft auf, und mehrere biblische Spezies sind in der Zwischenzeit ausgestorben. Das *Alte Testament* gibt dabei über den Gebrauch von Pflanzen und ihren Teilen im kultischen und sakralen Bereich oder für profane Zwecke genauer Auskunft als das *Neue Testament*. Von Bäumen, Blumen und Früchten ist häufig in allegorischem Sinne die Rede, besonders auch, wenn ihr Wohlgeruch erwähnt wird. An ausgewählten Beispielen soll im folgenden die Bedeutung aromatischer Pflanzen in biblischen Zeiten aufgezeigt werden.

Die Pflanzenfamilie der Burserazeen ist seit der Antike eine natürliche Quelle für bedeutende Gummiharze wie Balsam, Myrrhe, Weihrauch und Bdellium. Der den Juden und Christen heilige Balsam ist das Sekret eines immergrünen Baumes [129], dessen Duft für Plinius alle anderen Wohlgerüche übertrifft. Nach Ritzen des Holzes tritt er tropfenweise als leicht beweglicher blaßgelber Saft aus der Rinde und wird zunächst in mit Wolle ausgestopften kleinen Hörnern oder Muscheln aufgenommen, um nach dem Auspressen in Tongefäßen gesammelt zu werden. Mit zunehmender Alterung nimmt Balsam eine Rotfärbung an. Dioskurides unterscheidet den auf diese aufwendige Weise gewonnenen besten *opobalsamum* vom *xylobalsamum* minderer Qualität, den man aus den Zweigen des Balsambaumes durch Auskochen mit Wasser erhält. Schließlich erntete man den *carpobalsamum* aus den aromatischen Früchten durch Pressen [130]. Seine wichtigsten Anbaugebiete im Altertum waren das damals waldreiche Gilead und die Berge um Mekka, was dem Sekret auch die Namen Gilead- bzw. Mekka-Balsam eintrug. Die beste Qualität stammte jedoch aus den Balsamgärten von Jericho und dem Dorf En-Gedi am Berg Zion. Dabei betrieben die Juden ein bemerkenswertes Marketing, denn die unter königlichem Monopol stehenden Balsamprodukte wurden stets der Nachfrage angepaßt, um höchste Gewinne erzielen zu können [131]. Zu Zeiten des griechischen Naturphilosophen Theophrastos (371–287 v. Chr.) wurde Balsam um das doppelte Gewicht Silber gehandelt [132]. Immer wieder erfährt man, wie sehr der Balsamduft mit seiner zitronenartigen und an Rosmarin erinnernden Beinote die antike Welt verzaubert hat. Jerusalems Töchter müssen der Sage nach für große Unruhe gesorgt haben, indem sie Myrrhe und Balsam in ihre Schuhe gaben und so über den Marktplatz von Jerusalem spazierten. Sobald sie sich einem jungen Mann ihrer Wahl genähert hatten, stießen sie ihn mit ihren Füßen an, um ihn in leidenschaftliches Verlangen zu versetzen. [133].

Dem jüdischen Dichter Flavius Josephus zufolge soll die erste Balsamstaude in Judäa ein Geschenk der Königin von Saba an Salomo gewesen sein. Tatsächlich betrieben die Nabatäer auf der südarabischen Halbinsel seit langem den Anbau dieser Pflanze, was schon dem *Alten Testament* entnommen werden kann [134]: «Die Kaufleute aus Saba und Ragma haben mit dir gehandelt; den besten Balsam und Edelsteine aller Art und Gold haben sie auf deine Märkte gebracht.» Auch an der nubischen Küste und in Äthiopien existierten ausgedehnte Plantagen von Balsambäumen.

Nach ihrem Sieg über die Juden (66 v.Chr.) soll Pompeius Magnus Balsamstauden als Siegestrophäe im Triumphzug nach Rom gebracht haben, was eine besonders tiefe Erniedrigung für die Besiegten bedeutete. Balsam galt bei den Römern als Prestigeprodukt, das sich nur die Reichsten leisten konnten. Seit Vespasian trifft man den Baum auch in Ägypten an. Berühmt war bis zum späten Mittelalter der Balsamgarten von Matarea bei Kairo, der gleichermaßen Christen und Mohammedanern ein heiliger Pilgerort war. Hier soll sich der Legende nach Maria mit dem Jesuskind auf der Flucht nach Ägypten aufgehalten haben [135].

Zum Entsetzen der Pharisäer nahm Jesus die Salbung seiner Füße durch Maria aus Magdala an [136]. Von ihrem Vater Syrius hatte diese nämlich drei kleine Alabasterfläschchen mit «Salböl für die Könige» geerbt, die damals einen außergewöhnlich hohen Wert darstellten. Syrius hatte zu Lebzeiten einen Großhandel mit Sandelholz, Myrrhe, Balsam und parfümiertem Olivenöl betrieben. Außerdem besaß er einen Balsamwald und scheint auch das biblische «Salböl für die Könige» in eigner Manufaktur hergestellt zu haben [137]. Maria Magdalena wurde deshalb als Heilige aller wohlriechenden Stoffe und im Mittelalter als die Schirmherrin der Parfümeure angesehen [138].

Balsam ist ein Bestandteil des *Chrisma* (griech. *chríein* = salben), das, in Olivenöl aufgenommen, das geheiligte Salböl darstellt. Es wird in der katholischen Kirche bei Taufe, Firmung und der Priester- und Bischofsweihe verwendet. In der orthodoxen und vorderorientalischen Kirche dient es der Myron-Salbung.

Balsam benutzen Ägypter und Israeliten als rituelles Räuchermittel und zum Einbalsamieren ihrer Toten. Außerdem war es der Rohstoff zur Herstellung der kostbarsten Parfüms, Salben und Heilmittel. Das Abendland lernte den Balsam durch Kreuzritter und Pilger kennen. Im Mittelalter galt er als große Seltenheit und tauchte nicht häufig als Fürstengeschenk auf. In kleinen Flakons abgefüllt, benutzten hochstehende Damen den Balsam in Riechfläschchen. In der Neuzeit tritt das Naturprodukt überhaupt nicht mehr auf, weshalb wir über seine chemische Zusammensetzung auch keine Kenntnisse besitzen.

Das afrikanische Bdellium [139] bezogen die alten Ägypter aus dem Somaliland, während die indische Variante [140], auch als falsche Myrrhe bezeichnet, im ostasiatischen Raum als Räucherwerk und in der ayurvedischen Medizin als geschätztes Arzneimittel eine große Rolle spielte [141].

Tatsächlich nimmt Bdellium nicht nur das Aussehen von Myrrhe an, sondern es besitzt auch ähnliche Geruchseigenschaften [142]. Dies steht allerdings im Gegensatz zu unserer Kenntnis über die chemische Zusammensetzung der beiden Harze. Während nämlich die Chemie von Bdellium praktisch unbekannt ist, hat man die wichtigsten Geruchsträger des ätherischen Öls der Myrrhe identifizieren können. Dabei handelt es sich im wesentlichen um ein Gemisch von neun tricyclischen Äthern der Sesquiterpenreihe [143], welche die schwere harzige Note erzeugen und durch warmbalsamische und lederartige Töne unterstützt werden. Wegen ihrer relativ komplizierten Struktur sind die geruchsaktiven Verbindungen der Myrrhe synthetisch in technischem Maßstab nicht zugänglich.

Myrrhen-Harz (arab. *murr*) stammt von einer Reihe nahe verwandter Commiphora-Arten, die meist gedrungene und bis zu drei Meter hohe dornenreiche Bäume mit spärlicher Belaubung bilden [144]. Als echte und offizinelle Myrrhe wird die Heerabol-Myrrhe [145] angesehen [146]. Sie wächst ebenso wie die billigere Bisabol-Myrrhe [147] in Somalia [148]. Bei der als wohlriechende oder süße Myrrhe bezeichneten Bisabol-Myrrhe, die in Indien *bissabol* genannt wird, soll es sich um das biblische Gummiharz handeln [149]. Die arabische Myrrhe [150] trifft man als Fadhi-

Myrrhe im jemenitischen und hadramitischen Hochland ebenso wie im Küstengebirge östlich von Aden. Sie soll der Bisabol-Myrrhe ähnlich sein [149]. Es wird bezweifelt, daß die Myrrhe der Bibel sich stets aus reinen Commiphora-Harzen zusammengesetzt hat. Vielmehr wird angenommen, daß diese im Gemisch mit Labdanum-Harz verwendet worden sind [151].

Die biblische Stakte wurde aus frisch geernteter Myrrhe hergestellt, wobei man diese nach Zugabe von wenig Wasser auspreßte; so erhielt man ein zähflüssiges Produkt von besonders feinem Wohlgeruch. Das unter Hinzufügung von fetten Ölen oder durch Auskochen mit Wasser zubereitete Erzeugnis sah man hingegen als minderwertig an [152]. Beste Stakte kostete das Mehrfache von echter Myrrhe [35].

Das ätherische Öl der Bisabol-Myrrhe kommt als Opopanaxöl [153] in den Handel. Sein typischer Geruch wird von einem Gemisch bekannter Sesquiterpene hervorgerufen, unter denen das sog. (Z)-α-Bisabolen den größten olfaktorischen Beitrag zu leisten scheint [155].

Weihrauch, in der Bibel ebenso oft wie Myrrhe erwähnt, wird nach seinem hebräischen Ausdruck *lebonah* und dem griechischen *libanos* auch als Olibanum bezeichnet. Bis zu Salomos Zeiten (um 980 v. Chr.) wurde das Gummiharz nur für kultische und religiöse Zwecke verwendet. Bei Weihrauch handelt es sich um das pathologische Stoffwechselprodukt von mehreren Arten der Gattung Boswellia [156], das als weißer Milchsaft (arab. *luban*) nach mechanischer Verletzung der strauchartigen Bäume in Tränen austritt und an der Luft rasch zu einem gelb- bis rotbraun gefärbten Gummiharz erstarrt. Die Weihrauchstaude breitet sich über den südlichen Teil der arabischen Halbinsel, Nubien, Somalia und Äthiopien aus. Der Handel mit dem begehrten Harz lag im Altertum praktisch vollständig in der Hand der südarabischen Stadtstaaten, die ihre Güter auf der legendären Weihrauchstraße bis zu den Küsten des Mittelmeeres transportierten, von wo aus die wichtigsten Kulturzentren in Syrien, Mesopotamien und Ägypten erreicht werden konnten. Obwohl man annimmt, daß der älteste Handelsweg bereits 2500 v. Chr. benutzt wurde, florierte er erst nach der Domestizierung der Kamele im 13. Jh. v. Chr. Dhofar an der Küste des indischen Ozeans bildete damals das Zentrum der

Weihrauchgewinnung. Heute wird Olibanum unter den Qualitätsbezeichnungen «Aden» und «Eritrea» gehandelt.

Vom Weihrauch und seinem ätherischen Öl, dem Olibanumöl, kennt man heute über 250 Inhaltsstoffe und Pyrolyseprodukte, ohne daß bisher eine Verbindung entdeckt werden konnte, die jenen typischen, harzartigen Geruch prägt. Einzig einige als Spurenstoffe vorkommende Monoterpensäuren unterstützen den harzartigen Geruchscharakter. Die Liste der pharmakologischen Eigenschaften von Weihrauch ist lang, und seine medizinische Verwendung wurde bereits im Altertum empfohlen. Selbst heute noch führt ihn der *Madaus* als Arzneimittel auf.

Storax ist das Harz eines ebenholzartigen Baumes [157] aus der großen Familie der Styraxgewächse, der in den südwestlichen Teilen Kleinasiens heimisch ist und dort ausgedehnte Wälder bildet. Das Harz tritt nach mechanischem Reizen der Stämme als leicht bewegliche Flüssigkeit von balsamisch-süßem, leicht grasartigem und entfernt an Petroleum erinnernden Duft aus; an der Luft unterliegt es einer raschen Polymerisation und bildet danach eine zähe, klebrige, gelbbraune Masse. Nach Behandlung mit kochendem Wasser gewinnt man den reinen Balsam. Dioskurides unterscheidet drei Sorten von Storax (Styrax), nämlich den gabalitischen aus Dschebail in Syrien, den pisidischen aus dem westlichen Taurus und den kilikischen [152]. Letztere Qualität galt auch als die wertvollste, was sich in einem höheren Preis ausdrückte.

Die Phönizier [158] brachten Storax (semitisch *tsoru*) nach Ägypten, wo er dem *Papyrus Ebers* zufolge als *miniaki* zum *stschj-heb*-Öl, dem «Festduft» und vielen anderen Parfüms verarbeitet wurde. Dieser Balsam ist nach den Ägyptern göttlichen Ursprungs, denn er stammt «aus der Vulva der Göttin (...), es ist eine Flüssigkeit in der Sonne, es ist Horus' Auge» [159]. Den Namen Storax haben die Griechen dem phönizischen *sori* [158] angeglichen und dabei an *stor* die botanische Silbe *ax* angehängt. Das Moses von Gott eingegebene Rezept für das heilige Räucherwerk enthält *nâtûf* (hebr. für Storax) [160], das von Luther fälschlicherweise mit Stakte übersetzt wurde. Stakte jedoch ist eine spezielle Zubereitung aus Myrrhenharz. In der orthodoxen Kirche werden Borke und Holz des Storaxbaumes als «Christholz» zu rituellen Räucherungen verwendet. Herodot läßt uns wissen, daß sich die geflügelten Schlangen, die sich in den Weihrauchbäumen aufhalten, nur durch Storax-Dämpfe vertreiben lassen [161].

Storax hat seit dem Altertum eine vielfache Verwendung als Räuchermittel sowie zur Herstellung wohlriechender Salben, Gewürze und Heilmittel gefunden. Die Griechen hatten nach Dioskurides [152] bereits seine positive Wirkung auf die Atemwege sowie seine abführenden Eigenschaften erkannt; zudem soll syrisches Storaxöl die Haut erwärmen, allerdings auch Kopfschmerzen und tiefen Schlaf bewirken. Das durch Wasserdampfdestillation von Storax gewonnene ätherische Öl fand im späten Mittelalter vielseitige Verwendung als Arzneimittel.

Die Chemie von Storaxöl ist für die Entwicklung der organischen Strukturchemie und der chemischen Technologie von eminenter Bedeutung, entdeckte man doch bereits sehr früh eine Serie von wichtigen Derivaten des Benzols. So konnte schon 1839 der Kohlenwasserstoff Styrol als thermisches Zersetzungsprodukt der Zimtsäure isoliert und seine Neigung zur Polymerisation erkannt werden. Es folgten der Styrylalkohol (Methylphenylcarbinol), der Zimtalkohol und sein Dihydroderivat Phenylpropanol sowie mehrere Zimtester als überwiegende Hauptprodukte. Storaxöl war lange Zeit die einzige Quelle zur Gewinnung von Zimtsäure und Zimtalkohol. Seit der synthetischen Zugänglichkeit von Styrol in den dreißiger Jahren dieses Jahrhunderts werden jährlich etwa 9 Millionen Tonnen dieses hochreaktiven Kohlenwasserstoffs zur Herstellung von Kunststoffen vom Typ Polystyrol verarbeitet. Die meisten Inhaltsstoffe des Storaxöls bilden in Form ihres synthetischen Äquivalents die molekulare Grundlage für moderne Arzneimittel, und schließlich haben sie den Aufschwung der Parfümerie in der zweiten Hälfte des vorigen Jahrhunderts ermöglicht.

Zimtalkohol besitzt einen hyazinthenähnlichen Geruch mit rosenartiger Nuance, der zum riechenden Prinzip natürlicher Narzissen- und Hyazinthenblüten gehört. Der warme blumige Duft von balsamisch süßer Tonalität und großem Anpassungsvermögen macht den Alkohol zu einem beliebten Bestandteil von Parfüms mit Blütenthema. Ähnlich parfümistische Eigenschaften besitzt das Phenylpropanol, das den warmen Unterton in Rosenkompositionen und die balsamische Süße eines orientalischen Geruchstyps unterstützt. Niedere Ester wie etwa Äthylcinnamat besitzen zusätzlich honigartige und fruchtige Untertöne, die sich zum Aufbau leichter Noten vom Zitrustyp bis zu Chypre- oder orientalischen Kompositionen eignen. In den höhermolekularen Estern wie Storesin (Cinnamylcinnamat) oder Phenylcinnamat findet man alle diese Töne in sehr milder Form wieder. Sie zeichnen sich durch eine hohe Haftfestigkeit aus, was sie als Fixateure für schwere orientalische Parfüms und exotische Blütendüfte prädestiniert. Selbst Styrol wird in Spuren angewendet, denn seine hohe Flüchtigkeit und spezielle Note führt zur Verstärkung blumiger Kopfnoten.

Den Händlern der südarabischen Halbinsel war Benzoeharz (arab. *luban gawi*) schon frühzeitig bekannt, obwohl sein natürliches Vorkommen in Siam, Sumatra und dem Tonking-Gebiet liegt. Selbst wenn man in Rechnung stellt, daß sich die Araber bereits lange vor unserer Zeitrechnung den Seeweg nach Indien erschlossen hatten, muß man bezweifeln, daß die Benzoe der Bibel oder das entsprechende Harz, das die altägyptischen Texte erwähnen, über den arabischen Teil der Welt transferiert worden ist. Vielmehr muß man annehmen, daß der «javanische Weihrauch» zunächst auf dem Karawanenwege aus Indien herangeschafft wurde, denn Stücke davon befanden sich bereits in den Tresoren altbabylonischer Potentaten, die damals noch keine Handelsbeziehungen mit den Völkern am indischen Ozean unterhielten. In Syrien angekommen, dürfte die Ware, wie so viele andere Güter, von den Phöniziern im levantinischen Raum vertrieben worden sein. Erst im Parfümzentrum Alexandria taucht das Harz als begehrtes Ingredienz auf. Das Abendland lernte den Naturstoff erst Ende des 15.Jh. durch Vasco da Gama kennen. Siam-Benzoe [162] und Sumatra-Benzoe [163] gehören der gleichen Pflanzenfamilie an wie Storax [164].

Benzoe stand ebenso wie Storax an der Schwelle der organischen Chemie, denn Benzoesäure war erstmals aus diesem Harz durch Sublimation zugänglich geworden. Ester der Benzoesäure wie auch der Zimtsäure, Benzoate und Vanillin tragen zu seinem angenehmen Geruch bei, der auch in der modernen Parfümerie wegen seiner fixierenden Eigenschaften geschätzt wird. Außerdem sind seit alters her seine adstringierenden und antiseptischen Eigenschaften bekannt, so daß Benzoe auch heute noch als Geschmackskorrigens in Arznei-Formulierungen auftritt.

Mit «Gummi aus Punt», wie er im Tempel der Königin Hatschepsut genannt wird, ist das aus dem Sudan stammende Gummi arabicum, ein pathologisches Exsudat einer baumartigen Akazienart [165] gemeint. Der wohlriechende, bakterizide und leicht zum Verkleben neigende Pflanzenschleim fand bei den Ägyptern vielseitige Verwendung, so zur Mumifizierung, als Lösungsmittel für Farbstoffe, zum Lackieren von Holz, bei der Produktion von Papyrus als Bindemittel, zum Appretieren und Färben von Leinen oder einfach als Klebstoff. Außerdem war Gummi arabicum als Fixiermittel für Räucherwerk oder als Grundstoff zur Herstellung medizinischer Pillen und Kaugummi für die in Ägypten großgeschriebene Mundhygiene beliebt. Die Griechen lernten das Produkt als *kommi*, die Römer als *gummi* kennen. Der Name rührt ursprünglich vom Vertrieb des Produkts über die Araber aus arabischen Häfen her.

Chemisch stellt Gummi arabicum ein Gemisch aus sauren Salzen der Arabinsäure mit Zuckern, Gerbstoff und Enzymen dar. Gummi arabicum ist seit der Antike in ständigem menschlichen Gebrauch und so auch in den heute gültigen Arzneibüchern aufgeführt. Als Klebstoff ist er in der Neuzeit durch billigere Synthetika ersetzt worden. Wegen seiner speziellen Eigenschaften jedoch ist er auch heute noch auf einigen Gebieten hochgeschätzt. So besitzt er z.B. die Fähigkeit, flüssige chemische Verbindungen einzuschließen, was ihn zur Herstellung von «Trockenaromen» nach dem Spray-Verfahren unentbehrlich macht. Wie vor 4000 Jahren wird die begehrteste Handelsware in der sudanischen Provinz Kordofan gewonnen.

Aus einer ganz anderen Pflanzenfamilie als Gummi arabicum kommt der wohlriechende Klebstoff Mastix (griech. *mastiche* = Pistazienharz), der als getrocknetes Gummiharz des auf der Ägäischen Insel Chios beheimateten Mastix-Strauches [166] in der antiken Welt hohes Ansehen genoß. Es diente den Ägyptern zur Mumifizierung und galt als ein wichtiger Bestandteil des *kyphi*. Außerdem diente Mastix zur Herstellung von Räucherwerk und als Arzneimittel. Für die Juden bedeutete es einen begehrten Exportartikel [167]. Alle angesehenen Naturphilosophen des Altertums haben sich mit diesem Stoff, meist unter dem Namen *resina*, beschäftigt [168]. So berichtet Dioskurides von seiner Verwendung als Kaugummi, Zahnpulver und Gesichtspflegemittel. Ebenso trifft man es als Gewürz an, besonders zur Geschmacksverbesserung von Weinen. In der Lebensmittelindustrie dient Mastix als Überzug für Zuckerwaren und Schokolade sowie als Glasurmittel für Kaffee. Außerdem erfüllt es spezielle Aufgaben als Klebemittel und liefert feine Lacke für Gemälde und Phototechnik. Arabische Ärzte führten Mastixharz als *granomastice* oder auch *thus* in den abendländischen Arzneischatz ein. Letztere Bezeichnung war irreführend, da sie oft zur Verwechslung mit Weihrauch führte. Destilliertes Mastixöl war seit Mitte des 15. Jh. offizinell. Gegenwärtig findet das ätherische Öl, das einen kräftig balsamischen Geruch besitzt, in beschränktem Maße in der Parfümerie und Essenzenindustrie Verwendung. Seine flüchtigen Anteile bestehen aus mehr als 80 chemischen Komponenten, von denen drei Monoterpene allein 92% ausmachen. α-Pinen als überragendes Hauptprodukt (77%) sowie das isomere β-Pinen (3%) und Myrcen (12%) bilden ebenfalls die molekulare Grundlage der meisten Terpentinöle. Alle übrigen Stoffe sind im Mastixöl zu weniger als 1% vorhanden. Dennoch prägen diese Spurenstoffe sein komplexes Geruchsprofil, das sich von allen übrigen ätherischen Ölen unterscheidet.

Auf Chios begegnet man auch einem über den gesamten Nahen Osten verbreiteten verwandten Baum [169], der das Chios-Terpentin [170] des Altertums liefert. Chios-Terpentinöl hat einen angenehm milden, an Macis und Kampfer erinnernden terpentinartigen Geruch [171].

In der Heiligen Schrift gilt die Myrte [172] als Symbol für Friede und Freude sowie für göttlichen Edelmut. Sie gehört neben Weizen, Früchten und wohlriechenden Blumen zu den wenigen Dingen, die Adam aus dem Paradies mitnehmen durfte. Seit der Einführung des Laubhüttenfestes im Jahre 445 v. Chr. ist die Pflanze ein wichtiger Bestandteil der jüdischen Feierlichkeiten, denn es heißt [173]: «Geht hinaus auf die Berge und holt Ölzweige, Balsamzweige, Myrtenzweige und Zweige von Laubbäumen, daß man Laubhütten mache, wie es geschrieben steht.» Den Stellenwert der Myrte für die Juden kann man den Worten des Propheten Jesaja entnehmen [174]: «Ich will in der Wüste wachsen lassen Zedern, Akazien, Myrten und Ölbäume (…), Zypressen, Buchsbaum und Kiefern, damit man zugleich sehe (...), der Heilige Israels hat es geschaffen.» «Es sollen Zypressen statt Dornen wachsen und Myrten statt Nesseln.» Wegen ihrer immergrünen Eigenschaften galt die Myrte bei den Griechen als Zeichen der Unsterblichkeit ebenso wie der sinnlichen Liebe und Leidenschaft. Wem anders als Aphrodite konnte daher diese Pflanze gewidmet sein. Der Myrtenkranz soll babylonisch-jüdischen Ursprungs sein, denn seit ihrer Entlassung aus der Gefangenschaft trugen ihn die jüdischen Bräute, Anakreon zufolge, mit Rosen gemischt. Myrtenzweige benutzten bereits die Ägypterinnen als Haarschmuck. Mittelalterliche Kirchenväter verboten diese «heidnische» Sitte, bis die Tochter Jakob Fuggers 1583 den heute noch gepflegten Brauch wieder einführte [175]. Die Römer schmückten die Stirn ihrer erfolgreichen Dichter mit Kränzen von Lorbeer und Myrte. Außerdem trugen ihre Feldherrn diese als Zeichen des unblutigen Sieges auf dem Schlachtfeld. Um die Myrte ranken sich zahlreiche Mythen: Myrtylos, der Sohn des Hermes und Wagenlenker des Oinomaos verschuldete den Tod seines Herrn, weshalb er von Pelops ins Meer gestürzt wurde; dieses verweigerte jedoch seine Leiche und spülte sie ans Ufer, wo aus dem Körper des Myrtilos der Myrtenbaum entstand. Als Venus entdeckte, daß ihr Sohn Cupido in Psyche verliebt war, züchtigte sie die weinende Nymphe mit einer Myrtengerte.

Blätter und Blüten der Myrte strömen einen sauberen, erfrischend-würzigen Geruch aus, der an *Kölnisch Wasser* erinnert. Im Gegenlicht erkennt man in ihren zarten, glänzenden Blättern durchscheinende Zellen, in denen sich ihr ätherisches Öl gesammelt hat und das man durch Wasserdampfdestillation in 0,5% Ausbeute gewinnen kann. Myrtenöl besteht aus etwa 150 Komponenten, wobei das nach der Stammpflanze benannte Myrtenylacetat (35%) das Hauptprodukt darstellt. Dieser vom ebenfalls anwesenden Monoterpen α-Pinen (20%) abgeleitete Ester erzeugt gemeinsam mit dem monoterpenoiden Äther 1,8-Cineol (30%) den besonderen olfaktorischen Grundcharakter. Zahlreiche weitere Riechstoffe, teilweise in Spuren vorkommend, tragen zum komplexen Geruchsprofil des ätherischen Öles bei. Myrtenöl wird in den Mittelmeerländern in beträchtlichem Ausmaß produziert und in Pharmazie, Parfümerie und Genußmittelindustrie verwendet. Dank seiner stark bakteriziden Eigenschaften setzt man es bei

Krankheiten der Atem- und Harnwege ein. Außerdem kommt es in tonisierenden, antiseptischen und desodorierenden Kosmetika vor. In den Anbauländern wurden früher Myrtenblätter in Lendengegend und Achselhöhle getragen, um unangenehme Körpergerüche zu vermeiden. Aus Rinde, Blättern und Blüten wurde im 16. Jh. *Eau d'Ange*, das Engelswasser, bereitet, das als Toilettenwasser hochgeschätzt war. Myrtenlikör aus fermentierten Beeren sowie Myrtengelée sind bekannte korsische Spezialitäten.

Unter den vielen botanischen Irrtümern der Bibel, die auf naturwissenschaftliche Unkenntnis ihrer Verfasser oder auf Übertragungs- und Übersetzungsfehler zurückzuführen sind, ist der häufig verwendete Begriff Rose ein eklatantes Beispiel, denn die uns vertraute Spezies lernten die Juden erst in der Babylonischen Gefangenschaft um 590 v. Chr. kennen. Zu diesem Zeitpunkt jedoch war das *Alte Testament* bereits weitgehend niedergeschrieben. So handelt es sich bei der oft erwähnten Jericho-Rose [176] um einen einjährigen Kreuzblütler, der unscheinbare weiße achselständige Blüten treibt und besonders in Wüstengegenden zu Hause ist [177]. Am Ende der Vegetationsperiode rollt sich das vertrocknete Kraut zu einem hohlen Ball ein, der vom Wüstensturm über lange Distanzen getragen wird. Während der Regenzeit erwacht die Jericho-Rose dann wieder zu neuem Leben. Nach der Legende grünt und blüht die Pflanze in jeder Christnacht. Daher galt sie auch als Mariensymbol (*Rosa Sanctae Mariae*) gemäß der Prophezeiung in Jesaja. Die Kreuzfahrer erkannten einen bei Jericho blühenden Korbblütler [178] als die «echte» Jericho-Rose an, andere hielten sie für eine Distel [179]. Durch Pilger, Mönche und Kreuzritter wurde die Jericho-Rose auch im Abendland bekannt, wo sie in die mittelalterliche Kunst und Literatur einging. So ziert sie das Westportal des Freiburger Münsters und findet sich in den Texten von Konrad v. Würzburg wieder.

«Ich bin eine Blume in Saron und eine Lilie im Tal. Wie eine Lilie unter den Dornen, so ist meine Freundin unter den Mädchen.» [180] Gemeint ist in diesem Bibeltext die Rose von Sharon, die in Wirklichkeit eine wohlriechende Narzisse [181] war, während die erwähnte Lilie als Hyazinthe [182] identifiziert werden konnte [183]. Heute versteht man unter der Rose von Sharon eine in China heimische Hibiskusart [184], die in Syrien nicht vorkommt [185]. Schließlich wird an einer anderen Bibelstelle der

Oleander [186] als Rose bezeichnet [187]. Nur einmal scheint die Phönizische Rose [188] im *Alten Testament* gemeint zu sein, und dort wird sie ausgerechnet irreführenderweise mit Spikenarde übersetzt [189]. Nardenparfüm gehörte zu den beliebtesten Düften in der Bibel, so daß die Vermutung naheliegt, daß hier angenehmster Wohlgeruch schlechthin gemeint ist.

Biblische Harze in der modernen Parfümerie

Die Harze der Burserazeen und ihre ätherischen Öle finden als Basisnote eine vielfältige Verwendung in der Parfümerie. So sind sie unentbehrlich zur Kreation von Parfüms mit balsamischer Grundtonalität und hoher Haftfestigkeit. In *Jicky* (Guerlain 1889), einem der ersten orientalischen Parfüms moderner Prägung, wird die warme balsamische Note mit Hilfe von Weihrauch, Benzoe, Vanillin und Kumarin erreicht, während sein naher Verwandter *Shalimar* (Guerlain 1925) Opoponax, Siam-Benzoe, Peru-Balsam und Vanillin verwendet. Ein ähnlicher Grundton wurde kurz nach der Jahrhundertwende in *Rêve d'Or* von Piver durch Olibanumöl in Verbindung mit dem nicht natürlich vorkommenden Methylundecanal erzeugt. Der vielsagende Markenname *Frankincense + Myrrh* (Jovan 1974) weist direkt auf den Einsatz von Harzen hin. Unter ihnen kann man dort Weihrauch, Myrrhe und Benzoe geruchlich identifizieren. Stellvertretend für viele andere sei schließlich *Opium* (Yves Saint Laurent 1977) genannt, denn sein süßlich warmer, balsamischer Ton besteht aus einer Kombination von Weihrauch, Tolu-Balsam, Benzoe und Vanillin.

Benzoe und verwandte Resenoide lassen sich harmonisch mit Eichenmoos zu der pudrigen Grundtonalität kombinieren, die man im allgemeinen als feminin oder erogen charakterisiert. Dafür findet man in der Gruppe der modernen Chypre-Parfüms viele Beispiele wie etwa *Chant d'Arômes* (Guerlain 1962) mit einer Kombination von Siam-Benzoe und Olibanum oder *Mitsouko* (Guerlain 1919) mit Benzoe, Myrrhe und Zimt, während in *Ma Griffe* (Carven 1944) Storax, Benzoe und Zimt den balsamisch-moosigen Charakter der Komposition unterstützen. Vanillin oder Vanille-Exrakte verstärken den süßlichen Ton der Benzoe ebenso wie Kumarin bzw. Tonka-Tinktur.

Auch in typischen Blütenparfüms sind Resinoide häufig am Aufbau eines pudrig-süßen Fonds beteiligt. *Soir de Paris* (Bourjois 1929) enthält nämlich Storax, Weihrauch und Benzoe. *Sex Appeal* (Jovan 1978), von balsamisch frischen Grün-Noten dominiert, wird u.a. von Opoponax, Benzoe und Vanille getragen.

Der sich in harmonischer Weise ergänzende balsamisch-würzige Duft von Weihrauch und Myrrhe eignet sich in besonderer Weise zum Aufbau von Herrenparfüms. So findet man das Resinoid beider Stoffe als Basisnote von *Burberrys for Men* (1981) und in *Matchabelli* (1982). Olibanum, Benzoe und Vanillin trifft man in *Habit Rouge* (Guerlain 1964), Storax, Olibanum und Benzoe in *Cameron* (Kensington 1982) an.

Myrtenöl, als Ingredienz gleichermaßen in Damen- und Herrenparfüms inkorporiert, gibt der Komposition eine natürliche Frische von krautig-würziger Tonalität und verleiht ihr gleichzeitig den Charakter von Kölnisch Wasser.

ZWEITER TEIL

Auf der Duftspur zum Abendland

Kreta und Mykene

Die erste Hochkultur des Abendlandes geht von dem minoisch-mykenischen Kulturkreis aus, der sich auf der Duftinsel Kreta als dem Bindeglied zwischen Griechenland, Kleinasien und dem Norden Afrikas um etwa 2500 v. Chr. entwickelte. Unsere Kenntnisse über die schon frühzeitig einsetzende Duftkultur stammt vor allem von archäologischen Funden im Palast von Knossos, wo die Nachfolger des legendären Königs Minos, Sohn des Zeus und der Europa, herrschten und dessen Friese und Tontäfelchen in unserem Zusammenhang besonders aufschlußreich sind: Die Tontäfelchen dienten nämlich der Palastverwaltung zur Buchführung; sie lassen Rückschlüsse auf eine hochstehende Parfümkunst der vorhomerischen Zeit zu. Wir erfahren von Räucherungen auf glühender Holzkohle mit Mastix, Labdanumharz [190], unter Zusätzen von Wacholder, Koriander [191], Majoran [192] und Anis [193].

Die parfümierten Öle der Kreter waren in der Antike begehrt und wurden nicht nur von den Phöniziern, sondern auch durch die eigene Handelsflotte nach Syrien, Zypern und Ägypten exportiert. Als wichtigste Salbengrundlage diente das Fruchtöl des Olivenbaumes, dessen Schutzgöttin die auf Kreta geborene Tochter des Zeus, Athene, war. Als Göttin der Gesundheit und der Medizin schenkte Athene der Menschheit die Olive. Diese wurde höher bewertet als das Pferd, die Gabe Poseidons, weshalb Athen nach ihr benannt wurde [194]. Herakles mit seiner Keule aus dem wilden Ölbaum soll die kretische Pflanze auf dem Peloponnes angebaut haben, wodurch die Parfümerie in Griechenland begründet werden konnte. Außerdem dienten als Salbengrundlage Mandel-, Mohn-, Sesam- und Behenöl. Diese wurden teilweise mit Rindertalg gemischt, um dem jeweiligen Produkt eine festere Konsistenz zu geben. Die Methoden der Extraktion von Geruchsstoffen aus Pflanzenmaterial waren die gleichen wie in Mesopotamien und Ägypten. Auch gewisse aromatische Ausgangsstoffe wie Zeder, Zypresse, Mastix, Myrrhe, Myrte, Labdanum, Wacholder oder Pinienharze waren die gleichen. Allerdings brachten die Kreter auch neue Duftnoten ins Spiel, die von der Hautevoleé der antiken Welt begeistert aufgenommen wurden, so etwa den blumig-fruchtigen Duft des uns als Quitte [195] bekannten und Aphrodite geweihten kydonischen Apfels (Venusapfel, griech. *melon kydonion*) oder das schwere honigartige Parfüm der Ginsterblüten [196]. Auf 4000 Jahre alten Fresken im minoischen Palast von Knossos sind bereits Rosen abgebildet, ohne daß über ihre Verwendung als Parfümrohstoff ein Hinweis erscheint [197]. Eine genaue Beschreibung von Rosenkulturen in Griechenland ist uns erst von Theophrastos (371–287 v. Chr.) überliefert worden, obwohl sein Lehrer Aristoteles den unterschiedlichen Duft ihrer Blüten bereits mit Standortbedingungen in Verbindung brachte [198]. Ein besonders großes Potential an Aromastoffen bildeten die auf Kreta heimischen Lippenblütler und Doldengewächse. Zur ersten Familie zählte man Ysop [199], Origanum [200], Doste [201], Thymian [202], Basilikum [203], Rosmarin [204], der gemeine [205] und der Muskateller Salbei [206] sowie die Poleiminze [207] und die sehr ähnlich riechende Diptam-Doste [208]. Unter den kretischen Umbelliferen sind erwähnenswert der Anis [193], Fenchelsamen [209], Kumin [210], Dill [211], Sellerie [212] und der Koriander [213].

Die Palette der Duftstoffe vom Peloponnes nimmt sich etwas bescheidener aus als diejenige des mit ihm eng verwandten minoischen Kulturkreises. Allerdings weisen die Schrifttäfelchen aus dem «Haus des Ölhändlers» in Mykene und die Abrechnungen im Palast von Pylos und in Theben bereits Namen von Parfümeuren auf, die aus ihren Magazinen Rohstoffe zur Salbenherstellung bezogen hatten. So erhielt der Salbenkoch Philaios aus Pylos 2⅚ Maß Zypergras, 10 Wurzelstöcke Iris, 2 Maß Fenchelsamen (oder Anis?), Koriander und 1¼ Maß aromatische Früchte (wahrscheinlich Wacholderbeeren) [214]. Auch andere Salbenköche sind namentlich bekannt, wie etwa Kokalos und Thyestes. Schon damals scheinen talentierte Parfümeure von Reichtum gesegnet gewesen zu sein [215]: «Eumedes, der Salbenkoch, besitzt einen Gutsbesitz mit Bienenzucht, Katasterwert in Weizen eine Einheit.»

In der prähellenischen Parfümherstellung spielte neben den bereits erwähnten Harz-, Holz- und Blumendüften der Wohlgeruch kretischer Kräuter eine dominierende Rolle. Unter diesen ragen zwei große Pflanzenfamilien heraus, nämlich die Lippenblütler und Doldengewächse, deren Verwendung als Parfümrohstoffe im 16. Jh. v. Chr. nachgewiesen werden konnte. Allerdings dürften diese viel früher als Duftträger, Heilmittel und Gewürze bekannt gewesen sein. So entdeckte man auf Kreta ein Räucherfaß mit Früchten einer Galbanumart, Koriander und Zedern-Wacholder, das auf das 4. Jahrt. v. Chr. datiert werden konnte [216]. An einer Auswahl wichtiger Kräuter soll hier in einem kurzen Abriß deren kulturelle Bedeutung von der Antike bis zur Neuzeit sowie das olfaktorische Verhalten und physiologische Wirkungsprinzip ihrer ätherischen Öle aufgezeigt werden, wie es sich in der modernen interdisziplinären Forschung widerspiegelt.

Die Pflanzengattung Origanum umfaßt eine bedeutende Gruppe aromatischer Kräuter der Lippenblütler, zu denen der Majoran [192], die Doste [201], die Diptam-Doste und andere [200] gehören. Majoran, eine der ältesten Kulturpflanzen, wurde bereits 1000 v. Chr. in Ägypten als Parfümrohstoff, Gewürz und Arzneimittel angebaut. Sein ätherisches Öl setzt sich aus etwa 60 chemischen Verbindungen zusammen, die fast ausschließlich der Monoterpenreihe angehören und einen intensiven Geruch von hoher Flüchtigkeit besitzen. Terpinenol-4 heißt das Hauptprodukt (35%), ein Monoterpenalkohol von warm-pfefferartigem, leicht erdig-holzigem Geruch, der von Tönen grüner Apfel- und Zitrusschalen begleitet wird. Bereits 1906 vom Altmeister der Monoterpenchemie Otto Wallach [217] in Majoran- und Kardamomöl entdeckt, wurde der tertiäre Alkohol seitdem in vielen ätherischen Ölen beobachtet, wo er teils als Spurenstoff einen wichtigen Geruchsbeitrag leistet. So ist der grüne Schalengeruch des Zitronen- oder Limettenöls auf seine Anwesenheit in Konzentrationen von etwa 0,3% bzw. 1% zurückzuführen. Als wichtig hat sich das p-Cymol erwiesen, das im ägyptischen Majoranöl einen Anteil von 27% besitzt. Dieser monoterpenoide Benzol-Kohlenwasserstoff wird in hoher Konzentration als unangenehm petroleumartig empfunden. Mit der Verdünnung jedoch entwickelt er frische Zitrustöne wie sie im Zitronen- und Bergamottöl erscheinen. Im wilden spanischen Majoranöl [218] dominiert der sein Aroma prägende bicyclische Äther 1,8-Cineol (bis 75%), der erstmals im Eukalyptusöl entdeckt wurde und daher auch den Trivialnamen Eucalyptol trägt. Der in zahlreichen ätherischen Ölen vorkommende Äther hat einen frischen kampferartigen Geruch von kalter Tonalität. Das stark blumig-holzige Linalool, das einen beträchtlichen Anteil im wilden Majoranöl annehmen kann, maskiert den harten Ton des Äthers. Majoran-Abarten, bei denen das Linalool überwiegt, erinnern an Lavendelöl.

Das in Kreta heimische und auch im übrigen Mittelmeerraum verbreitete Origanum [200] war dem griechischen Gott der Schmiedekunst geweiht. Diesem brachten die Priester als Opfergabe eine Menge von 11,2 Liter Origanumöl dar. Das ätherische Öl enthält neben p-Cymol im wesentlichen beide monoterpenoide Phenole Thymol und Carvacrol. Beide Verbindungen besitzen einen kräftigen, krautig-würzigen Geruch mit einer trockenen medizinischen Phenolnote. Die süßliche Nuance des Thymols weicht im Carvacrol einer streng teerartigen Note. Es gibt Varianten, die nur das eine oder das andere Phenol biosynthetisieren. Das von der Doste [201] gewonnene griechische Origanumöl z.B. entwickelt nur Carvacrol.

Seit dem Altertum ist der Thymian als Küchengewürz und in zahlreichen Arzneiformen in menschlichem Gebrauch. Sein Name stammt nicht, wie fälschlich angenommen wird, vom griechischen *thymos* (Mut) ab [219], sondern von dem ägyptischen Zeichen *tham* oder *th*. Thymianarten dienten im Nilland als Kranzschmuck, zur Leichenwaschung und als Leichenbalsam [220]. Dioskurides führt erstmals Thymianarten als Heilmittel für verschiedene Krankheiten an [221]. Außerdem war es ein wichtiges Ingredienz des *mithridaticum*, das neben dem *Theriak* in der Antike und dem Mittelalter als Universalheilmittel galt [222]. Athenäus berichtet über die Bereitung duftender Thymiansalben, und im Kochbuch des Apicius erfahren wir über die Verwendung des Krautes zum Würzen von Speisen und Wein. Thymian wurde im Mittelalter durch Klöster verbreitet und wegen seiner Herkunft aus Italien auch welscher oder römischer Kümmel oder Quendel genannt. Die Äbtissin Hildegard von Bingen empfahl das Kraut in der *Physia* als Wurmmittel, und seit dem 16. Jh. ist sein ätherisches Öl in den meisten Arzneibüchern offizinell.

Um den Thymian ranken sich zahlreiche Mythen. Das wohlriechende Kraut war ebenso wie Rosmarin der altgermanischen Göttin der Liebe und Fruchtbarkeit Freya gewidmet und sollte daher besondere Heilkraft bei Frauenleiden entwickeln. Seit dem 9. Jh. war es ein Bestandteil des Kräuterbüschels, das an Mariä Himmelfahrt geweiht und zum Schutz von Haus und Hof aufbewahrt wurde. Im Volksmund hieß Thymian auch «Jungfernzucht», da er angeblich die Eigenschaft besaß, Mädchen gegen erotisches Verlangen zu feien [220].

Thymianöl [202], nach dem das Thymol benannt ist, ist dort tatsächlich das Hauptprodukt neben beträchtlichen Mengen p-Cymol (bis 40%) und wenig 1,8-Cineol, Linalool und Terpinenol-4. Die Hauptprodukte des als Quendel bekannten Feldthymians [202], im Volksmund auch «Schäferinnentee» genannt, unterscheiden sich kaum von denen des echten Thymians. Der olfaktorische Unterschied liegt bei einem höheren Anteil an Terpen-Kohlenwasserstoffen. So kann Feldthymian zwischen 5 und 18% des krautig-zitrusartig riechenden γ-Terpinens ebenso wie eine Reihe von Sesquiterpenen enthalten, von denen das an den Geruch von Gewürznelken erinnernde Caryophyllen bis zu 12% des gesamten Öles ausmacht.

Monoterpenoide Phenole besitzen eine breite parmakologische Wirkung. So zeichnen sie sich durch einen starken antibiotischen und fungiziden Effekt aus, der bei wesentlich geringerer Toxizität 25mal stärker ist als Phenol selbst. Thymol zeigt zudem eine desodorierende und schwach anästhesierende Wirkung. Thymian ist daher auch in der modernen Medizin ein viel verwendetes Heilmittel. Äußerlich werden seine Tinkturen zur Mundspülung, für Bäder und Umschläge verwendet. Innerlich sind entsprechende Zubereitungen gegen Erkrankungen der Atmungsorgane und als Magenmittel wirksam. Seine diuretische Wirkung verdankt Thymian dem Gehalt an Terpinenol-4 [223]. Thymol wurde bereits 1719 im Thymianöl von dem Alchimisten Caspar Neumann entdeckt und als Thymiankampfer [224] beschrieben. Nach 1850 nahm man dieses Phenol bereits eigenständig in den Arzneischatz auf. Thymian kennt man nicht nur als ein beliebtes Gewürz, sondern auch als ein wichtiges Ingredienz zur Likörherstellung bekannter Marken wie etwa Benediktiner, Karthäuser und Stonsdorfer.

Für den Namensursprung von Rosmarin kennen wir mehrere Deutungen. Die Römer bezeichneten ihn als *ros maris*, Meerestau, weil sie annahmen, daß sein ausgeprägt würziger Geruch durch den Tau des Meeres verursacht wird, der sich in mediterranen Gegenden nachts auf seinen Blättern niederschlägt. *Libanotis* oder auch *dendrolibanon*, was dem Wort Weihrauch entspricht, hieß die Pflanze in Griechenland. Man nannte sie dort auch die «vortreffliche Blume». Um ihre Entstehung bildeten sich viele Legenden: Der wunderschöne und ungewöhnlich tugendhafte Jüngling Libanos verehrte mit einem so inbrünstigen Eifer die Götter, daß er sich den Neid und Unmut seiner Mitbürger zuzog. Diese töteten ihn schließlich, und aus seinem Körper wuchs zu Ehren der Götter eine wohlriechende Pflanze, die des Libanos Namen trug. Die Farbe ihrer Blüten ist mit der christlichen Mythologie verbunden, denn als sich die Heilige Familie auf der Flucht nach Ägypten eine Ruhepause gönnte, breitete die Jungfrau Maria ihren Mantel über einen Rosmarinstrauch. Darauf nahmen die ursprünglich weißen Blüten zu Ehren von Maria das himmlische Blau an. Rosmarin, die Blume des Olymps, war der lieblich duftenden Aphrodite geweiht. Diesen Opferkult übertrugen die Römer auf ihre Hausgötter, deren Bilder und Statuen sie mit Rosmarinzweigen schmückten. Außerdem wurde die Pflanze in Siegerkränze eingeflochten, denn nur noch Myrte und Lorbeer waren würdiger, die Häupter ihrer Helden zu zieren. Rosmarin hat man bereits in Gräbern der frühen ägyptischen Dynastien gefunden. Später erhielt das Kraut eine profane Bedeutung, denn man verbrannte es als Luftverbesserer bei römischen Festmählern und Orgien. Nördlich der Alpen findet man Rosmarin erstmals im Jahre 820 im Kräutergarten des Klosters von St. Gallen, und seit Karl dem Großen wird sein Anbau ausdrücklich gefördert. Der Aberglaube um die Pflanze trieb im Mittelalter manche Blüten. So schrieb man – wohl in Anlehnung an die Römer – dem Rosmarin die Kraft zu, böse Geister zu bannen. Seine Zweige sollten den Menschen noch im Grabe vor deren Verfolgung schützen. Zum Zeichen der Treue trug die Braut das duftende Kraut um den Schleier, während die Hochzeitsgäste mit einem Rosmarinsträußchen beschenkt wurden. Auf dem Lande steckte man am Hochzeitstag Rosmarinzweige in die Erde. Schlugen diese kräftig aus, dann wurde das als ein gutes Vorzeichen für eine harmonische und dauerhafte Ehe angesehen. Dem Philosophen Thomas More, der Rosmarin in seinem Garten in Chelsea angepflanzt hatte, galt das wohlriechende Kraut als Pflanze der Erinnerung und Freundschaft, während sie in Shakespeares *Hamlet* zum Symbol der Treue erkoren wurde. In der Romantik galt Rosmarin als «die Lieblingsblume des deutschen Volkes, das Sinnbild deutscher Sitte» [225]. Heute wird Rosmarin als ausgesprochen aphrodisierend angesehen und wirkt besonders anziehend auf Frauen. So ändern sich die Sitten!

Im Altertum schien man Rosmarin weder als Gewürz noch als Heilmittel verwendet zu haben. Nach Dioskurides besitzt das Kraut «wärmende Kraft und heilt die Gelbsucht. Es wird auch den kräftigenden Salben und Mostsalben zugesetzt» [226]. Erst die Araber erkannten seine bakterizide Wirkung, denn Elgafaki empfahl den Rosmarin zum Konservieren von ausgenommenem Wild. Im Pestjahr 1348 verschrieben die Ärzte Rosmarin und Zitronen gegen Ansteckung und zur Desinfektion.

Das ätherische Öl des Rosmarins, von den Arabern erstmals durch Wasserdampfdestillation gewonnen, spielte im Mittelalter eine große Rolle und wurde seit dem 13. Jh. in den meisten Destillier- und Arzneibüchern aufgeführt. Ein weingeistiges Destillat aus Terpentin- und Rosmarinöl, später verstärkt durch Lavendelöl, gelangte unter dem Namen *Ungarisches Wasser* als eines der ersten volkstümlichen Parfüms zu jahrhundertelanger Berühmtheit [227].

Zur Herstellung von Rosmarinöl wird der zerkleinerte Strauch nach der Blütezeit einer Wasserdampfdestillation unterzogen. Aus 2 Tonnen Pflanzenmaterial gewinnt man auf diese Weise 20 kg ätherisches Öl [205]. Sein krautig-kampferartiger Geruch wird durch das Hauptprodukt 1,8-Cineol (50%) geprägt, der durch die Anwesenheit von Terpenkohlenwasserstoffen sowie Borneol und dessen Ester Bornylacetat eine an Tannennadelduft erinnernde Nuance erhält. Rosmarin wird heute praktisch in allen Ländern Südeuropas und Nordafrikas in Mengen von etwa 300 Jahrestonnen produziert. Spanien allein deckt die Hälfte des Weltbedarfs.

Rosmarin hat tonisierende und die Magensaftsekretion fördernde Eigenschaften. Außerdem reguliert das ätherische Öl Zyklusstörungen und wirkt in höheren Konzentrationen als Abortivum. In der Medizin werden Zubereitungen von Rosmarin als Gallen- und Magenmittel, sowie als Karminativum und Spasmolytikum eingesetzt, in der Tierheilkunde auch als Antiseptikum [228]. In südlichen Ländern gehört Rosmarin zu den wichtigsten Küchenkräutern. Die berühmten Kräuterliköre wie Goldwasser oder Benediktiner werden in unseren Breitengraden mit Hilfe von Rosmarinöl zubereitet.

Salbei, vom lateinischen *salvia*, die Heilbringende, abgeleitet, wurde bereits in biblischen Zeiten wegen seiner Bedeutung als Heilmittel geschätzt. In Palästina war eine Abart [229] weit verbreitet, die die Ägypter eingeführt hatten. Im Altertum hieß der Salbei vielsagend «Griechischer Tee». Die Römer ihrerseits bezeichneten die Pflanze als «Heiliges Kraut». Nach Konrad von Würzburg galt der Salbei als Marienpflanze. Wegen seiner Heilkraft erscheint er auf zahlreichen Tafelbildern. So auf Dürers Heiligem Sebastian (um 1410) oder auf dem Dresdner Katharinenaltar (1506). Seit Karl dem Großen, der seinen Anbau um 794 empfohlen hatte [230], kann man die Wertschätzung von Salbei als Universalheilmittel fast lückenlos bis zu unseren Tagen verfolgen.

Das Zentrum des Salbeianbaus befindet sich in Dalmatien und Spanien. Über 80% seines ätherischen Öls setzt sich aus den sauerstoffhaltigen Monoterpenderivaten Thujon, 1,8-Cineol, Kampfer und Linalool zusammen. Allein die Hälfte des Salbeiöls besteht aus Thujon, das sich durch einen durchdringenden, warm-krautigen und minzig-kampfrigen Geruch auszeichnet. Das bicyclische Keton, welches ebenfalls einen wesentlichen Beitrag zum riechenden Prinzip von Wermut und Beifuß leistet, ist wegen seiner hohen Toxizität gefürchtet. Dennoch sind Salbei-Zubereitungen aus dem Arzneischatz nicht wegzudenken, vor allem als harn- und schweißtreibendes Mittel sowie als Tonikum und Antiseptikum.

Das kretische [231] und das spanische Salbeiöl [232] haben 1,8-Cineol und weniger Thujon als Hauptinhaltsstoffe. Daher ist ihr Geruch auch mehr mit demjenigen von Rosmarin- und Spiköl als mit dem des dalmatischen Salbeiöls verwandt. Bemerkenswerterweise besitzt spanischer Salbei eine hohe hypoglykämische Aktivität, indem Infusionen dieser Varietät den Glukosespiegel im Blut um ein Drittel senken [233].

Wie weit sich nahe verwandte Pflanzenvarietäten in ihrer chemischen Zusammensetzung voneinander unterscheiden können, sieht man innerhalb der Salbei-Gruppe am Beispiel des Muskateller Salbeis [206], dessen krautig-blumiger Duft an Lavendel von süßer Nuance erinnert, dabei aber mit deutlichen Untertönen von Heu, Tee, Tabak und besonders Ambra versehen ist. Der Geruch wird von einem komplexen Gemisch aus mehr als 250 Riechstoffen erzeugt, die praktisch alle vom chemischen Grundgerüst der Mono-, Sesqui- und Diterpene [207] abstammen. Linalool und besonders sein Acetat, die beide zusammen 83% des Öls bestreiten, sind die Hauptträger der blumigen Nuance. Dazu gesellt sich der Fliederriechstoff α-Terpineol und das das Geraniumöl dominierende Geraniol und Geranylacetat. Damit ist nur ein kleines Detail des Geruchsgeheimnisses von Muskateller Salbei gelüftet, denn eine Mischung der mengenmäßig wichtigsten chemischen Komponenten, die einen 95prozentigen Anteil an dem ätherischen Öl ausmachen, lassen den typischen Duft des Naturproduktes vermissen. Demnach muß sein riechendes Prinzip von einer Vielzahl von Spurenkomponenten gebildet worden sein [234]. Minimale Konzentrationen von enzymatischen Abbauprodukten der ausschließlich in dieser Pflanze vorkommenden Diterpenverbindung Sclareol liefern den Schlüssel zum Ambrageruch. Bei dieser Ambrox genannten Verbindung handelt es sich, wie wir noch sehen werden, um einen wichtigen Geruchsträger der grauen Ambra.

Muskateller Salbei, der wahrscheinlich auf der Insel Kreta heimisch war, ist ein 150cm hohes, ausladendes Kraut mit blauvioletten Blütenständen. Auf der Oberseite seiner großen, samtigen Blätter erkennt man glasklare und sehr fragile Ölzellen als Träger der Duftstoffe. Ein Regenguß mittlerer Stärke kann die zerbrechlichen Drüsenhaare sprengen und die Ernte vernichten, so daß sich der Anbau nur in sicheren Klimazonen lohnt. Gleich wie der echte Salbei wurde der Muskateller Salbei im *Kapitular* Karls des Großen als *sclareia* erwähnt. Plinius d. Ä. bezeichnet ihn als *horminum* und Hildegard von Bingen als *scharleya*.

Die griechische *basilikos* (königlich) und lateinisch *basilicus* genannte Pflanze stand im Altertum im Ruf eines Antidots gegen das Gift der Basilisken, jener mythischen Fabelwesen mit dem tödlichen Blick. Die Ägypter schätzten das kretische Kraut in hellenistischer Zeit als Kranzschmuck ebenso wie als Gewürz und Heilpflanze. Außerdem stellten sie daraus eine Badesalbe her. «Sein häufiger Genuß bewirkt Stumpfsichtigkeit, treibt die Winde und den Harn und befördert die Milchabsonderung» [235]. Der Autor dieser medizinischen Indikation, Dioskurides, gibt auch ein genaues Rezept zur Herstellung des antiken Basilikumöls an. Das Kraut galt im Altertum als Symbol der Fruchtbarkeit und wurde als Mittel zum Liebeszauber gebraucht, denn es verhalf angeblich zu Schönheit und machte begehrenswert. Bei den Römern fiel das Basilikumkraut in Ungnade. Man brachte Haß und feindliche Gesinnung mit dem Genuß der Pflanze in Verbindung. Neben der Nelke erscheint Basilikum auf Gemälden des 16. Jh. als Schutz gegen magischen Zauber. Seit dieser Zeit gewinnt man auch sein ätherisches Öl.

Das olfaktorisch an Estragon erinnernde Basilikum beruht auf einem gemeinsamen Inhaltsstoff, dem sauerstoffhaltigen Benzolderivat Estragol, das in beiden ätherischen Ölen bis zu 85% vorkommt und einen süß-krautigen Geruch vom Anis-Fenchel-Typ verbreitet. Diese chemische Übereinstimmung ist bemerkenswert, gehört doch Estragon [236] einer anderen Pflanzenfamilie an. Eine bedeutende Menge an Linalool verleiht dem Basilikumöl einen blumigen Charakter. Der Name des dort erstmals entdeckten Monoterpenkohlenwasserstoffs Ocimen, der den krautigen Duft des Öls unterstützt, wurde von der Stammpflanze *Ocimum basilicum* [203] abgeleitet. Von der gleichen botanischen Spezies existieren mehrere Chemotypen, deren Geruch durch die jeweiligen Hauptkomponenten geprägt wird. Erwähnenswert sind der Kampfer-Typ, der Zimt-Typ und der Nelken-Typ. Die aromatischen Blätter von frischem Basilikum sind ein beliebtes Gewürz, das besonders in den Küchen südlicher Länder zu schmackhaften Kreationen angeregt hat. Wer würde die berühmte Pistou-Suppe, eine Spezialität der Provence, oder den an Raffinesse kaum zu überbietenden *Pesto alla genovese* der ligurischen Küste verschmähen.

Basilikumöle besitzen interessante pharmakologische Eigenschaften. Sie werden gegen Magen- und Darmstörungen, als Antidepressivum und Antiseptikum eingesetzt. Ihre insektizide Wirkung beruht auf der Anwesenheit von Stoffen, die eine Aktivität der Juvenil-Hormone entfalten, was eine Verzögerung der Metamorphose bewirkt und somit zu einer Desorientierung des biologischen Entwicklungsprozesses der Larven führt. Diese die Hormon-Mimesis auslösenden Verbindungen sind biochemisch gebildete Addukte zwischen Estragol und Ocimen und werden daher als Juvocimene bezeichnet [237].

Der auf Kreta einheimische Ysop gehört zu den umstrittensten Pflanzen der Bibel [238], denn er existierte weder im Heiligen Land noch in Ägypten. König Salomo kannte alle Bäume: «(...) von der Zeder an auf dem Libanon bis zum Ysop, der aus der Wand wächst.» Er wird auch Essigkraut genannt, ist jedoch gar kein Baum, sondern ein bis zu 50cm hoher krautartiger Busch mit lavendelblauen oder weißen Blüten. Wahrscheinlich handelt es sich beim biblischen Ysop um syrischen oder ägyptischen Majoran. Unter diesem Aspekt muß man auch den Psalmvers deuten [239]:

«Entsündige mich mit Ysop, daß ich rein werde.» Auch bei der von Moses angeordneten hebräischen Reinigungszeremonie wird eher Majoran gemeint gewesen sein [240]: «Und nehmt ein Büschel Ysop und taucht es in das Blut in dem Becken und bestreicht damit die Oberschwelle und die beiden Pforten.» Wie weit gefaßt die Bibel dieses Wort gebraucht, belegt die Schilderung der Kreuzigung Christi [241]: «Sie aber füllten einen Schwamm mit Essig und steckten ihn auf einen Ysop und hielten es ihm dar zum Munde.» Noch heute wird in einigen römisch-katholischen Kirchen der Weihwassersprengel Ysop genannt.

Die Griechen jedoch verstanden unter *hyssopos* den echten Ysop, der zu den zwölf Aromaten gehörte, welche auf den Schrifttafeln von Pylos erscheinen. Dioskurides beschreibt ihn als Weinwürze und Heilmittel gegen Brusterkrankungen und Magenleiden. Im Mainzer *Hortus Sanitatis* (1485) wird das gemeinsam mit Feigen gesottene Kraut gegen Pestilenz, Wassersucht und Epilepsie empfohlen. Wegen seiner wundersamen Heilkraft ordnete der Dichter Werdens (13.Jh.) diese Pflanze Maria zu. Ispenwasser, -wein, -syrup und -öl wurden gegen zahlreiche Gebrechen verordnet und noch im 19.Jh. war Ysop als Bestandteil des Augsburger Brusttees (*Species Pectoralis Augustanorum*) und des *Aqua Vulneraria Vinosa*, dem «weinigen Mundwasser», offizinell.

Ysopöl [199] verdankt seinen angenehm süßlich-aromatischen und krautigen Duft seinem Hauptinhaltsstoff, dem Pinocamphon (70%) mit seinen würzigen, warm-kampferartigen und an Zedernblätter erinnernden Geruchseigenschaften. Dieses bicyclische Monoterpenketon, das in zwei sterischen Formen vorkommt, leitet sich von der Terpentinöl-Komponente α-Pinen ab. Gemeinsam mit β-Pinen macht sein Isomeres mehr als 10% des Öles aus. Ysopöl, das im Gemisch mit Majoran- und Estragonöl zu Gewürzessenzen verarbeitet wird, kann toxisch wirken. Pinocamphon löst nämlich in hohen Konzentrationen epileptische Anfälle aus.

Die kretische Poleiminze, von den Römern *poleïum* genannt, galt früher als beliebte Volksarznei, deren Vorzüge in den verschiedensten Anwendungsformen von Dioskurides in hohen Tönen gelobt wurde [241]. Ihr ätherisches Öl erscheint erstmals in der Frankfurter Taxe vom Jahre 1582. Die kretische Diptam-Doste [242] galt im antiken Griechenland als legendäres Wundermittel und als Liebespflanze (*erondas*). Auch Mundkraut (*stomatochorto*) wurde sie genannt, weil der Atem beim Kauen ihrer frischen Blätter einen angenehmen Geruch annahm [243].

Poleiöl [207] und Diptam-Dostenöl [208] besitzen einen täuschend ähnlichen, aromatisch-minzigen Geruch, der durch ihre gemeinsame Hauptkomponente Pulegon (85%) verursacht wird. Außerdem konnte man bei beiden zu gleichen Teilen 10% Menthon und Menthol nachweisen. Das monocyclische Pulegon ist als wohlfeiles Ausgangsmaterial zur Herstellung von Menthol bekannt. Zubereitungen der Poleiminze wurden häufig als nicht ungefährliche Abtreibungsmittel benutzt, denn sie können schwere Lebernekrosen verursachen. Verantwortlich für die hohe Toxizität ist das Pulegon, das sich im Körper in seinen giftigen Metaboliten Menthofuran umwandelt [244]. Dieses Oxydationsprodukt gehört jedoch zu den Schlüsselverbindungen des Pfefferminzöles.

Obwohl es keine Hinweise gibt, daß Lavendel in vorhellenistischer Zeit irgendeine Bedeutung für die Kultur des östlichen Mittelmeerraumes besaß, soll dennoch an dieser Stelle über diese Pflanze berichtet werden, da es sich um den wichtigsten Riechstoffspender der Lippenblütler handelt. Zu seinen Urarten gehört der ursprünglich in Persien beheimatete Schopflavendel [245], der bereits früher als 600 v. Chr. auf den Hyèrischen Inseln vor der

Küste des südfranzösischen Departements Var auftauchte und wahrscheinlich von griechischen Siedlern dorthin gebracht wurde [246]. Die Römer fanden die wohlriechende Pflanze in den ligurischen Alpen, in Istrien und der Provence; sie nannten sie keltische oder gallische Narde. Der botanische Name Lavandula ist vom lateinischen *lavare* (waschen, baden) abgeleitet. Ein römisches Bad mit Lavendelduft war ebenso an der Tagesordnung wie die von dem Kraut durchdrungene frisch gewaschene Wäsche. In Spanien heute noch weit verbreitet, wird der Schopflavendel *romero santo*, heiliger Rosmarin, genannt [247].

Einmal mehr waren es die Mönche, welche den Lavendel über die Alpen brachten und ihn besonders wegen seiner medizinischen Indikationen in ihren Klöstern kultivierten. Hildegard von Bingen (1098–1179) widmete der Pflanze eine eigene Schrift *De Lavendula*, in der sie das Kraut gegen Brust-, Leber- und Lungenleiden empfahl. Paracelsus setzte es gegen Nervenleiden ein. In der Tat hat Lavendel eine spasmolytische und sedative Wirkung. Schon der französische König Karl VI. wußte davon, denn ohne sein Lavendelkissen konnte er keinen Schlaf finden.

Bereits seit dem 12. Jh. bekannt [248], trat Lavendelwasser als Parfüm im 14. Jh. seinen Siegeszug an. Es hat an Popularität bis heute nichts eingebüßt. Schönheitswässer wurden damals nicht nur äußerlich angewendet, sondern gleichzeitig als Heilmittel eingenommen. Lavendelgeist als dreiprozentige Lösung von Lavendelöl in verdünntem Spiritus ist heute noch offizinell. In den Arzneibüchern führt man *oleum lavandulae* seit dem 13. Jh. auf.

Zur Herstellung des ätherischen Öls von echtem Lavendel, der *Lavandula officinalis*, werden die frisch geernteten Blütenstände einer Wasserdampfdestillation unterworfen. Die Ausbeute an Öl beträgt um 1%. Spiköl wird aus einem nahe verwandten Kraut [249] gewonnen. Durch Kreuzung der beiden Lavendelarten entstand ein robuster Bastard [250], der viele Vorteile gegenüber den Kulturpflanzen besitzt und dessen 40–60 cm hoher, kräftiger Halbstrauch bis zu 3,5% ätherisches Öl liefert, was man allgemein als Lavandinöl bezeichnet. Die jährliche Weltproduktion an Lavendelölen belief sich in den 80er Jahren auf etwa 1200 Tonnen, davon macht das Lavandinöl allein 800 Tonnen aus. Als Hauptproduktionsgebiete der Spezies Lavandula gelten die Haute-Provence, Spanien, Portugal und Bulgarien.

Im Lavendelöl verbindet sich der angenehme Blumen- mit dem erfrischenden Krautduft in harmonischer Weise, wobei balsamische Noten den vollen Wohlgeruch abrunden. Lavandin, dem es dem Lavendel gegenüber etwas an Finesse fehlt, besitzt mehr holzig-kampfrige Untertöne. Im Spiköl, das gleichzeitig an Lavendel und Rosmarin erinnert, verstärkt sich der Kampfergeruch. Diese olfaktorische Differenzierung drückt sich in der abweichenden chemischen Zusammensetzung der drei Öle aus. Unter den über 300 flüchtigen Inhaltsstoffen dieser Öle dominiert das Linalool und sein Acetat, die beide im Lavendelöl einen Gehalt von bis zu 70%, im Spiköl jedoch nur noch ca. 40% ausmachen [251]. Dafür steigt im Spiköl die Menge an Kampfer (14%) und 1,8-Cineol (26%), die beide im Lavendelöl nur in Spuren vorkommen. Das einmalig im Lavendelöl enthaltene Lavandulol kann man als einen biogenetisch internen Standard ansehen, der im Spiköl bereits wieder verschwunden ist. 90% des Lavendelöls setzt sich aus 12 Komponenten von jeweils über 1% zusammen, während es weitere 26 chemische Verbindungen in einer Konzentration zwischen 0,1 und 1% enthält. Demnach bestehen 3% des ätherischen Öls aus etwa 250 Spurenkomponenten von enormer struktureller und olfaktorischer Vielfalt. So findet man z.B. Stoffe des Galbanums, Rosenöls, Sandelholzes, des Jasmins oder exotischer Gewürze wie etwa der Gewürznelke. Mit dem Lavendelöl hat uns die Natur eine ihrer reichsten Kompositionen geschenkt, die von Menschenhand auch nicht annähernd rekonstruiert werden kann. Allerdings hat man seit den 50er Jahren mehrere synthetische Zugänge zu seinem Hauptinhaltsstoff, Linalool und zum Linalylacetat gefunden. Der Monoterpenalkohol besitzt einen erfrischend blumig-holzigen Geruch von großer Strahlkraft mit leicht zitrusartigem Unterton, während bei seinem Acetat eine süße fruchtige Note dazukommt, die an Bergamottöl und reife Birnen erinnert. Die Verwendung beider Verbindungen in allen Segmenten der Parfümerie übersteigt bei weitem die Menge der drei Arten von Lavendelöl. Außerdem ist Linalool ein bedeutendes Ausgangsprodukt zur Herstellung der Veilchenriechstoffe, des Geraniumriechstoffs Geraniol und seines Acetates sowie von Vitamin A.

Die Doldengewächse gehören zur anderen großen Pflanzenfamilie, die den kretischen Kräuterduft liefern. Ebenso wie bei den

Lippenblütlern läßt sich auch in dieser Gruppe kein einheitlicher Chemotyp ausmachen. Vielmehr können engverwandte Pflanzen vollständig unterschiedliche chemische Verbindungen biosynthetisieren. Selbst morphologisch und genetisch einheitliche Stammvertreter werden zur unterschiedlichen Produktion ihrer Inhaltsstoffe angeregt, ohne daß wir heute die biologischen Gründe dafür kennen.

Grabbeigaben aus dem 10. Jh. v. Chr. bezeugen den Gebrauch von Koriandersamen in Ägypten, obwohl man bereits deren Verwendung in der Jungsteinzeit auf Kreta kannte [216]. Koriander [213] entspricht dem griechischen Namen für Bettwanze. Zerquetscht man nämlich seine unreifen Früchte, dann entwickelt sich ein penetranter, übelriechender Gestank, ähnlich demjenigen, den diese Insekten als Verteidigungssekret absondern. Mit zunehmender Reife jedoch machen die Früchte einem blumig-würzigen, aromatischen Geruch Platz. In diesem Entwicklungsstadium enthalten sie etwa 1% ätherisches Öl, das durch Wasserdampfdestillation von der festen Biomasse getrennt werden kann. Korianderöl besteht aus einem komplexen Gemisch von über 200 chemischen Substanzen. Linalool, ursprünglich von seinem Entdecker Friedrich Wilhelm Semmler [252] Coriandrol genannt, ist sein überragendes Hauptprodukt (70%). Der blumige Charakter des Linalools im Öl wird durch die Anwesenheit seines isomeren Geranium-Alkohols Geraniol (2%) abrundend unterstützt. 25 weitere Terpenkohlenwasserstoffe (12%) tragen zum Zitruston bei. Unter ihnen befinden sich die Lemonen-Riechstoffe Limonen, γ-Terpinen und p-Cymol. Geranylacetat (6%), der Essigsäureester des Geraniols, gibt dem Öl eine fruchtige Nuance, während Estragol und vier verwandte Derivate, die weit unter 1% im Öl vertreten sind, seinen würzigen Ton erzeugen. Durch die Anwesenheit von 5% Kampfer wird eine weitere olfaktorische Markierung erzielt. Neben diesen Geruchsqualitäten lassen sich im facettenreichen Aromaprofil des Korianderöls noch eine ganze Reihe von Nuancen identifizieren und im Zusammenspiel mit den Spurenstoffen korrelieren.

Die pfefferkornartigen Korianderfrüchte kennt man als vielseitig verwendetes Gewürz. In Pulverform gehören sie zum wichtigsten Bestandteil von Curry. Ihr ätherisches Öl gilt als beliebtes

Geruchskorrigens. In Frankreich existiert ein Korianderschnaps, und zuckerüberzogene Korianderfrüchte gehörten einst zu den bekanntesten Süßigkeiten Schottlands. Selbst zur Aromatisierung von Tabak wird Korianderöl herangezogen. Als Infusion wirkt Koriander gegen intestinale Störungen und als Karminativum. Außerdem besitzt er krampflösende und auswurffördernde Eigenschaften. Äußerlich wird Koriander in Salbenform zur Behandlung von Arthritis und Rheumatismus angewendet. Linalool als wesentlicher Bestandteil des Korianderöls gehört zu den stärksten monoterpenoiden Antibiotika [253] und zu einem der wichtigsten Parfümrohstoffe überhaupt.

Der angenehm blumige Duft der Korianderfrüchte unterscheidet sich grundsätzlich von dem penetrant riechenden Kraut, denn sein ätherisches Öl wird im wesentlichen aus aliphatischen Aldehyden (82%) und ihren Alkoholen (16%) der Kettenlänge von 8 bis 17 Kohlenstoffatomen gebildet, wobei die Verbindungen mit 10 Kohlenstoffatomen die Hauptkomponenten (60%) liefern. Korianderblätter, die auch als chinesische Petersilie bezeichnet werden, findet man häufig in der chinesischen, indischen und mexikanischen Küche zur Bereitung von Suppen, Soßen, als Chutneys und sogar als Weinaroma.

Der Korianderanbau wird besonders in Rußland, Indien, den Mittelmeerländern und im Nahen Osten betrieben. Bereits 1937 hatte die Korianderöl-Produktion in der UdSSR einen Umfang von 350 Tonnen erreicht. Bevor man den synthetischen Zugang zum Linalool aus Terpentinöl und petrochemischen Stoffen erschließen konnte, bildete Korianderöl eine Quelle für die technische Herstellung dieses begehrten Riechstoffs.

Über Dill als Arznei-, Gewürz- und Gartenpflanze erfahren wir bereits aus frühen ägyptischen Papyri. Das Grab von Amenophis II. enthielt als Beilage seine Blätter und Blüten. Die Griechen nannten die Früchte Samen des Hundsaffen nach dem Symbol des ägyptischen Arztgottes. Dioskurides warnte vor seinem anhaltenden Genuß, denn er «(...) schwächt das Gesicht und unterdrückt die Zeugungskraft». «Von Nutzen ist seine Abkochung als Sitzbad für hysterische Frauen» [243]. Dill wird in Sanskritschriften und der Bibel erwähnt. In letzterer heißt es [254]: «Weh euch, Schriftgelehrte und Pharisäer, ihr Heuchler, die ihr verzehret Minze, Dill und Kümmel.» Nördlich der Alpen wurde der Dillanbau von Karl dem Großen empfohlen. In den Destillierbüchern des 15. und 16. Jh. ist die Gewinnung seines ätherischen Öls beschrieben.

Das typische Dillaroma wird von einem an Kümmel erinnernden Geruch begleitet, der um so stärker hervortritt je mehr es (+)-Carvon enthält. Über die Hälfte des ätherischen Dillsamenöls (55%) besteht aus diesem Monoterpenketon; das ist ebensoviel wie im Kümmelöl. Außerdem enthalten beide Öle größere Mengen an (+)-Limonen. Der olfaktorische Unterschied der beiden verwandten Aromen liegt in ihren spezifischen Schlüsselkomponenten. Dilläther (5%) und Spuren von Anethofuran, deren chemische Strukturen vom Menthol bzw. Thymol abgeleitet werden, kann man als molekulare Sonden des Dillkrauts ansehen, denn sie sind typisch für sein ätherisches Öl. Die Phellandrene sind dort mengenmäßig die bedeutendsten Monoterpenkohlenwasserstoffe, wobei der Gehalt des α-Phellandrens die Menge an der isomeren β-Verbindung bei weitem übersteigt. Ihr Name ist von der Stammpflanze des Wasserfenchels *Phellandrium aquaticum* abgeleitet worden, dessen ätherisches Samenöl aus über 80% β-Phellandren besteht. α-Phellandren besitzt einen frischen Zitrusgeruch mit pfefferartigen und holzigen Tönen. Im β-Phellandren weicht die Zitrusnote einem frischen pfefferartig-minzigen Aroma.

Eine überraschende Besonderheit besitzt das indische Dillsamenöl [255]. Zu seinen Hauptprodukten gehört nämlich neben (+)-Carvon eine Gruppe substituierter Benzofurane, die sogenannten Dillapiole, die sich als wirkungsvolle Synergisten von natürlichem Pyrethrum, dem Dalmatiner Insektenpulver, entpuppten [256]. Dillapiole selber besitzen keine insektizide Wirkung.

Ein unangenehm wanzenartiger Geruch haftet dem Kumin [210] an, den man auch als römischen Kümmel, Mutterkümmel oder Kreuzkümmel bezeichnet und der ein typisch orientalisches Gewürz darstellt. Kumin erinnert an Frauenschweiß und gilt als Aphrodisiakum [257]. Er war allen antiken Völkern wohlbekannt, und selbst das *Alte Testament* erwähnt ihn im Zusammenhang mit einem Gleichnis für Gottes Rat [258]: «Auch drischt man nicht den Dill und läßt auch nicht die Walze über den Kümmel gehen, sondern den Dill schlägt man aus mit einem Stabe und den Kümmel mit einem Stecken.» Diese Vorschrift zur sorgfältigen Behandlung der Samen garantiert den geringsten Verlust an Aromastoffen. Bereits 716 wurde Kuminsamen unter den an das normannische Kloster Corbie zu entrichtenden Tributgegenständen erwähnt, und der Araber Ibn-Al-Awan berichtet über den Kumin- und Kümmelanbau in Spanien im 12. Jh. [259]. Aus Marktverordnungen der Städte Brügge (1304) und Danzig (Anfang des 15. Jh.) erfahren wir über den Kuminhandel in unseren Breitengraden.

Ätherisches Kuminöl erscheint in den einschlägigen Taxen des 16. Jh. Als seine Inhaltsstoffe findet man praktisch ausschließlich Derivate des Benzols, nämlich Kuminaldehyd (50%), Kuminalkohol (8%) und Cymol (24%). Dem monoterpenoiden Kuminaldehyd mit der Grundstruktur des Benzaldehyds ist der Warzengeruch zuzuschreiben, der von einer penetranten, schweißartigen Nuance begleitet wird. Mit steigender Verdünnung nimmt dieser Aldehyd einen warmen würzigen und krautigen Ton an, der zunehmend angenehmer wird. Kuminalkohol deutet den Dill- und Kümmelgeruch an, ohne aggressiv zu wirken. Kumin wird besonders in orientalischen Ländern als Gewürz geschätzt. So ist er einer der Bestandteile von Curry.

Anis und Fenchel haben eine ähnliche historische Vergangenheit. Beide gehörten zu den bekanntesten Aromen des Altertums und wurden in den mediterranen Kulturkreisen ebenso geschätzt wie in den ostasiatischen, was aus den Schriften der levantischen Naturphilosophen und den indischen Vedas hervorgeht. Der Anbau der beiden Doldengewächse auf Kreta und in Ägypten geht bis zum Anfang des 1. Jahrt. v. Chr. zurück. Man verwendete ihre Samen zur Parfümherstellung, als Heilmittel und Gewürz. Daran hat sich bis zum heutigen Tage nichts geändert.

Die olfaktorische Verwandtschaft zwischen Anis [193] und Fenchel [209] ist bedingt durch den gemeinsamen Gehalt an Anethol und Estragol, der in Extremfällen bis zu 96% bzw. 11% betragen kann. Die geruchliche Differenzierung erfolgt bei Anis durch den geringen Gehalt an Anisaldehyd, Anisketon, Vanillin und Eugenol, während das ätherische Öl des Fenchels bis zu 20% Fenchon enthält, das kraftvolle, warm-kampferartige Geruchseigenschaften besitzt. Anethol, das chemisch ein doppelbindungsisomeres Estragol darstellt und ähnlich wie dieses ein lakritzenartiges, süßlichkrautiges Aroma hat, läßt sich durch Ausfrieren aus beiden ätherischen Ölen gewinnen.

Anis- und Fenchelöl sind begehrte Aromen in der Bäckerei und Getränkeindustrie. Anethol kennt man als aromatisches Prinzip des griechischen Ouzo, türkischen Raki, spanischen Pacharan und französischen Pastis. Die physiologischen Eigenschaften beider Öle sind vielseitig. Durch ihr Steigern der Bronchialsekretion werden sie in verschiedenen Zubereitungen als Expektorans verwendet. Fenchel übt eine spasmolytische Wirkung auf den Magen-Darm-Trakt aus und eignet sich daher als Karminativum, Diuretikum und Abführmittel. Außerdem kennt man beide Öle als wirkungsvolles Breitband-Insektizid. Bedingt durch ihren Gehalt an Anethol können die Öle in hohen Dosen zu Exzitationszuständen führen, ähnlich wie ein Betäubungsmittel [260]. Halluzinationen und epileptische Anfälle sind dann die Folge.

Die Wildarten von Sellerie und Petersilie erwähnte bereits Homer in seiner *Odyssee*, und Griechen wie Römer schätzten beide Pflanzen als Heilmittel, Gemüse und Gewürz. Selleriekraut fand man auch als Grabbeilagen im alten Ägypten. Die Griechen nannten den Sellerie *selinon*, die Römer *apium* (Eppich). Sie widmeten die Pflanze dem Gott der Unterwelt; nach Plutarch bedeutete sie Tod und Tränen. So zierte sie oft Grabhügel, und ihre Knollen verzehrte man bei Leichenmählern. Allerdings fand man Selleriekränze nicht nur auf Grabmälern, sondern ebenso wie Petersilie als Kopfschmuck von Siegern der Isthmeschen und Nemäischen Spiele. Auf griechischen Münzen des 5. Jh. v. Chr. findet sich ebenso ein Sellerieblatt wie im Stadtwappen von Selinunt, das nach der Pflanze seinen Namen erhalten hatte.

Petroselinon (griech. *petra*, der Fels) nannten die Griechen die Petersilie, die man nach Anakreon bei Gastmählern als Kopfschmuck zum Zeichen der Freude und Festlichkeit sowie zur Vorbeugung eines Rausches trug. Homer berichtet von dem Petersilienteppich, der die Insel Ogygia bedeckte, auf der die Göttin Kalypso Odysseus sieben Jahre lang gefangenhielt. Petersilie galt als Mittel gegen verblassendes Liebesfeuer. Der Vater der griechischen Heilkunde Hippokrates [261] erkannte die harntreibende Wirkung, und Dioskurides berichtet über die menstruationsfördenden Eigenschaften [262] der Pflanze, die Griechinnen und Römerinnen dazu benutzten, um die unerwünschten Folgen leichtfertiger Leidenschaft ungeschehen zu machen. Tatsächlich hat sich das zum riechenden Prinzip der Petersilie gehörende Apiol als wirksames Abortivum herausgestellt. Allerdings soll der Riechstoff toxische Eigenschaften entwickeln, die sogar zum Tode führen können. Aus diesem Grunde muß man das Zitat Wilhelm Buschs relativieren: «Zuweilen brauchet die Familie als Suppenkraut die Petersilie.» Dennoch, im Kochbuch des Apicius wurde das Kraut zum Würzen Lukanischer Würstchen und gebratenen Schweinefleischs empfohlen.

Sein Anbau nördlich der Alpen wird ebenso wie derjenige von Sellerie im *Kapitular* Karls des Großen erwähnt [230], und um 820 findet man beide Pflanzen im berühmten Gewürzgarten des Klosters St. Gallen. Petersilienaroma war während der Renaissance ein Parfümbestandteil, und destilliertes Petersilienwasser galt als Heil-, Haus- und Schönheitsmittel. Wie um die meisten Kräuter rankte sich auch um die beiden Doldengewächse kurioser Aberglaube. So durfte eine römische Jungfer mit Heiratsabsichten keine Petersilie verpflanzen, denn sonst hätte sie keinen Mann bekommen, und in Englands sittenstrenger Zeit der Königin Viktoria sollten wohlerzogene Mädchen das Kraut weder abschneiden noch kaufen. Wollten sie dennoch ihrem Verlangen nach dem Liebsten Ausdruck verleihen, so mußten sie die Pflanze stehlen. Die Prüderie trieb auch in deutschen Landen ihre Blüten, denn noch bis vor nicht allzu langer Zeit steckte man in Limburg unkeuschen Mädchen Petersiliensträuße an die Tür, und in der Petersiliengasse norddeutscher Städte konnten Kenner die Freudenmädchen aufspüren. Der Peterstag gilt in manchen katholischen Gegenden als besonders günstig für die Aussaat, die zudem in Unterfranken auch noch im Zorn erfolgen sollte, um besser zu gedeihen. Selleriesalat stand nach dem Volksglauben im Ruf eines Aphrodisiakums für Männer.

Die Aromen aus den oberirdischen Teilen der beiden Doldengewächse Sellerie [212] und Petersilie [263] sind derart typisch, daß sie sowohl sensorisch als auch chemotaxonomisch von allen übrigen ätherischen Ölen leicht unterschieden werden können. Das olfaktorische Prinzip des Selleriesamenöls wird von mehreren strukturell eng verwandten bicyclischen Laktonen gebildet, die zur chemischen Gruppe der Phthalide gehören. Petersilienöl dagegen setzt sich zur Hauptmenge aus Monoterpenen zusammen, unter denen das hochungesättigte p-Mentha-2,3,8-trien die den Krautduft prägende Komponente darstellt. Der spezifische Geruch des Samenöls wird durch bedeutende Mengen von Apiol und Myristicin unterstützt, die beide eine moderate halluzinogene Wirkung ausüben. Den warmen pfefferartigen Ton mit hoher Haftfestigkeit erhält das Selleriesamenöl von einem Gemisch der doppelbindungsisomeren Sesquiterpene Selinen.

Mit den historischen und chemischen Aspekten von Galbanum wollen wir die Betrachtung von aromatischen Spezies der Umbelliferen abschließen, obwohl es noch über zahlreiche Kulturpflanzen dieser Familie Interessantes zu berichten gäbe. Galbanum [264] ist das eingetrocknete Gummiharz nahe verwandter Ferula-Arten, das deren Stämme ausschwitzen oder nach Verwundung durch Anritzen als weißen Milchsaft abgeben. Dieser ist von streng balsamischem, beißendem und eher unangenehmem Geruch, besonders wenn er verbrannt wird. Beim altisraelitischen Gottesdienst wurde das Harz neben Myrrhe und Weihrauch geopfert [112], und Hippokrates [261] führte die Substanz bereits als Heilmittel an. Unter den vielen Indikationen, die von Dioskurides beschrieben werden, nutzt man ihre spasmolytische Wirkung [262] auch heute noch zu therapeutischen Zwecken. Zur römischen Kaiserzeit war Galbanum ein Bestandteil wohlriechender Salben, und im 2. Jh. gehörte es zu den indischen Spezereien, die über Alexandria zollpflichtig gehandelt wurden. In der medizinischen Literatur der Araber wurde Galbanum als Heilmittel und Gewürz aufgeführt, und im Mittelalter kannte man es als Handelsartikel Venedigs.

Seit dem 16. Jh. ist auch sein ätherisches Öl bekannt, das bis zu 25% des Gummiharzes ausmachen kann. Sein intensiver Geruch nach grünen Blättern ist begleitet von balsamisch-holzigen und würzigen Untertönen hoher Originalität, welche nach Untersuchungen mit Hilfe moderner Analysemethoden durch Spurenstoffe von ungewöhnlicher chemischer Struktur ausgelöst werden. Zum riechenden Prinzip gehört das sogenannte Galbanolen, ein in vier isomeren Formen vorkommender aliphatischer Kohlenwasserstoff, der sich aus elf Kohlenstoffatomen und drei entständigen konjugierten Doppelbindungen zusammensetzt. Galbanolen, das auch für den Ozeangeruch verantwortlich gemacht wird, hat sich als der Sexuallockstoff von Meeresalgen der Familie Dictyopteris erwiesen. Außerdem hat man im Galbanum zwei in geringsten Spuren vorkommende substituierte Pyrazine [265] entdeckt, von denen eines das typische Aroma grüner Erbsen verbreitet, während sich sein Isomeres als der charakteristische Riechstoff der Peperoni herausgestellt hat. Die Konzentration dieser Pyrazine ist derart minim, daß man sie ohne Anwendung von Anreicherungsverfahren selbst mit den heutigen Analysemethoden nicht erfassen kann. Dank ihrer extrem niedrigen Geruchsschwellenwerte [266] von 0,002 ppb jedoch sind diese praktisch unwägbaren Mengen dennoch olfaktorisch voll wirksam. Übersetzt man die hier angegebenen Konzentrationen in allgemein verständliche Begriffe, dann ist die menschliche Nase in der Lage, 2 g des Peperoni-Riechstoffs wahrzunehmen, die in einer Million Tonnen Wasser gelöst sind. Danach könnte durch einen Tropfen des Aromastoffes ein Schwimmbad von olympischen Dimensionen olfaktorisch in eine Markthalle voller Peperoni verwandelt werden. Außerdem hat man im Galbanumöl sensorisch hochaktive organische Schwefelverbindungen gefunden, die den prägenden Geruchscharakter von Knoblauch oder gekochten Zwiebeln enthalten. Diese Stoffe kommen in dem vom Volksmund als Teufelsdreck bezeichneten persischen Asantöl [267], einem genetisch nahen Verwandten des Galbanums, in erhöhter Konzentration vor. Die balsamisch-holzigen Tonalitäten im Galbanum kann man den sogenannten Makroliden [268] zuschreiben, die eine Ringgröße zwischen 10 und 15 Kohlenstoffatomen aufweisen. In diese Kategorie von Verbindungen fällt auch das Exaltolid [269], das einen ausgeprägt moschusartigen Geruch verbreitet. Schließlich entdeckte man dort das Myristicin, das als charakteristischer Aromastoff der Muskatnuß für seine halluzinogenen Eigenschaften bekannt ist.

Das Kapitel kretischer Geruchsstoffe soll mit der Würdigung der herrlich blühenden Zistrose abgeschlossen werden. Das klebrige Exsudat ihrer Drüsenhaare hat als Labdanum [270] über Jahrtausende eine außergewöhnliche Rolle als Parfüm-Ingredienz gespielt und ist heute mehr denn je en vogue. Bereits um 1200 v. Chr. war das Harz ein Bestandteil des heiligen Rauchopfers [90], und das

Alte Testament berichtet auch über den Verkauf von Labdanum nach Ägypten durch die Ismaeliter [271]. Im Bibeltext hat sich allerdings ein Übersetzungsfehler eingeschlichen, denn dort ist von Myrrhe anstatt Labdanum die Rede [194]. Akkadische Keilschrift-Täfelchen aus Ninive führen unter *ladunu* Labdanumharz als Opfergabe für die Gottheiten auf. Die Zistrose wird von syrisch-phönizischen Parfümeuren als *ladan*, klebriges Kraut, bezeichnet. Der geheimnisvolle kretische *ponikijo*, auch «phönizischer» Riechstoff genannt, wurde als Labdanum der Semiter erkannt [272]. Es war das Parfüm der kretischen Frauen, die es als Rauch in den beliebten Bädern genossen. Kosmetische Zubereitungen mit Harzen von Cistus schätzten bereits 800 v. Chr. die etruskischen Frauen mit ihrem angeborenen Sinn für Schönheitspflege und Eleganz. Nach Plinius d. Ä. fanden auch später die Römer Gefallen an dem Harz, denn es fungierte unter den 60 bekanntesten vegetalischen Aromastoffen der damaligen Zeit in Form von Rauchwerk, in Salbenform oder als Arzneimittel. «Mit Wein, Myrrhe und Myrtenöl gemischt verhindert es das Ausfallen der Haare, mit Wein eingestrichen macht es die Wundnarben schön, mit Honigmeth dient es zum Herauswerfen der Nachgeburt, den Zäpfchen zugemischt heilt es Verhärtungen der Gebärmutter. Es wird auch mit Erfolg den schmerzstillenden Arzneien und Hustenmitteln zugesetzt. Mit altem Wein getrunken stillt es Durchfall. Es ist aber auch harntreibend», erfahren wir von Dioskurides [273].

Während der römischen Kaiserzeit kostete Labdanum ebensoviel wie Balsam, Majoranöl, Weihrauch und Myrrhe. Storax, Mastix und Nardensalbe waren doppelt so teuer, während Safran und Opium das Zehnfache kosteten. Neben Kreta kam das beste Labdanumharz aus Zypern. Während der griechischen Besatzungszeit der Insel benutzte man in der Hauptstadt Paphos mit Vorliebe als Parfüm das *Eau de Chypre*, das sich aus Labdanum, Storax und dem Extrakt von «duftendem Schilf» [274] zusammensetzte. Dabei hat Storax der Komposition durch seinen schweißigen Grundton die erotische Richtung gewiesen; die balsamische Resonanz wurde von Labdanum hervorgerufen, und der bitter-würzig riechende Rotang sorgte für die sinnliche Kopfnote. Das Abendland wurde durch die spröden Ritter nach dem 3. Kreuzzug (1190–92) mit dem *Eau de Chypre* bekannt gemacht. Nach alter Formel fand man neue Anwendungsformen, denn im 14. Jh. kamen die *Oyselets de Chypre* auf, in denen die Ingredienzien des Duftwassers als Räucherpastillen in Gestalt von Vögelchen die Sinne der Damen von Welt anregten. Die knetbare Masse wurde durch Traganth gebunden.

Chypre-Parfüm war dem Wandel der Zeiten angepaßt und kannte daher eine Reihe von Modifikationen. Anfang des 15. Jh. fügte man der ursprünglichen Formel Eichenmoosextrakt hinzu, wodurch das Duftwasser schwere exotisch-süßliche und phenolisch-rauchige Töne von staubig-pudriger Nuance annahm. Im 18. Jh. veröffentlichte Déjeau seine Chypre-Formel [275]. Danach werden einer alkoholischen Jasmintinktur zerkleinerte Iriswurzeln, zerstoßene Angelikasamen, Muskatnuß, Rosenblätter und Orangenblüten beigegeben. Anschließend wird diese Mischung im Wasserbad vorsichtig erhitzt und das Destillat je nach Geschmack mit Tinkturen aus Ambra, Moschus und Zibet versetzt. In einem anderen Rezept werden Eichenmoos, Benzoe, Storax, Sandelholz und Kampfer verwendet. Auch das 19. Jh. liebte seine «Chypre». Es war nämlich das Lieblingsparfüm der Zarin Maria Feodorowna und der Königin Olga von Griechenland [276].

Die Zistrose ist ein bis zu 130 cm hoher, wildwachsender Halbstrauch, dessen Blätter und Zweige in erheblicher Menge ein stark riechendes Gummiharz ausschwitzen. Noch heute erntet man auf Kreta und Zypern Labdanum nach der in der Antike bewährten Methode, indem man Ziegen und Schafe durch die Büsche treibt, denn diese «(...) nehmen bekanntlich beim Abweiden der Blätter die ‹Fettigkeit›, welche wegen der Klebrigkeit an den Bärten und Schenkeln sich anheftet, auf; diese nimmt man ab, reinigt sie, knetet sie zu Stangen und bewahrt sie auf. Einige ziehen auch Schnüre über die Zweige hin, schaben das daran klebende ‹Fett› ab und kneten es» [277]. Nach einer effizienteren Methode werden die Sträucher geschnitten und nach mehrwöchigem Trocknen an der Sonne bündelweise in kochendes Wasser getaucht. Den an der Oberfläche sich absetzenden Schaum befreit man durch leichtes Pressen vom Wasser und wickelt die erhärtete Masse in Sackleinwand.

Durch Wasserdampfdestillation des Harzes können 2% des ätherischen Labdanumöls gewonnen werden; die getrockneten Zweige und Blätter liefern bis zu 0,2% ätherisches Öl. Konkretes

Labdanumöl (bis zu 6%) wird durch Extraktion der Zweige mit Petroläther hergestellt. Sein Alkohol-Auszug liefert daraus bis zu 65% absolutes Öl. «Der Geruch der reinen Ware muß herb sein und auf gewisse Art den der Einöde verbreiten», läßt uns Plinius d.Ä. wissen [278]. Heute würden wir den komplexen Duft des Labdanums als balsamisch-holzig, lederartig mit einem ausgeprägten und lang anhaltenden Ambraton beschreiben.

Außer auf Kreta und Zypern liegen die heutigen Produktionsstätten von Labdanum im Nordwesten Spaniens und dem Bergmassiv des Estérel in Südfrankreich. Seine Weltjahresproduktion liegt bei ungefähr 500 Tonnen.

Labdanumöl besteht aus einem Gemisch von etwa 250 chemischen Verbindungen, das sich, bis auf die zehn Hauptprodukte mit einem Anteil von 24%, meist aus Spurenstoffen zusammensetzt. In letzteren steckt auch das Geruchsgeheimnis des Labdanum, denn der olfaktorische Beitrag seiner Hauptprodukte zum Gesamtaroma ist bescheiden [279]. Wie im Muskateller Salbeiöl, so liefert auch im Labdanumöl Ambrox (0,7%) den Schlüssel zu dem intensiven Ambrageruch. Allerdings wird der Ambraäther hier nicht aus dem diterpenoiden Sclareol gebildet, sondern von der verwandten Labdansäure. Unter den 25 Phenolen (zusammen 1,5%) tragen einige zu der rauchartigen Ledernote mit teils animalischem Unterton bei, andere lassen eine intensive Heunote erkennen. Blumige Tonalitäten werden von Verbindungen ausgelöst, die im Rosenöl (Rosenoxyd und β-Phenyläthanol) und anderen Blumenölen nachgewiesen worden sind. Besondere Bedeutung muß man dem Vidiflorol (3,7%) im Labdanumöl beimessen. Dieser Sesquiterpenalkohol erzeugt u.a. den blumigen Charakter wertvoller Pfefferminzöle, während sein Ledol (1,1%) genanntes Isomeres als angenehm riechendes Hauptprodukt der hochsiedenden Anteile des Porschöls [280] bekannt ist. Ledol hat sich als starkes, auf das Zentralnervensystem wirkendes Gift entpuppt [281]. Die krautige Note stammt im wesentlichen von Tanaceton und cis-Ocimenon, zwei Monoterpenketonen der acyclischen Reihe, die als Stereoisomeren-Gemisch gemeinsam mit Dihydrotageton zu mehr als 50% im kommerziellen Tagetesöl vorkommen und darin das riechende Prinzip darstellen. Ein das Himbeeraroma prägendes Himbeerketon zeichnet für die fruchtige Note verantwortlich, und selbst eine an Sellerie erinnernde Komponente leistet einen Geruchsbeitrag im Labdanum. Schließlich wurden kumarinartig riechende Laktone, die auch im Jasmin und in der Tuberose zu finden sind, sowie ein typischer Eichenmoos-Riechstoff isoliert. In letzterer Kombination geben die Verbindungen den pudrigen Chypreton wieder. Andere Laktone, Säuren und Ester von origineller monoterpenoider Struktur, ebenso die einfach gebaute 2-Methyloctansäure, tragen entscheidend zum labdanartigen Harzgeruch bei. An der hier auszugsweise wiedergegebenen Beschreibung der vielfältigen Duftsequenzen, die auf der molekularen Differenzierung seines ätherischen Öls beruht, kann man die jahrtausendealte Faszination verstehen, die Labdanum auf den Menschen ausgeübt hat.

Kräuterdüfte der Antike in der modernen Parfümerie

Ätherische Öle von Kräutern, die man eher in die Kategorie der Aromastoffe oder Naturheilmittel einreihen würde, spielen in allen Segmenten der neuzeitlichen Parfümerie eine integrierende Rolle. Ihre relativ hohe Flüchtigkeit prädestiniert sie als wichtige Bestandteile von Kopfnoten, zumal ihr ausdrucksstarker Duft eine klangvolle Harmonie mit Agrumengerüchen, leichten Blüten- und frischen Fruchttönen eingeht.

Die Bedeutung der Kräuterdüfte spiegelt sich bereits in ihren Markennamen wieder, wie etwa den Damenparfüms *L'Origan* (Coty 1905), *Herbessence* (Rubinstein 1962) und Coriandre (Couturier 1973) oder den masculinen Wässern *English Lavender* (Atkinsons 1910), *Cool Sage* (Avon 1978) oder *Prestige dry herb* (Wolff & Sohn 1960). In den meisten Fällen werden Gemische von Kräuteraromen eingesetzt. So finden sich in *L'Heure Bleue* (Guerlain 1918) Öle von Koriander, Muskateller Salbei und Estragon. In *Jolie Madame* (Balmain 1953) ist Koriander und Beifuß vermischt. Das ätherische Öl dieses Korbblütlers vermittelt eine herbe, krautige Note, die besonders *Bandit* (Piguet 1944) und *Azurée* (Lauder 1969) markiert. Basilikum und Kumin erscheinen in *Cristalle* (Chanel 1974) und *Ciao* (Houbigant 1980). Zur Erzeugung der frisch-würzigen Kopfnote von *Maderas de Oriente* (Myrurgia 1918) hat man Zitrusöle mit Majoran und Koriander versetzt, während die herbe Frische in *Parure* (Guerlain 1975) durch Thymian und Muskateller Salbei sowie Galbanum und Zitrusnoten erzeugt wird. Galbanum ist für die grüne Kopfnote verantwortlich, die 20% aller modernen Kreationen tragen und für die hier stellvertretend *Chanel 19* (Chanel 1971), *Vent Vert* (Balmain 1945) oder *Shocking you* (Schiaparelli 1935) genannt seien.

Wegen ihrer meist herb-männlichen Tonalität sind die Kräuteröle besonders zur Komposition von Herrenparfüms geeignet, die sich am Anfang der 30er Jahre dieses Jahrhunderts zunächst als leichte Rasierwässer, später dann über *Eaux de Cologne* auch als *Eaux de toilette* entwickelten. So entstand mit *Skin Bracer* (Mennen 1931) eines der ersten After-Shaves, deren Zitrusnote Basilikum und Lavendel enthielt, *Aqua di Selva* (Victor 1947) weist außer diesen noch Rosmarin auf. Lavendel ist das kompositorische Element für Herrenparfüms par excellence, gefolgt von Muskateller Salbei, Basilikum und Rosmarin, die in 60, 40 bzw. 30% aller maskulinen Wässer vertreten sind. Im Vergleich dazu ist das Vorkommen dieser vier ätherischen Öle in Damenparfüms lediglich marginal und weit unter 5% angesiedelt. Auch Thymian, Majoran und besonders Origanum und Pfefferminze sind ausgesprochen männliche Noten. In *Herbal for men Old Spice* (Shulton 1974) sind Thymian und Lavendel, Rosmarin, Koriander, Beifuß und Galbanum eingebunden, während Majoran in ähnlicher Kombination in *Jacomo* (Jacomo 1980) und *Piment* (Payot 1979) vorkommt. Origanum wird in dem von Ledernoten geprägten schweren *Man Pure* (Jil Sander 1981) von Basilikum und Muskateller Salbei begleitet, die dort beide mit Zitrusölen und Aldehyden zur würzig-frischen Kopfnote beitragen. Salbeiöl in Begleitung von Rosmarin, Basilikum und Koriander verbindet sich mit Mittelnoten aus Rose, Sandelholz und Vetiver in der amerikanischen Kreation *Barzynikov Pour Homme* (Richard Barry Fragrances 1991). Getragen werden diese Töne auf einem Fond von Patchouli, Jasmin, Ambra, Labdanum und Myrrhe [276]. Das ausdrucksstarke Ysopöl wird in der Parfümerie nur selten verwendet. Es kann allerdings, wie im Typ Fougère, bis zu 10% der Parfümingredienzien ausmachen [246].

Kräuteröle sind im allgemeinen nur eines von vielen kompositorischen Elementen in der Parfümerie. Das männliche Duftwasser *Royall Bay Rhum* (Royal Lyme Ltd. 1955) hingegen ist praktisch nur auf zwei Naturstoffen aufgebaut, nämlich dem Pfefferminz- und dem würzigen Bayöl.

Die moderne Parfümerie hat den olfaktorischen Wert von Labdanum im *Chypre* von François Coty 1917 wiederentdeckt. In diesem berühmten Klassiker wird der moosige Hauptakzent mit frischer Zitrus-Kopfnote durch das ambraartige Labdanum, Storax, Patchouli, Zibet und Moschus in harmonischer Weise mit traditionellen Blütendüften kombiniert. Am Ende eines mörderischen Krieges sehnte man sich nach Wärme und neuer Sinnlichkeit, die dieses Parfüm in überschwenglicher Weise ausstrahlte. *Chypre* wurde zum Prototyp einer beliebten Duftfamilie, die den Geschmack des 20. Jahrhunderts prägen sollte. Die Variationsmöglichkeit, die der Chypre-Typ bietet, führte zu einer Flut neuer Duftkreationen, welche bis heute anhält. Als erste Chypre-Variante erschien im Jahre 1919 *Mitsouko* von Guerlain mit einer betonten Fruchtigkeit. Diesem Dufttrend folgten *Femme* (Rochas 1942), *Fête* (Molneux 1962) und *Gèm* (Van Cleef & Arpels 1987) mit einer Kopfnote aus Pfirsich- und Pflaumentönen. Für die aldehydisch-fruchtigen Chypre-Kompositionen sei hier *Crêpe de Chine* (Millot 1925) und *Chant d'Arômes* (Guerlain 1962) zitiert. Die betonte Blumennote tritt in *Miss Dior* (Dior 1947), *Jolie Madame* (Balmain 1953), *Cabochard* (Grès 1958) oder in *Paloma Picasso* (1984) auf.

Unter Fougère versteht man eine Duftfamilie, die eine gewisse Verwandtschaft zu den Phantasiekompositionen vom Chypre-Typ aufweist. Ihre ebenfalls von Eichenmoos geprägte Basisnote wird oft von Labdanum, Vanille und Kumarin begleitet. Lavendel dominiert stets die Kopfnote, die von verschiedenen Kräuterdüften und Agrumengerüchen unterstützt wird. Das klassische *Fougère Royale* von Houbigant aus dem Jahre 1882 bildete den Anfang einer Serie, die sich besonders in der Herrenkosmetik durchgesetzt und eine große Anzahl After-Shaves und Herrenparfüms hervorgebracht hat. Bei *Azzaro pour homme* (Azzaro 1978), *Macho* (Fabergé 1976) und *Pitralon Sport* (Jovan 1984) wird der Fond aus Eichenmoos, Vanille, Kumarin sowie Ledernoten, Moschus, Ambra und besonders Labdanum gebildet. Außer den animalischen Riechstoffen können die Basiselemente dieser Kompositionen durch Patchouli, Zedernholz, Heu- und Honignoten ersetzt werden, wie man es von *Monsieur Rochas* (Rochas 1969) oder *Paco Rabanne* (1973) her kennt. Bereits 35% der gesamten Herrenparfümerie baut sich auf Fougère-Noten auf, und ein Ende dieser Entwicklung ist nicht abzusehen. Die Damenlinie dieses Typs ist bedeutungslos.

Die menschliche Natur der griechischen Götter

Die olympische Götterfamilie nimmt in der bildhaften Phantasie der um 750 v.Chr. geschaffenen homerischen Epik anschauliche Gestalt an und vermittelt uns den griechischen Glauben an die elementaren Naturkräfte. «Die Vielfalt der Göttergestalten ist offen für die Vielfalt des Unbegreiflichen, das dem Menschen widerfährt.» [282] Düfte als das Unfaßbare waren göttlichen Ursprungs. Wohlgeruch ist ein Mittel der Götter, sich dem Menschen zu nähern; er kündete göttliche Epiphanie an und offenbarte ihre Unsterblichkeit. Er wurde von Nektar und Ambrosia erzeugt, einer Nahrung, die irdischen Wesen vorenthalten war und der die Gottheiten dem Mythos nach ihre Unsterblichkeit verdankten. Der Göttertrank ist verwandt mit *soma*, dem vedischen Elixier der Unvergänglichkeit. Die Geburt des Apollon kündigt sich in Delos durch ambrosische Düfte an. In den *Metamorphosen* Ovids wird der Webstuhl der den Exzentriker Dionysos verachtenden Töchter des Minyas in eine dem Gott heilige Gundelrebe verwandelt, wobei gleichzeitig Myrrhe- und Safrangeruch entsteht. Und Hera, die Tochter des mächtigen Kronos, bereitet sich auf ein Liebesabenteuer mit Zeus vor: «Mit Ambrosia wusch sie zuerst von der reizenden Haut sich alle Befleckung ab und salbte sie dann mit dem Salböl, dem ambrosischen, lieblichen, welches als Duftöl sie hatte: ward es geschüttelt im Hause des Zeus mit der ehernen Schwelle, drang sein köstlicher Duft sogleich zu Erde und Himmel» [283]. Aphrodite hält Totenwache an Hektors Leichnam «(...) Tag und Nacht und salbte den Leib mit ambrosischem Öle, duftend von Rosen» [284]. An anderer Stelle besprengt die Liebesgöttin den Adonis mit unsterblichem Öl, um ihm die göttliche Schönheit zu verleihen, und Kirke hält

Odysseus mit Hilfe verführerischer Duftstoffe gefangen. Bei Ovid lesen wir, daß Äneas von der Göttin durch Verleihen von Wohlgeruch in den Olymp erhoben wird, und Thetis gibt Achilleus göttliche Kraft dank ambrosischer Salben, vergißt dabei aber fatalerweise seine Ferse. Die ätherische Götterspeise Ambrosia und der Göttertrank Nektar, die beide die Bewohner des Olymps vor Unbilden schützen oder Heilung bewirken, sind Wohlgeruch schlechthin.

Wie in der ägyptischen Mythologie nahm Weihrauch und Myrrhe im kultischen Leben der Griechen einen bevorzugten Platz ein. Der von ihren Harzen ausgehende Wohlgeruch war praktisch identisch mit Götterduft. Nach der von Ovid in den *Metamorphosen* wiedergegebenen Sage soll Helios die von ihm geliebte Nymphe Leukothoe in eine Weihrauchstaude verwandelt haben. Obwohl sie damit dem Sonnengott als Gattin entzogen blieb, berührte sie dennoch durch Inzensation die Sphären der Götter, ein Sinnbild der spirituellen Berührung und Verschmelzung. Dramatisch soll sich die Entstehung der Myrrhe vollzogen haben. Als König Theias erfuhr, daß er mit seiner Tochter Myrrha im Inzest lebte, konnte sie sich dem tödlichen Zorn des Vaters nur durch die Flucht entziehen und verwandelte sich, in Arabien angelangt, in einen Myrrhenstrauch. Dort gebar sie unter großen Schmerzen den Adonis. *Myron* wird als griechische Bezeichnung für Düfte angesehen. Außerdem war das Wort der Name für ein wohlriechendes Kosmetikum in Athen.

Auch anderen aromatischen Pflanzen wurde göttlicher Ursprung attestiert. Aus dem Blut des versehentlich von Apoll tödlich verwundeten Hyakinthos entsproß die Duftpflanze gleichen Namens, so wie Narkissos, der hübsche Sohn des Flußgottes Kephisos, der sich in unbefriedigter Liebe zu seinem im Wasser sich spiegelnden Abbild verzehrte, in die Narzisse verwandelt wurde [285].

Aromatische Pflanzen waren nach der griechischen Überlieferung stets göttlichen Ursprungs. In ihnen oder auch in ihrem Duft manifestierte sich eine Gottheit. Rosmarin war das Weihekraut der Vegetationsgöttin Aphrodite, und die Römer pflegten damit ihre Hausgötter zu bekränzen. Dieser stark riechende Strauch war ebenfalls das Attribut der fünfzig schwatzhaften Töchter des greisen Meeresgottes Nereus. Der Liebesgöttin Aphrodite teilte man die Myrrhe zu, während als Symbol für ihren Liebhaber, den schönen Jüngling Adonis, die Anemone galt. Der von Homer als kuhäugig apostrophierten Gattin des Zeus, Hera, wurde ein Salböl zugeschrieben, das mit Mastix parfümiert war, und die Jagdgöttin Verbena brachte man mit dem Eisenkraut in Verbindung. Die Ägypter hatten Eisenkraut bereits ihrer Göttin Isis geweiht. Helios ebenso wie der homerische Apollon stand der narzissenähnliche Geruch des Heliotrops [286] zu. Schließlich hatte man das Liliengewächs Asphodelos den Schicksalsgöttinnen, den Erynnien zugewiesen. *Asphodelus ramosus*, auch unter dem populären Namen Goldwurz bekannt, pflanzten die Griechen als Zeichen der Trauer auf ihre Gräber. Wiederholt werden in der *Odyssee* unterweltliche Asphodeloswiesen erwähnt, auf denen die Geister der Verstorbenen jagen und deren stärkehaltige Knollen diesen als Nahrung dienen [287].

Die Römer übernahmen diese Duftsymbolik von den Griechen. Nach Licinius Crassus (95 v. Chr.) weihte man Kostus dem Saturn, Aloe dem Kriegsgott Mars, Safran dem Sonnengott Phoebus, Mastix der Sonnengöttin Phoeba, Zimt dem Merkur, Kassia und Benzoe dem Gott des Himmels Jupiter, Moschus der Juno und Ambra der blonden Venus [288]. Zu den wichtigsten religiösen Festen der sinnenfreudigen Griechen gehörten die Dionysien, die mit enormen Mengen Duftstoffen zelebriert wurden. Die glanzvolle Wertschätzung von Demeter manifestierte sich in den Mysterien von Eleusis während neun Tagen, und Athene zu Ehren hielt man die Panathenaia ab. Zedernholz, Weihrauch, Myrrhe und später Bernstein war das häufigste Räucherwerk, das in Tempeln und auf öffentlichen Altären den Göttern zu ihrer Freude und auch als Nahrung angeboten wurde, oft gemeinsam mit rituellen Tieropfern. Die Götter galten als derart begierig auf Wohlgerüche, daß Pherekrates (440–415 v. Chr.) in seiner Komödie *Tyrannis* dem Zeus unterstellte, er habe den Himmel nur erschaffen, um zu verhindern, daß die Götter um die wohlriechenden Altäre der Erde streunen. Tatsache ist, daß Duftstoffe aller Art auf die Griechen eine große Anziehungskraft ausübten. Was an aromatischen Pflanzen nicht in den üppigen Gärten von Athen wuchs, wurde aus dem Orient importiert. Dabei traten die Phönizier meist als geschickte Vermittler auf.

Aryballos, 6. Jahrh. v.Chr., zur Aufbewahrung meist parfümierter Salböle, die griechische Athleten zur Körperreinigung nach Wettkämpfen benutzten.

Alexander der Große (356–323 v. Chr.) hatte den Griechen durch seine Feldzüge die fernöstlichen Handelswege erschlossen und dadurch auch den Zugang zu neuen Aromastoffen ermöglicht. Der junge Feldherr schickte Samen und Stecklinge persischer Pflanzen nach Athen, wo sein Freund Theophrastos den ersten botanischen Garten anlegte. Alexander wurde von seinem Lehrer Leonidas zu Sparsamkeit im Umgang mit Wohlgerüchen erzogen, denn «(...) verschwenderisch kannst du räuchern, wenn du Herr des Gewürzlandes sein wirst». Auf dem kriegerischen Wege dazu fiel ihm 333 v. Chr. südlich der kilikischen Stadt Issos das gesamte Lager mit dem Harem des Perserkönigs Dareios III. in die Hände. Von den prunkhaften Kostbarkeiten an Gold, Wannen, Salbgefäßen und dem herrlichen Duft edelster Spezereien überwältigt, soll er ausgerufen haben [289]: «Das ist wohl das Königsein!» Ein Jahr später erbeutete er nach der Eroberung von Gaza große Mengen an Weihrauch und Myrrhe. Daraufhin schickte er Leonidas dreizehn Tonnen vom ersten und zweieinhalb Tonnen vom zweiten Harz mit der Bemerkung [290]: «Wir haben dir Weihrauch und Myrrhe im Überfluß geschickt, damit du aufhörst, den Göttern gegenüber zu knausern.» Das von ihm gegründete Alexandria (333 v. Chr.) war die griechische Hauptstadt Ägyptens und entwickelte sich zum

Mittelpunkt der Parfümindustrie in der Antike. Die Feuerbestattung des «göttlich Duftenden», wie seine Umgebung Alexander zu Lebzeiten nannte, erfolgte auf einem riesigen Scheiterhaufen aus kostbaren Hölzern und Harzen, und sein Nachfolger Ptolemaios II. ehrte ihn 45 Jahre später durch ein pompöses Fest in Alexandria, bei dem Weihrauch und Safran dargebracht wurden.

Kosmetische und parfümistische Fertigprodukte bezogen die Griechen aus Ägypten, Kreta und Persien. Ihre Neigung zum guten Geruch teilten sie ohnehin mit diesen Kulturvölkern. Der Parfümierung unterlagen nach Antiphanes alle Körperteile; so die Arme mit einem Auszug von Pfefferminze, die Beine mit schwerer ägyptischer Salbe, Wangen und Brust mit zähflüssigem Palmöl. Eine Majoranpomade war für Augenbrauen und Haare vorgesehen, und Knie und Nacken rieb man mit einer Thymianessenz ein. Der Zyniker Diogenes von Sinope (gest. 323 v. Chr.) riet, lediglich die Füße zu salben, denn «(...) salbst du den Kopf mit Parfüm, entflieht es in die Luft und nur die Vögel haben ihren Nutzen davon». Den meisten Luxus mit kostbaren Duftstoffen trieb man während der üppigen Festmähler. «Als sie die Mägde gebadet und eingerieben mit Salböl, setzten sich Telemachos und Peisistratos auf Throne zu Atreus' Sohn Menelaos.» [291] Philoxenos nennt in seiner Schilderung eines Festmahls (*Das Bankett*) als Handwaschmittel ein Produkt aus «(...) dem öligen Saft von Lilien, und ambrosisch duftende Salben, und Kränzen aus blühenden Veilchen» [292]. Aus dem *Buch der Düfte* von Theophrastos geht hervor, daß man in Athen besonders Lilien und Rosen schätzte. Am beliebtesten jedoch war der Blütenduft des weißen Veilchens. Die Verehrung des Lilienduftes stammte sicherlich aus Ägypten, wo diese aromatische Pflanze in keinem Garten fehlte. Rosen kamen im alten Ägypten nicht vor. Breite Verwendung fanden auch fettige und alkoholische Auszüge von Rosmarin, Salbei, Anis, Zimt, Safran, Narde und Iris.

Duftexzesse blieben bei den Gelagen nicht aus. So fliegen in dem Fragment *Der Siedler* des griechischen Komödiendichters Alexis Tauben durch den Bankettsaal, deren Schwingen in jeweils einem anderen Duft getränkt worden waren. Die Essenz der Gundelrebe, ein Attribut von Bacchus, wurde bei Orgien herumgereicht, während Quittenessenz gegen Lethargie und Verdauungsschwäche verwendet wurde. Aristophanes und Plutarch betrachteten alle Wohlgerüche als sexuelle Stimulantien.

Gegen den übertriebenen Gebrauch von Riechstoffen gab es auch kritische und mahnende Stimmen. Auf die Frage: «Welchen Duft sollen wir ausströmen», antwortete Sokrates: «den Duft der Tugend». Ein Gastgeschenk von Parfüms bei einem Besuch des Kallios lehnte Sokrates mit der Bemerkung ab, daß diese den Frauen vorbehalten sein sollten. Bei Männern zöge er den Geruch des in den Gymnasien verwendeten Öls vor, das bekanntlich unparfümiert war. «Denn werden ein Sklave und ein freier Mann mit Düften gesalbt, riechen beide gleich. Aber der Geruch nach freier Arbeit und männlichen Übungen sollte das Merkmal des freien Mannes sein» [293]. Sokrates lehnte auch Bäder ab und hielt Sauberkeit nicht für einen wesentlichen Teil der Weisheit. Schließlich verabscheute Platon (427–347 v.Chr.) nicht nur eine gepflegte häusliche Atmosphäre, sondern er betrachtete auch gutes Essen, Leckereien, aromatisches Räucherwerk, Parfüms und Kurtisanen als die überflüssigsten aller Dinge [294]. Die Gesetze Solons (ca. 640–ca. 561 v.Chr.) geboten gar den griechischen Männern, den übermäßigen Gebrauch von Riechstoffen einzuschränken, da man den luxuriösen Lebensstil ihrer Erzfeinde, der Perser, nicht nachahmen wollte. Diesem Gebot war jedoch ebensowenig Erfolg beschieden, wie demjenigen des Spartaners Lykurgos. Sparta löste schließlich das Problem, indem es seine Salbenköche des Landes verwies. Aristoteles jedoch hob den ästhetischen Aspekt des Geruchssinnes hervor: «Angenehme Düfte tragen zum Wohlbefinden des Menschen bei.» Und Anakreon empfahl: «Das Auftragen lieblicher Düfte auf das Haupt ist das beste Rezept gegen Krankheit.» Tatsächlich wurden im Altertum Geruchsstoffe in großer Mannigfaltigkeit für Heilzwecke benutzt, wovon uns Plinius d.Ä. in seiner Naturgeschichte [35] und Dioskurides in der Arzneimittellehre [33] ein beredtes Zeugnis ablegen. Die ostasiatischen Völker haben, wie wir noch sehen werden, den größten medizinischen Nutzen aus der Kraft der Duftstoffe gezogen, so daß die Aromatherapie unserer Tage keine Erfindung der Neuzeit ist.

Mit dem Siegeszug Alexanders des Großen durch Persien und Indien gelangten ungeahnte Schätze nach Griechenland. So vervollständigte sich auch die vom minoisch-mykenischen Kulturkreis tradierte Riechstoffpalette der Hellenen. Diese lernten den exotischen Duft von Narden- und Kostuswurzeln, die süßlichen Harze Bdellium, Benzoe und Storax oder das zitronenartig riechende westindische Lemongras kennen – alles Produkte, die den Ägyptern durch die Händler der südarabischen Stadtstaaten schon früher zugänglich waren, allerdings zu einem wesentlich höheren Preis. Ausgesprochene Produkt-Neuheiten im Mittelmeerraum bildeten der indische Moschus (griech. *moschos*), das in Vergils Dichtung vom Landbau, *Georgica*, erwähnte «stinkende Bibergeil» Castoreum sowie die graue Ambra, die an die Gestade des indischen Ozeans angeschwemmt wurde. Ob sich die animalischen Rohmaterialien, die als ausgesprochen sinnlich galten, in die griechische Parfümerie integrieren ließen, bleibt ungewiß. Den Arabern war es wesentlich später vorbehalten, ihre fixierenden Eigenschaften zu nutzen und damit der Parfümerie der ausgehenden Antike neue Impulse zu verleihen.

Die griechischen Parfümeure der hellenistischen Periode, von denen uns eine Reihe namentlich bekannt sind, verwendeten für ihre Kreationen vorzugsweise Rohstoffe der Levante, denen sie nach Bedarf Zimt, Kostus, Narde oder Balsam beimischten. So entstand das Amakrinon genannte Majoransalböl aus zehn Ingredienzien dieser Art [295]. Eine einfachere Version nennt Quendel, Zimt, Beifuß, Wasserminzenblüten, Myrtenblätter und Majoran [296]: «(...) nimm von jedem unter Berücksichtigung seiner Kraft dem Zwecke gemäß das Nötige, stoße alles zusammen und gieße soviel Öl von unreifen Oliven darauf, daß die Kraft dessen, was in desselben zum Ausziehen gelegt ist, nicht überwältigt wird, laß es vier Tage stehen und presse es aus. Und wiederum behandle dieselbe Menge derselben frischen Substanz die gleiche Zeit im selben Öl und presse sie aus, denn sie ist kräftiger. Wähle aber den dunkelgrünen Majoran, der lange duftet und mäßig scharf ist. Er hat erwärmende, verdünnende und scharfe Kraft; er hilft gegen Verstopfung und Verdrehung des Uterus, treibt die Menstruation, die Nachgeburt und den Fötus aus und beseitigt die Mutterkrämpfe; er lindert auch die Schmerzen in den Hüften und geschwollenen Schamdrüsen (...)» Der beste Majoran stammte aus Kyzika, einer Stadt in Kleinasien an der Südseite der Propontis. Zypern und Ägypten rangierten erst an zweiter Stelle [297]. Zur Bereitung von Safranöl sollte man als Salbengrundlage Lilienöl (susisches Öl) nehmen [298]: «(...) dreieinhalb Pfund, gib acht Drachmen Safran hinzu und rühre öfters am Tage um, und dieses tue fünf Tage hintereinander; am sechsten nun gieße vom Safran rein ab, auf den Safran selbst aber gib die gleiche Menge Öl und rühre drei Tage um. Darauf gieße es ab und mische vierzig Drachmen gestoßene und gesiebte Myrrhe zu und rühre in einem Mörser tüchtig um, dann setze es weg.» Bester Safran (arab. *safra* = gelb) wurde aus dem korykischen Kilikien beschafft.

Rom im Rausch der Düfte

Die frühe römische Kultur kann man eher als rudimentär und roh bezeichnen. Sinneseindrücke fanden hier wenig Platz. Zu sehr waren die Römer in der Gründerzeit mit der Abwehr ihrer Aggressoren beschäftigt. Einfache Feldsträuße, unter ihnen besonders die von Verbena, zierten ihre Hauseingänge, um das gefürchtete böse Auge fernzuhalten [299]. Ebenso bescheiden waren die Opfergaben für ihre Götter. Nach Ovid kannte man dort noch nicht Myrrhe, Weihrauch und Safran, mit denen man später so verschwenderisch umgehen sollte. Sabinisches Kraut (Wacholder), Lorbeer, Salbei und Thymian wurden auf den Altären verbrannt: «Konnt auch einer zum Kranz, aus Blumen der Wiese gewunden, etwa Veilchen noch fügen, den nannte man reich» [300].

Die ersten Einflüsse auf die Römer stammen vermutlich von den Etruskern, welche über eine gediegene Duftkultur verfügten und bereits Myrte, Labdanum, Ginster, Pinusharze und sogar arabischen Weihrauch kannten. Nach der Ausdehnung ihres Herrschaftsbereiches in Süditalien und besonders nach dem Vorstoß in Richtung Vorderer Orient imitierten die Römer bald den luxuriösen Lebensstil der Griechen. Plautus berichtet im 2. Jh. v. Chr. zwar noch von nur bescheidenem Gebrauch arabischen Weihrauchs in den heimatlichen Tempeln. Doch hundert Jahre später führte Rom bereits bis zu 3000 Tonnen davon ein. Daneben wurden bis zu 600

Tonnen Myrrhe verbraucht [301]. Während der republikanischen Zeit hielt sich der Riechstoffverbrauch noch in Grenzen. Zur Kaiserzeit jedoch verfiel Rom in einen wahren Sinnenrausch, wozu auch eine verschwenderische Duftkultur gehörte. Von Plinius wissen wir, daß die Kosten für jährliche Parfümimporte allein aus Arabien und Indien 100 Millionen Sesterzen (2,5 Millionen Dollar) überstiegen. Indien lieferte zur Salbenbereitung die Gewürze Kardamom, Muskatnuß, Ingwer, Zimt und Pfeffer sowie Kostuswurzeln, Spikenarde, Aloe und Sandelholz, Moschus, Patchouli und Nardengras [302]. Beim oft erwähnten Kassia kann es sich nur um ein zimtartig riechendes Öl aus China handeln. Außerdem schöpfte die römische Parfümerie das bedeutende Arsenal einheimischer aromatischer Pflanzen voll aus. Blüten der Rose, der Schwertlilie, der Quitte, der Narzisse, des Jasmins und des wilden Weins zählten ebenso dazu wie Iris- und Kalmuswurzeln und eine große Anzahl wildwachsender Kräuter. Plinius führt allein 85 verschiedene Pflanzenarten zur Parfümbereitung auf.

Wie weit die in orientalischen Kulturkreisen beliebten tierischen Stoffe Ambra, Moschus und Zibet in die Parfümerie des Mittelmeerraumes Eingang fanden, ist ungewiß. Nach der Überlieferung von Plinius d. Ä. weiß man jedoch, daß die Römer als Parfümrohstoff einen weitverbreiteten Tintenfisch [303] verwendeten, dessen spezielle Riechstoff-Drüsen in getrocknetem und pulverisierten Zustand einen angenehmen Moschusduft ausströmten.

Die Schönheitspflege, von den Griechen übernommen, erreichte bei den reichen Römerinnen ihren glanzvollen Höhepunkt. Spezialisierte Sklavinnen, die *cosmetae*, wurden zu ihrer Verrichtung von den *ornatrices* nicht nur in der Behandlung mit Duftsalben, sondern auch in allen kosmetischen Dingen einschließlich einer raffinierten Haarpflege angewiesen. Sein ausgeprägtes Bedürfnis nach Hygiene konnte der Römer in den öffentlichen Bädern befriedigen. Zu den Badegewohnheiten in den Thermen gehörte unter anderem auch das Salben im *unctarium*. Der relaxierende Duft von Safranessenzen wurde in Bankettsälen und Amphitheatern über den Gästen zerstäubt. Neben Safran gehörte die Rose zu den populärsten Duftnuancen im alten Rom. Es handelte sich dabei um die köstlich riechende *Rosa gallica*, die nach Plinius auch in Persien hochverehrt wurde und welche er als «die

Rose der hundert Blütenblätter» beschrieb. Beim traditionellen Rosenfest, den *rosalia*, wartete Nero mit einer Menge von Blüten im Gegenwert von 4 Millionen Sesterzen auf [248]. Nero war bekannt für den exzessiven Gebrauch von Duftstoffen bei Gastmählern und öffentlichen Auftritten. Ähnliches berichten Horaz und Pretonius von den Gastmählern des Maecenas und des Trimalchio. Als duftvollen Auftakt vor den Gelagen ließ Nero seine Gäste von Kopf bis Fuß mit wohlriechenden Salben parfümieren. Auch Einrichtungsgegenstände in Häusern sowie Fußböden und Wände, ja selbst Haustiere wurden gesalbt. Auf den Hausaltären räucherte man Weihrauch, Myrrhe und andere wertvolle Harze, und in goldenen Lampen wurden kostbare ätherische Öle verbrannt. In ihrer Duftsucht stand Neros exzentrische Gattin Poppaea Sabina dem Kaiser nicht nach. Stets in Eselsmilch gebadet, ließ sie sich von ihren Sklavinnen ausgiebig mit den raffiniertesten wohlriechenden Mitteln behandeln, wofür sie die besten Parfümeure Zyperns engagierte. Bei Poppaeas Beerdigung ließ Nero, der den Tod der Kaiserin selbst verschuldet hatte, das Äquivalent einer Jahresernte arabischen Weihrauchs verbrennen, um sich mit ihrer Seele zu versöhnen.

Auch Caligula gab ein Vermögen für wohlriechende Stoffe aus [304], und der Dichter Catullus flehte die Götter an: «Macht mich doch ganz zur Nase» [305]. Kosmetische Gewohnheiten hatten sich bis ins Heer eingeschlichen. So unternahm Kaiser Otho (32–69 n.Chr.) seine Feldzüge nie ungeschminkt und unparfümiert [306]. Sogar die römische Standarte wurde vor der Schlacht mit kostbaren Essenzen geweiht. Abgestoßen von den verweichlichten Gebräuchen seiner Generäle, soll Julius Caesar ausgerufen haben: «Ich wollte, ihr würdet nach Knoblauch stinken» [307]. «Entweder will ich nach gar nichts oder lieblich riechen», räsonierte Martial. Aber das ist nicht ganz einfach und war lediglich Süskinds Romanhelden Grenouille auf der Suche nach dem absoluten Parfüm vorbehalten. Körpergeruch ist unvermeidbar und wird oft als störend empfunden; für Kaiser Vespasian war er so unerträglich, daß er einen seiner Offiziere deswegen aus seiner Umgebung entfernen ließ [308].

Der römische Stoiker Seneca (ca. 4 n.Chr.–65) tadelte seine Zeitgenossen, denen er einen allzu ausschweifenden Lebenswandel durch uneingeschränkte und exzessive Befriedigung der Sinne vorwarf: «Tugend und Lust gehören nicht zusammen.» Mehrfach wurde der Versuch unternommen, den Konsum von Duftstoffen einzudämmen. Die Konsuln Licinius Crassus und Julius Caesar untersagten sogar den Verkauf von «Exotica» auf Gesetzeswegen. Aber Ermahnungen und Verordnungen fruchteten nur wenig, die Römer setzten nun einmal auf Lustgewinn.

Eine Rose ist eine Rose ist eine Rose...

Diese von Gertrude Stein verfaßte Hymne an die unbestrittene Königin der Blumen drückt sowohl die grenzenlose Verehrung als auch die sinnliche Empfindung aus, die selbst der moderne Mensch dieser einmaligen Schöpfung aus Duft, Farbe und Form entgegenbringt. Das Thema der deutsch-amerikanischen Dichterin ist als *Rose is a Rose* von Houbigant 1974 in einen Duftflakon gebannt worden.

Wie kaum um eine andere Pflanze ranken sich um die Entstehung der Rose Legenden und Mythen, die in allen Kulturkreisen zu finden sind. In der griechischen und römischen Antike wurde der Rose ein übernatürlicher Ursprung zugeschrieben, und ihre religiöse Verehrung nahm ähnliche Formen an wie diejenige der Lotosblüte bei Hindus und Ägyptern.

Aus dem Blute des Adonis, der durch ein Wildschwein tödlich verletzt wurde, soll die Rose geboren worden sein, während die Tränen der Venus über den Verlust ihres Liebhabers die Anemone entstehen ließ. Die Legende will es, daß der Liebesgott Amor, der im Olymp einen Tanzchor leitete, mit seinen Flügeln eine Vase mit himmlischem Nektar umstieß. Diese zerschellte auf der Erde und färbte die bis dahin weiße Rose tiefrot. Den Persern war die Rose heilig, und das Lichtfest zu Ehren ihrer Gottheit Ahura Masdas (neupers. *Ormuzd*) war gleichzeitig ein Rosenfest [309]. Nach einer türkischen Legende soll die Rose aus dem Schweiß des Propheten Mohammed entstanden sein. Die christliche Mystik schreibt der Rose hohe symbolische Bedeutung zu, wobei ihre Blüten zum wichtigsten kirchlichen Emblem erhoben werden. Für den heiligen Ambrosius ist die Rose das Wahrzeichen des Blutes Christi, und nach Walafried Strabus (9.Jh.) hat Jesus Christus durch seinen Tod die Blüte gefärbt [310]. Die Rose wird ebenfalls zum Sinnbild der Jungfrau Maria, die für Pierre de Corbiac «(…) eine Rose ohne Dornen und die wohlriechendste aller Blumen ist» [311]. Heidnische Rosenverehrung erfahren wir aus dem nordgermanischen Liederbuch *Edda* oder dem *Nibelungenlied*.

Die irdische Herkunft der Rose verliert sich im vorgeschichtlichen Dunkel des fernen Asiens. Fest steht, daß im Reich der Mitte verschiedene Arten davon bereits vor mehr als 5000 Jahren bekannt waren. Ebenso alt scheinen Rosenpflanzungen im Industal zu sein. Die *Rosa centifolia* tritt lange vor der Zeitrechnung im östlichen Kaukasus und in Kurdistan bzw. dem gebirgigen Nordosten des Irak auf. Ob dort ihre Wiege stand, oder ob sie auf dem Wege nach Westen dorthin gelangt ist, läßt sich nicht mehr feststellen. Im Zweistromland und in Persien wird die Centifolia bald zum Kultsymbol. Im *Bundehesh*, der ältesten Aufzeichnung von der Lehre Zarathustras (um 600 v.Chr.), erscheint sie bereits neben der Hundsrose und der wilden Rose. Nach diesem heiligen Buch soll die Rose wie alle anderen Sträucher ihre Dornen erst nach dem Erscheinen von Ahriman, dem bösen Geist und Widersacher des Religionsstifters, erhalten haben. Zwar enthalten die Ornamente der Palastfriese von Knossos Rosenblüten, doch fehlen uns Hinweise über das Vorkommen der Pflanze auf Kreta bereits um diese Zeit (1800 v.Chr.). Erst Homer berichtet in *Ilias* und *Odyssee* (um 800 v.Chr.) vom Reiz, den diese Blume auf die Griechen ausübte. Sie wird mit der Göttin der Morgenröte Eos, die mit Rosenfingern den Tag aufzieht, assoziiert. Nach dem homerischen *Demeter-Hymnos* pflückt die Tochter der Vegetationsgottheit Persephone mit den Töchtern des Oceanos auf einer herrlichen Wiese Rosen. Der kleinasiatische Dichter Archilochos (700 v.Chr.) erwähnt erstmals in der griechischen Literatur den Rosenstrauch, und Herodot (484–424 v.Chr.) beschreibt eine gefüllte Rose, die in den Gärten des Makedoniers Midas wuchs und damals als ein Wunder galt [309]. Es handelt sich wahrscheinlich um die *Rosa centifolia*, die der Historiker als die wohlriechendste seiner Zeit ansah. Die aus Persien stammende Damaszener Rose findet sich nach Vergil (79–19 v.Chr.) als Rose von Paestum wieder. Später zählt Plinius d.Ä. die berühmtesten Arten des römischen Reiches auf, unter ihnen die Rose von Milet, eine Hundsrose mit lebhaft roten Blüten. Aus ihr wurde eines der beliebtesten Parfüms der damaligen Zeit hergestellt, das *rhodium*.

Von Karl dem Großen haben wir 812 das erste Zeugnis über die transalpine Kultivierung der Rose. Um 1250 beschreibt der Bischof von Regensburg die *Rosa centifolia* L., die Weinrose [312], die Hundsrose [313] und die Feldrose [314], die in den Klostergärten der Dominikanermönche gepflegt wurden. Graf Thibaut VI. von Champagne, der Führer des vierten Kreuzzuges, brachte aus Syrien eine veredelte Rose mit, die er in großem Stil in seinem Schloßgarten nahe des bretonischen Ortes Provins aufzog und die seitdem den Namen «Rose de Provins» [315] trägt. Diese ist nicht zu verwechseln mit der «Rose de Provence» [316], der im 15. Jh. auftauchenden Essigrose. Nach einer anderen Quelle soll der Graf auch die orientalische Damaszener Rose in einem Tal im Norden Thraziens angepflanzt haben [274]. Diese «Bulgarische Rose» ist auch als «Rose von Kazanlük» [317] bekannt und seit dem 17. Jh. der Lieferant für bulgarisches Rosenöl.

Seit der Antike hat man versucht, den Duft der Rosenblüten einzufangen, um ihn dem Menschen nutzbar zu machen. Mit Ölen oder Fetten ausgezogen, ergaben ihre Blütenblätter parfümierte Salben. Man nannte sie *oleum rosarium*, *rosatum* oder *rosaceum*. Die Isolierung des reinen ätherischen Öls jedoch gelang erst nach der Erfindung der Wasserdampfdestillation durch die Araber. Seine Herstellung und Verwendung als Parfümerierohstoff wurde in einer arabischen Abhandlung aus dem 9. Jh. von Abu Yusuf Ya' Kub B. Ishaq Al-Kindi eingehend beschrieben. Von der Rosenölproduktion in Spanien um 961 nehmen wir Kenntnis aus dem Kalender *Harib*.

Unter dem Namen *attar*, der von dem persischen Herrscher Atr-I-Dschhangiri abgeleitet ist, war es zunächst im Orient weit verbreitet. Andere leiten das Wort aus dem arabischen *a'Thara* her, was im Zusammenhang mit einem Mädchen angenehm duftend bedeutet [274]. Im englischen Sprachgebrauch kennt man Rosenöl heute noch unter der Bezeichnung *Attar of Rose* oder auch *Otto of Rose*. Über den Handel von Rosenwasser, das bei der Gewinnung von Rosenöl zwangsläufig anfällt, erfahren wir aus der Feder des arabischen Geschichtsschreibers Ibn Chaldun, der von bedeutenden Exporten nach China und Indien bereits im 8. Jh. berichtet. Als Schönheitsmittel wird Rosenwasser im Zeremonienkodex des

Artisanale Anlage einer Wasserdampfdestillation zur Herstellung von bulgarischem Rosenöl nach einem zeitgenössischen Kupferstich des 19. Jahrhunderts. Die aus Keramik gefertigte Destillationsblase, die mit Rosenblüten und Wasser gefüllt ist, wird am offenen Feuer erhitzt und der aufsteigende Wasserdampf gemeinsam mit allen flüchtigen Anteilen über das absteigende Rohr durch einen Wasserbottich geleitet. Rosenwasser sammelt sich in konischen Glasflaschen an. Das sich absetzende ätherische Öl kann danach abdekantiert werden.

oströmischen Kaisers Constantin VII. aus dem Jahre 946 erwähnt [318].

Unter den vielen Rosenvarietäten werden heute hauptsächlich die «Bulgarische Rose», die «Rose de Mai» und die *Rosa centifolia* verwendet. Unter «Rose de Mai» versteht man ein Hybrid aus *Rosa centifolia* und *Rosa gallica*, die in Südfrankreich, Ligurien, Kalabrien und Marokko angebaut wird. Im Jahre 1983 wurden in der Parfümstadt Grasse allein 345 Tonnen Blütenblätter dieses Typs zu Rosenöl verarbeitet. Den weitaus größten Teil des Weltbedarfs deckt man aus der *Rosa damascena*, besonders aus der «Rose von Kazanlük». Sie ist heute nicht nur im «Tal der Rosen» im Norden Thraziens angesiedelt, sondern wurde auch aus Bulgarien in die Türkei verpflanzt, wo sie im anatolischen Bergland auf einer Höhe von 1000 m besonders gute ökologische Bedingungen vorfand und dort die Produktion des «Bulgarischen Rosenöls» gegenüber dem Ursprungsland überflügeln konnte. Weitere wichtige Zentren der Herstellung von Rosenöl aus der Damaszener Art liegen im georgischen Tiflis, auf der Krim sowie im indischen Staat Uttar Pradesh.

Die augenblickliche Weltjahresproduktion von Rosenöl beträgt ungefähr 15 Tonnen. Hierfür müssen gewaltige Mengen an Rosenblättern geerntet und verarbeitet werden, nämlich 52000 Tonnen, denn die Ölausbeute beträgt nicht mehr als 0,035%. Mit dem enormen Arbeitsaufwand rechtfertigt sich auch der hohe Preis des bulgarischen Rosenöls [319]. Für die Herstellung von 1 kg Rosenöl benötigt ein Pflücker allein einen Arbeitsaufwand von 800 Stunden. Die Rosenernte beschränkt sich auf nur 30 Tage während der Monate Mai und Juni; zudem kann sie nur in den frühen Morgenstunden vorgenommen werden, da der Gehalt an Riechstoffen in der lebenden Blüte mit steigender Sonne fällt und gegen Mittag nur noch die Hälfte ausmacht.

Die Inhaltsstoffe des kostbaren Rosenöls haben die Forscher schon frühzeitig angezogen. Bereits um die Jahrhundertwende kannte man die chemische Zusammensetzung von fünf Hauptprodukten, die zusammen 80% des ätherischen Öls ausmachen. Die molekulare Basis des Rosenöls bildet das Citronellol (38%) und Geraniol (21%), zwei primäre Monoterpenalkohole, welche ebenfalls als Hauptprodukte des Geraniumöls bekannt wurden. Beide Alkohole zeichnen sich durch eine süße, rosenartige Grundtonalität aus, wobei Citronellol frischer und blumiger erscheint. Außerdem fand man den Lavendelalkohol Linalool (2%) neben β-Phenyläthylalkohol (3%) mit seinem warmen Rosenton von honigartiger Milde. Diese Ergebnisse waren zwar ermutigend und für die damalige Zeit geradezu sensationell, doch war der Geruch einer synthetischen Mischung aus den vier Alkoholen noch recht deutlich von dem hochdifferenzierten Geruchsprofil des natürlichen Rosenduftes zu unterscheiden. Erst mit Hilfe modernster Analysemethoden, die ein Schweizer Team aus Hochschule und Industrie unter der Federführung des

Ungarn E.sz. Kovats in den 60er Jahren anwenden konnte, wurde der molekulare Geheimkode des Duftkomplexes dechiffriert. Dabei machte man zunächst die ernüchternde Feststellung, daß Rosenöl aus etwa 275 chemischen Komponenten besteht [320]. Der Schlüssel zu seinem Geruch war demnach unter 270 Verbindungen versteckt, die in 20% des ätherischen Öls zu suchen waren. Man mußte also damit rechnen, daß die zum riechenden Prinzip gehörenden Substanzen als Spurenstoffe vorliegen. Als erstes entdeckte man einen cyclischen Monoterpenäther (0,5%) von bisher unbekannter chemischen Konstitution, der den Namen Rosenoxyd erhielt. In Substanz gerochen war die Verbindung eine große Enttäuschung, denn sie erinnerte an die unangenehme Note von Erdöl. Mit zunehmender Verdünnung jedoch entwickelte das relativ leicht verdampfende Rosenoxyd einen Rosenduft von strahlender Frische mit einer dezenten, an grüne Blätter erinnernden Nuance. Die leichte Flüchtigkeit prädestinierte Rosenoxyd zur wichtigsten Komponente in der Kopfnote des Rosenöls. Mit einer Sonderbriefmarke anläßlich des internationalen Öl-Kongresses in Tiflis wurde diese Entdeckung durch die russische Post bereits 1968 gewürdigt.

Der entscheidende Durchbruch in der Analyse des ätherischen Öls gelang mit dem Auffinden der Rosenketone im Jahre 1970, die der Fachmann in Anlehnung an die botanische Bezeichnung *Rosa damascena* Damascone nennt. Ihre Biogenese verdankt diese neuartige Stoffklasse einem enzymatischen Abbau höhermolekularer Verbindungen der Vitamin-A-Reihe, den sogenannten Karotinoiden. Die Damascone besitzen als gemeinsames olfaktorisches Merkmal einen narkotisch würzigen Geruch nach exotischen Blüten, der von einem schweren, an schwarze Johannisbeeren und getrocknete Backpflaumen erinnernden fruchtigen Unterton begleitet wird. Obwohl zwei ihrer Isomeren selten in einer Gesamtkonzentration von über 0,15% nachgewiesen werden können, tragen sie dennoch entscheidend zur Bildung der Basisnote des Rosenöls bei. Den Grund dafür liefert der extrem niedrige Geruchsschwellenwert von 0,009 ppb; das heißt, daß 9g Damascon in einer Million Tonnen Wasser gelöst vom menschlichen Geruchsorgan gerade noch wahrgenommen werden können [266]. Dies ist ein unvorstellbar kleiner Bestandteil und gehört zu den tiefsten Werten, die jemals von einer chemischen Verbindung gemessen wurden. In der Folge dieser überraschenden Entdeckung fand man die Rosenketone in einer Reihe von Blütenölen, aber auch im Teearoma, in verschiedenen Früchten wie Himbeeren und Äpfeln und sogar im römischen Kamilleöl. Außerdem haben die Rosenketone einen bedeutenden Einfluß auf das Aroma des Burley Tabaks. Ein Spurengemisch aus Rosenoxyd und Rosenketonen trägt auch zum Bouquet verschiedener Weinsorten bei.

Diese neuen Erkenntnisse über die chemische Zusammensetzung des Rosenöls haben seit den 70er Jahren nicht nur der strukturell orientierten Riechstoffchemie neue und entscheidende Impulse verliehen, sondern riefen auch sofort die besten Parfümeure auf den Plan, die nun ihre Kreativität an den neuen Ingredienzien unter Beweis stellen konnten. Diese Entwicklung hat sich in drei verschiedenen Richtungen manifestiert. Einerseits war man bestrebt, synthetische Kopien nach dem natürlichen Vorbild anzufertigen, da das Thema Rose in der modernen Parfümerie einen hohen Stellenwert besitzt. Damit sollte das kostbare Naturprodukt teils ersetzt oder sein Anwendungsbereich auf bisher vernachlässigte Segmente mit erschwinglichen Rekonstitutionen ausgedehnt werden. Andererseits versuchte man, die chemisch reinen Stoffe als kompositorisches Element zu verwenden, um bisher unbekannte Effekte und damit Parfüms mit neuer Geruchsrichtung kreieren zu können. Und drittens benutzten die Chemiker die neuen Verbindungen als Strukturmodelle, deren synthetische Abwandlung zu bis dahin nicht erkannten Riechstoffen führen sollte. Alle hier aufgeführten Ziele sind in der Zwischenzeit erreicht worden, ohne daß die Entwicklung auf diesem Gebiet auch nur annähernd abgeschlossen ist.

Bulgarisches Rosenöl oder das ätherische Öl aus «Rose de Mai» sind Grundingredienzien zum Aufbau schwerer Blütennoten. Erinnert sei an die Rosen-Klassiker *Rose Jacqueminot* von Coty aus dem Jahre 1904 oder *Rose d'Orsay* von 1908. In moderneren Kreationen enthält *Joy* von Jean Patou (1935) allein 5% Rose absolue neben 18% Jasminöl. *Nahema* (Guerlain 1979) und *Nocturnes* (Caron 1981) sind jüngere Beispiele, in denen sich ein neuer Rosentrend durchgesetzt hat. Mit dem ausgeprägten Rosenduft in seinem Parfüm *Paris* wollte Yves Saint Laurent 1983 eine Liebeserklärung an die Metropole der Wohlgerüche aussprechen.

Der Einsatz der synthetisch erzeugten Rosen-Riechstoffe hat der modernen Parfümerie eine neue Dimension eröffnet. Kurz nachdem es möglich war, Rosenoxyd in größerem Maßstab herzustellen, fand es Ende der 60er Jahre seinen Einsatz in *Norell* (Revlon 1969), gefolgt von den bis heute erfolgreichen Kreationen *Rive Gauche* (Yves Saint Laurent 1971) oder Métal (Paco Rabanne 1979) bis hin zu *Passion* von Elizabeth Taylor (1987). Rosenoxyd findet sich auch in der Herrenparfümerie. *Drakkar Noir* (Guy Laroche 1982) sei dafür als Beispiel genannt.

Synthetische Beziehungen zwischen Struktur und Geruch haben neue Geruchstonalitäten geschaffen. Als Beispiel sei hier das sogenannte Hydroxy-Rosenoxyd zitiert, das den Duft der Maiglöckchen wiedergibt. Bedeutung und wirtschaftlicher Nutzen, der von der Produktpalette Rosenoxyd ausgeht, ist enorm, wenn man bedenkt, daß dessen Produktion 1992 fünfzig Tonnen überschreiten wird.

Einen noch größeren Aufschwung hat die Parfümerie durch die Entdeckung der Rosenketone zu verzeichnen. Nachdem die Schwierigkeiten ihrer synthetischen Herstellung in zehnjähriger intensiver Forschungsarbeit überwunden werden konnten, war der Weg frei zur Erzeugung völlig neuer Duftnuancen. Diese konnten nicht zuletzt durch eine drastische Konzentrationssteigerung der im Rosenöl enthaltenen Rosenketone bis auf das Tausendfache erreicht werden. Eher zaghaft begann ihr Einsatz in *Nahema* (Guerlain 1979) und zunächst ausschließlich im Zusammenhang mit dem Thema Rose. Die erste bedeutende Steigerung erreichten die Rosenketone in *Poison* (Dior 1985); sie drückten diesem Parfüm durch bisher unbekannte Akkorde ihren Stempel auf und machten es damit zum Trendsetter. Größere Harmonie erreichte man damit in *Panthère* (Cartier 1987) und *Quelques Fleurs L'Original* (Houbigant 1986). In *Laguna* von Salvador Dali ist ein Gemisch aus α- und β-Damascon in der relativ hohen Konzentration von 0,2% enthalten.

Explosionsartig dehnten sich die Konzentrationen dieser neuen Riechstoffklasse in der Herrenparfümerie aus. Angefangen bei *Drakkar Noir* (Guy Laroche 1982) über *Explosive* (Etienne Aigner 1986), *Hugo Boss* (1986) und *Cool Water* (Davidoff 1988) bis zu *Aceur* (Azzaro 1989) und *Régine* (1989), die eine Megakonzentration von bis zu 1,5% aufweisen.

Die Rose spielte im Altertum nicht nur eine bedeutende Rolle als Dekorationsmittel bei Banketten und kultischen Handlungen, sondern auch in verschiedenen Zubereitungen als Arzneimittel. Man kannte Rosensalbe auf Olivenöl-Basis, Rosenwein, Rosenessig und Rosenhonig. Letzterer entstand nach Hippokrates durch Versetzen von Honig mit Rosensaft, nachdem man dieses Gemisch vierzig Tage der Sonne ausgesetzt hatte. Rosensalbe setzte Plutarch zur Bekämpfung von Trunkenheit und gegen Kopfschmerzen ein. «Sie kommt den Kranken zu Hilfe und schützt selbst die Toten», sagte Pseudo-Anakreon. Rosenwein ist nach Dioskurides gut für die Verdauung und ein unfehlbares Heilmittel gegen Durchfall. Theophrastos empfiehlt ihn gegen Kopfschmerzen, die durch übermäßige Parfümverschwendung hervorgerufen werden. Es waren auch Kombinationspräparate bekannt, denen Lilien-, Narzissen- und Irissalbe zugemischt waren. Diese sollten zur Bekämpfung von Schmerzen aller Art eingesetzt werden. Ebenfalls waren Rosenpastillen sehr beliebt, die darüber hinaus irdische Narde und Myrrhe, manchmal auch Kostus, Iris und mit Honig gesüßten Wein aus Chios enthielten. In der Medizin der Araber spielten Rosenzubereitungen eine bedeutende Rolle, was wir unter anderem von Avicenna wissen. Vorreiter für Europa bildete die Schule von Palermo (12. Jh.), der wir die Erfindung des heute noch gebräuchlichen Rosensirups verdanken. Ihre Ärzte setzten dieses Mittel gegen Fieber, Schnupfen und Kopfschmerzen ein und priesen es besonders als Schutz vor Magen- und Gallenleiden. Jenseits der Alpen wurden Rosenpräparate in breiter Palette von der heiligen Hildegard von Bingen (12. Jh.) und Emilius Macer empfohlen, später dann in die einschlägigen Pharmakopöen aller westlichen Länder aufgenommen. Rosenwasser kam bereits im 10. Jh. nach Europa und wurde gegen Erbrechen und Durchfall verordnet. Durch Mischen mit einem Absud aus Mastix und Gewürznelken konnte die Wirksamkeit des Rosenwassers noch gesteigert werden.

Seit dem 13. Jh. spielt Rosenwasser in der europäischen Küche eine erhebliche Rolle, besonders zum Würzen von Saucen, Suppen oder Ragout. Marzipan und andere Konditorwaren sowie gewisse Nachspeisen werden heute noch damit zubereitet. Bei alkoholischen Getränken dient es als Zusatz zu gewissen Kräuterlikören. Unter Rossolio kommt ein dunkelroter Rosenlikör in den Handel, der mit dem natürlichen Farbstoff Karmin aus getrockneten Weibchen einer Schildlaus (Cochenille) gefärbt wird.

Das Veilchen

In einem Gedicht aus dem Jahre 1774 stilisierte Goethe die Blume zu einem Sinnbild für Bescheidenheit und Treue, die zu aufopfernder Liebe fähig ist. Ähnlich sah der persische Dichter Hafis, von Goethe hoch verehrt, das Veilchen in der Nachbarschaft der Königin der Blumen [321]: «Jetzt, da die Rose aus dem Nichts ins Dasein tritt, zum Schmuck der Auen, in Demut kaum das Veilchen wagt zur Herrlichen emporzuschauen.»

Griechen und Römer liebten den Veilchenduft gleichermaßen. Es war das weiße Veilchen mit seinem mannigfaltigen Symbolcharakter, das besonders die Gärten von Athen zierte. Zu Kränzen geflochten, die im Altertum die Funktion unserer Blumensträuße innehatten, trug das Veilchen als dekoratives Element zum Hausschmuck der Hellenen bei. Während die Parfümeure des Altertums seinen Duft in Salben einfingen, wurde man in der Neuzeit erst im vergangenen Jahrhundert auf seine parfümistischen Vorzüge aufmerksam.

Durch Enfleurage entzog man dem oberirdischen Teil des Parma- oder Victoria-Veilchens [322] die Riechstoffe, die sich als ein Gemisch aus 220 verschiedenen chemischen Verbindungen herausstellten [323]. Die meisten unter ihnen erwiesen sich als flüchtige Stoffwechselprodukte von höhermolekularen ungesättigten Fettsäuren. Der ausgeprägte Blättergeruch des ätherischen Öls wird von dem sogenannten Blätteralkohol erzeugt, der aus einer ungesättigten Kette mit sechs Kohlenstoffatomen besteht. Den entscheidenden olfaktorischen Beitrag allerdings leistet der zweifach ungesättigte und um drei Kohlenstoffatome längere Veilchenblätteralkohol, der neben seinem Aldehyd für den blumigen Charakter des Öls verantwortlich ist. Letzterer gehört auch zum geruchsaktiven Prinzip frisch geschnittener Gurken. Die typische Veilchennote stammt aus den Blüten [324] und ist einer Gruppe chemischer Verbindungen zuzuschreiben, die man als Jonone bezeichnet. Sie stammen ebenso wie die mit ihnen verwandten Rosenketone biogenetisch von Vitamin-A ähnlichen Vorstufen der Karotinoide ab. Im wesentlichen handelt es sich um die isomeren

Ketone α- und β-Jonon, die lange vor ihrem Nachweis in der Natur synthetisch hergestellt wurden. Ihre Entdeckung verdanken sie einem wissenschaftlichen Irrtum aus dem Jahre 1893, indem die deutschen Forscher Ferdinand Tiemann und Paul Krüger glaubten, das riechende Prinzip des Irisöls, nämlich die sogenanten Irone hergestellt zu haben. Wie sich 50 Jahre später herausstellte, sind die geruchlich und strukturell verwandten Irone Methyl-homologe Derivate der Jonone.

Irisöl wird aus den Rhizomen [325] einer Schwertlilienart [326] gewonnen, welcher auch der Krokus und die Gladiolen angehören und deren oberirdischer Habitus uns in so bewegender Weise in den Bildern von van Gogh begegnet. Der Name stammt von der griechischen Göttin des Regenbogens Iris ab.

Besondere Pflege der Irispflanzungen, Dauer der Lagerung der Wurzelknollen sowie ihre komplizierte Verarbeitung machen Irisöl zu einem der teuersten Ingredienzien der Parfümerie [327].

Im Gegensatz zur Parfümerie des 18. Jh. geht die «Moderne» etwas sparsamer mit dem Veilchenduft um. Natürliches Veilchenblätteröl wurde erstmals 1892 mit synthetisch hergestellten Jononen im berühmten *Vera Violetta* von Roger & Gallet in artistischer Weise vereinigt.

Beispiele für den Einsatz von Irisöl sind *Après l'Ondée* (Guerlain 1906), *L'Aimant* (Coty 1927) oder *Iris gris* (Jacques Fath). Man findet das kostbare ätherische Öl aber auch noch in Kreationen neueren Datums wie etwa *Chanel 19* (1971) oder *Silence* (Jacomo 1979).

α- und β-Jonon ebenso wie einige homologe Verbindungen, einschließlich α-, β- und γ-Iron sind hoch geschätzte synthetische Bausteine in modernen Kreationen, wobei dem Einsatz der Irone aus Kostengründen Grenzen gesetzt sind [328].

Safran macht den Kuchen geel

Diese altdeutsche Kinderweisheit wird auch im Altertum gegolten haben. Safran zählte damals zu den teuersten, aber beliebtesten Farbstoffen, Gewürzen für Speisen und Getränke, Parfüms und Heilmitteln. Safrangefärbte Gewänder durfte am Hofe des Gilgamesch nur der Hofadel tragen. Sie gehörten auch zur typischen Tracht der Perserkönige, und die ältesten griechischen Mythen erwähnten sie als Schmuck für Götter und Helden. Vielen Gestalten der neueren griechischen Literatur wurde das gleiche Privileg zuteil. Iphigenie in Aulis wird so von Aischylos gesehen, und auch Euripides oder Vergil kleiden damit ihre Antigone bzw. Helena. Zu Zeiten der Profanisierung bemächtigten sich die Luxus-Hetären Athens der gold-gelben Safranfarbe und machten sie zu ihrem Kennzeichen. Bei den Römern galt Safran zur Kaiserzeit als Luxusartikel. Zu einem pomadenartigen Parfüm verarbeitet, nannte man es *crocinum*. Nach Plinius aromatisierte man damit Speisen und Wein, während die Römerinnen Safran als Haarpuder benutzten [329].

Europa lernte Safran durch die Kreuzritter kennen. Die ehrenwerte Kaufmannsgilde nahm im Mittelalter den Namen des kostbaren Handelsartikels an, nämlich «Zunft zum Safran», deren schöne Zunfthäuser heute noch in Zürich und Basel als Eßlokale existieren. Verlockende Fälschungen von Safran wurden damals mit drakonischen Strafen geahndet. So wurde ein Betrüger 1456 im aargauischen Zofingen sogar verbrannt. 1551 erließ der Augsburger Reichstag ein für das Heilige Römische Reich Deutscher Nation gültiges Gesetz gegen «geschmierten Safran».

In der modernen Küche spielt Safran wieder eine bedeutende Rolle. Echter Mailänder Risotto, valencianische Paella oder die Bouillabaisse aus Marseille sind nur einige bekannte Beispiele dafür.

Safran [330], dessen Ursprungsgebiet in Persien und Nordwestindien liegt, gehört wie die Schwertlilie zur Familie der Iridaceae. Geerntet werden im Spätherbst die tief orangenfarbigen Narben der purpurfarbenen Krokusblüten [331], wovon meist vierzig auf einem Quadratmeter stehen. Etwa 200000 Narben liefern 1kg Safran. 80% der gegenwärtigen Welternte von 5500kg stammen aus der Heimat von Don Quijote und seinem Knappen Sancho Pansa, südlich von Madrid, wo der Stoff als «Gold der Mancha» apostrophiert wird. Diese Gegend verdankt ihren Reichtum den Arabern, welche die Krokusart im 8.Jh. nach der Eroberung der Iberischen Halbinsel dort kultiviert hatten. Einen Gegenwert von 1600DM bringt ein Kilogramm Safran ein, wofür ein flinker «Rupfer» zehn Tage benötigt. Die einzigen Safranäcker in der Schweiz liegen im Oberwallis, wo 1990 im Dorf Mund auf 7000m^2

eine Rekordernte von 2,5 kg eingebracht wurde. Das Bergdorf ist bekannt für seinen Safranreis und das Safranbrot [332].

Die frisch geernteten Blütennarben sind geruchlos. Erst nach kurzem Rösten und Pulverisieren erhalten sie die typischen Geruchs- und Geschmackseigenschaften. Bei diesem Vorgang, den Richard Kuhn und seine Heidelberger Schule 1934 analysieren konnten, zerfällt der rot-gelbe Karotin-Farbstoff Protocrocin durch oxydativen Abbau zunächst in den Bitterstoff Pikrocrocin (Safranbitter), der sich anschließend in den Aromastoff Safranal und d-Glukose spaltet. Es bestehen demnach im Safran enge chemische Beziehungen zwischen Farbstoff, Geschmackstoff und Riechstoff.

Safran selbst spielt in der modernen Parfümerie außer als natürlicher Farbstoff kosmetischer Präparate keine Rolle mehr. Doch wird sein riechendes Prinzip, das monoterpenoide Aldehyd Safranal, seitdem es vor wenigen Jahren synthetisch zugänglich geworden ist, als Spurenstoff in neuen Blütenkreationen verwendet. Das extrem stark riechende Safranal, das in einer Verdünnung von 0,5% den kräftigen Safrangeruch entwickelt, besitzt einen ähnlichen Effekt wie die Rosenketone. Allerdings entfaltet sich sein Duft in der Kopfnote eines Parfüms und nicht wie Damascon als Basiston. Der vom Safranal abgeleitete Ester Äthylsafranat besitzt gewisse Noten der Rosenketone und steigert bei einer Komposition Tiefe und Natürlichkeit.

DRITTER TEIL

Ex Oriente Lux

Arabia Felix

Der Verfall des weströmischen Reiches um 450 n. Chr. brachte eine Zäsur in die Duftkultur der damaligen zivilisierten Welt. Das Abendland versank in einen kulturellen Dämmerschlaf, aus dem es erst während des Mittelalters langsam erwachte. Aus dem oströmischen Reich entwickelte sich das byzantinische Reich (ca. 330–1453), und seine Hochkultur erfuhr durch den Islam wichtige Impulse. Aber bereits lange vor Mohammeds (570–632) Erscheinen gehörte das Ursprungsland der Araber zu den bedeutendsten Duftstofflieferanten der antiken Welt. Als Keimzelle der arabischen Kultur gilt nämlich das heutige Territorium des Jemen, ein Land, das vor etwa 2700 Jahren die legendäre Königin von Saba regiert haben soll. Aromastoffen verdanken die auf der arabischen Halbinsel gelegenen antiken Königreiche ihre tausendjährige Blütezeit, die um 800 v. Chr. einsetzte. Anbau und Produktion von Myrrhe und Weihrauch waren wohlgehütete Staatsgeheimnisse, die weder den Griechen noch den Römern bekannt waren. Eine Verschleierungstaktik sollte Neugierigen den Einblick in das Handelsmonopol vernebeln. Herodot berichtet nämlich, daß die Weihrauchhaine von geflügelten Schlangen und einer elitären Garde bewacht würden. Ihren Mitgliedern war es sowohl verboten, eine Frau zu berühren als auch einen Leichenzug zu betrachten. Nach einem ausgeklügelten Kontrollsystem wurden die Schätze des Orients auf der Weihrauchstraße von Dhofar im heutigen Sultanat Oman bis nach Gaza am Mittelmeer transportiert. Von Plinius d. Ä. werden wir in den Ablauf der Geschäfte, die hauptsächlich von den Minäern ausgeführt wurden, eingeweiht: «Der gesammelte Weihrauch wird auf Kamelen nach Sabota (Schabwa) gebracht und durch ein einziges Tor eingelassen, denn die Könige haben es zum Kapitalverbrechen erklärt, wenn Kamele dergestalt beladen vom Hauptweg abweichen. In Sabota empfangen die Priester für den Gott, den sie Sabin nennen, den zehnten Teil, und zwar dem Maße, nicht dem Gewicht nach; und bevor dies geschehen ist, darf der Weihrauch nicht auf den Markt gebracht werden. Mit diesem Zehnten wird eine öffentliche Ausgabe bestritten, denn an einer bestimmten Anzahl von Tagen lädt der Gott huldvoll Gäste zu einem Bankett. Der Weihrauch kann nicht anders als durch das Land der Gebbanitae (Qatabaner) ausgeführt werden. Daher wird auch an deren König Zoll erlegt. Ihre Hauptstadt ist Thomna (Timna), das 1487½ Meilen entfernt von der Stadt Gaza an der Mittelmeerküste liegt; die Reise wird in 65 Etappen aufgeteilt, damit die Kamele rasten können.» [333]

Das Handelsmonopol der südarabischen Stadtstaaten beschränkte sich nicht nur auf aromatische Harze, sondern sie traten auch als Zwischenhändler für Seide, Gewürze, Sandelholz, Moschus, Ambra und Zibet auf. Lange vor den Römern konnten sie sich nämlich durch genaue Kenntnis der Monsunwinde die Seewege nach China, Indien und Afrika erschließen. Dadurch entstand der Mythos des unermeßlichen Reichtums von «Arabia Felix», der Invasoren immer wieder anreizte, die südarabische Halbinsel in Besitz zu nehmen. Alexander der Große, auf der Suche nach Setzlingen für aromatische Pflanzen, begnügte sich mit einer von Anaxicrates ausgeführten Expedition ins Weihrauchland. Die kampferprobten Truppen von Kaiser Augustus mußten unter Aemilius Gallus im Jahre 24 n. Chr. nach vergeblicher Belagerung der Hauptstadt Marib, einem der Umschlagplätze an der Weihrauchstraße, wieder abziehen, nicht ohne vorher den lebenswichtigen Staudamm des 700 Jahre alten, ausgeklügelten Bewässerunssystems zerstört zu haben. Doch konnte durch seinen schnellen Wiederaufbau verhindert werden, daß den Sabäern die Existenzgrundlage völlig entzogen wurde. Dies geschah erst 600 Jahre später, ironischerweise bedingt durch den wirtschaftlichen Niedergang Roms, ihres Haupthandelspartners für Aromatica.

Bei den Religionen der Antike nahm der «Geruch der Heiligkeit» eine rein mythologische oder symbolische Dimension von transzendentaler Bedeutung an. Doch wenn auch der Gebrauch von Weihrauch schon frühzeitig in den jüdischen und christlichen Kultus eingegangen ist, so geht man bei diesen beiden sich in Askese übenden Religionsgemeinschaften mit Wohlgerüchen sparsam um. Der Prophet des Islams aber stellt sich ganz auf irdische Sinnesfreuden ein, indem er verkündet: «Drei Dinge von eurer diesseitigen Welt wurden mir lieb: Frauen, Parfüm und als Augentrost das Gebet.» Der islamische Mystiker Ibn Arabi erklärt diesen Ausspruch Mohammeds mit den Worten: «Was die wahre Bedeutung des Wortes Parfüm und seine Nennung gleich nach den Frauen angeht, so beruht dies darauf, daß zu den Frauen der Wohlgeruch der göttlichen Schöpfung gehört»; er begründet seinen Kommentar mit dem arabischen Sprichwort: «Die Umarmung der Geliebten ist das beste Parfüm» [334]. Bezeichnenderweise ist bei den Moslems mit Wohlgeruch nicht nur der Weihrauch gemeint, sondern auch der vom Propheten bevorzugte sinnlich-animalische Geruch des Moschus. Um ihre Wirkung ständig auf die Gläubigen zu übertragen, wurde dieser tierische Stoff beim Bau von Moscheen dem Mörtel zugesetzt [335]. So ist es nicht verwunderlich, daß sich die reiche arabische Lyrik häufig mit diesem Stoff beschäftigt hat. Masudi rechnet Moschus zu den fünf geschätztesten Parfüms der arabischen Welt.

Bei der Eroberung von Madein, der Königsstadt der Sassaniden, erbeuteten die Araber im Jahre 636 große Mengen von Moschus, Ambra, Sandelholz und allerlei Gewürzen und Parfüms des Morgenlandes. Darunter befand sich auch eine ganze Schiffsladung Kampfer, den sie wegen seines kristallinen Aggregatzustandes als Salz ansahen [336]. Diesem Irrtum unterlagen die Gebildeten nicht, denn der arabische Dichter Amrulkais hatte bereits am Anfang des 6.Jh. im Hadhramaut über seine Bekanntschaft mit diesem Riechstoff der Chinesen berichtet. Eine besondere Wertschätzung genießt dieser Stoff auch im Koran, nach welchem die Gerechten im Paradies eine Kampferquelle (*kâfûr*) antreffen werden, an der sie sich laben können [337]. Die Medizinschule von Salerno hatte in der Tradition griechischer und arabischer Ärzte den Kampfer in die *Materia Medica* des Abendlandes eingeführt, so daß er in der mittelalterlichen Apothekerkunst einen bevorzugten Platz einnahm und heute noch in allen Pharmokopöen anzutreffen ist.

Alle Weltreligionen kennen die Vorstellung von einer Nachwelt voller Wonne und Wohlgeruch. Im ägyptischen Eru-Gefilde, dem Elysium der Griechen, im Paradies der jüdischen, christlichen und islamischen Glaubenslehren erfreuen sich die Seligen an dem unbeschreiblichen Duft, der sich von aromatischen Bäumen und Blumen durch sanfte Winde ausbreitet. Vom heißen Erdendasein wechseln die indischen Buddhisten nach dem Tode in die duftende Berge (*gandhamadana*). Bei den Persern ist das Paradies, in das die Gerechten nach ihrem Tode voller Freude und Seligkeit eingehen, duftend und wonnevoll und wohlriechender als alle Winde der Erde. Im *Djennet Firdous*, dem islamischen Paradiesgarten, kann man sich nach den im Koran niedergelegten Offenbarungen Mohammeds durch einen Trunk an der Quelle Al Cawthar erfrischen, deren Wasser weißer als Milch und wohlriechender als Moschus sind. Die Erde im «Siebenten Himmel» besteht aus reinem Weizenmehl vermischt mit Moschus und Safran [384]. Mit Moschus ist auch der heilige Wein des Gerechten versiegelt [338]. Beim Einzug ins Paradies begleiten den Seligen schwarzäugige Huris von unbeschreiblicher Vollkommenheit, die aus reinem Moschus erschaffen sind und dabei parfümierte Tücher schwenken (Firdausî 939–1020).

Die unwiderstehliche Vorliebe der Araber für feine Düfte wurde nuancenreich in den *Märchen aus Tausendundeiner Nacht* erzählt, in denen nach Hugo von Hofmannsthal «die kühnste Geistigkeit und die vollkommenste Sinnlichkeit in eins verwoben» ist [339]. In der «Geschichte der Jungfrau, Stellvertreterin der Vögel» berichtet Scheherezade über den Gesang der Blumen; sie beginnt mit der arabischen Lieblingsblüte, der Rose, deren Vorzüge besonders darin bestehen, daß sie bei Liebenden unbewußte Emotionen erzeugt. Aber die Rose beklagt sich auch über die schreckliche Hand des Menschen: «Sie pflückten mich aus der Mitte meines Blütenkleides, um mich in der Retorte gefangenzuhalten. Dann wird mein Körper verflüssigt und mein Herz verbrannt; meine Haut ist zerrissen, und meine Kraft schwindet; meine Tränen rinnen, und niemand hat Mitleid mit mir.» Der Jasmin spricht: «Haltet ein, euch zu grämen, alle die ihr euch mir nähert, denn ich bin der Jasmin. Ich bin direkt aus dem Busen der Gottheit geboren, und ich ruhe mich auf der Brust der Frauen aus. Meine Farbe bezeugt den Kampfer, o Herr, und mein Duft ist die Mutter der Lüfte. Mein Name Yâs-mîn gibt ein Rätsel auf, dessen eigentlicher Sinn dem Unerfahrenen des geistigen Lebens nur gefallen kann: Es setzt sich aus zwei verschiedenen Wörtern zusammen, Verzweiflung und Irrtum. Ich bedeute also, in meiner stummen Sprache, daß die Verzweiflung ein Irrtum ist.» Die Narzisse wiederum sagt von sich: «Ich bin niemals geizig mit meinem Parfüm für denjenigen, der es wahrnehmen möchte, und ich lehne mich niemals gegen die Hand auf, die mich pflückt.» «Ich bin mit dem Mantel eines grünen Blattes und einem lasurblauen Ehrenkleid bekleidet», entgegnet das Veilchen, «und ich bin ganz klein und von lieblichem Aussehen. Soll die Rose sich der Stolz des Morgens nennen, ich bin sein Geheimnis. Frisch, erfreue ich die Menschen mit der Süße meines Parfüms, dem Charme meiner Blume, trocken gebe ich ihnen ihre Gesundheit zurück.» Die weiße Levkoje verbirgt ihre weiblichen Reize, denn sie ist geruchlos. Die gelbe hingegen verbreitet durch ihren verführerischen Moschusgeruch Sinnenlust. «Ach, ich liebe die Dunkelheit, welche die Liebenden für ihr Stelldichein wählen», spricht die blaue Levkoje: «Ich liebe die Nacht, die mir erlaubt, dem Wind meine parfümierten Klagen zu überlassen, die Schleier abzulegen, die meine Nacktheit verbergen und meinen nicht duftenden Schwestern die Huldigung meines Weihrauchs darzubringen.» «Meine frischen und zarten Blätter kündigen euch meine seltenen Qualitäten an», berichtet das Basilikumkraut, «meine Brust enthält ein köstliches Parfüm, das bis zum Grund der Herzen vordringt. Ich bin den Auserwählten im Paradies versprochen.» Die Kamille meint: «Man kann die Differenz meiner beiden Farben mit den Versen des Korans vergleichen, von denen die einen hell, die anderen dunkel sind.» «Oh, wie glücklich bin ich, nicht zu den unzähligen Blumen zu gehören, die die Treibhäuser schmücken», räsoniert die Lavendelblüte, «ich bin wild. Frei, ich bin frei! Aber wenn du in den arabischen Najd kommst, wirst du mich finden. Der bittere Absinth ist meine Schwester der Einsamkeit. Ich bin die Vielgeliebte der Eremiten und der Meditierenden. Und ich habe Agar getröstet und Ismael geheilt. Mein frischer und aromatischer Geruch beduftet den einsamen Beduinen, und mein tugendhafter Hauch erfreut den Geruchssinn derjenigen, die sich neben mir ausruhen.» Das Lied der Blüten endet mit dem klagenden Gesang der unglücklichen Anemone. Damit hat sich Hofmannsthals Hymne auf die Wohlgerüche in den

Märchen nicht erschöpft, sondern wir begegnen allen Lieblingsdüften der orientalischen Welt zu einem Gleichnis verwoben, «(...) das dazu dienen soll, das Sinnliche noch sinnlicher, das Lebhafte noch lebhafter zu machen» [339].

Von allen bekannten Blütendüften Arabiens wird demjenigen der Rose in der islamischen Welt ein Ehrenplatz eingeräumt. Sie war zu allen Zeiten eine mächtige Quelle der Inspiration für Poeten, Philosophen und Mystiker. «Der Duft einer Rose macht dich sprachlos und weiht dich in alles ein» [340], besagt ein persisches Sprichwort. Oder: «Nimm eine Rose, Herr, aus meiner Hand, die dir an Moschus die Erinnerung weckt» [341], erfahren wir aus der Märchensammlung *Tausendundeine Nacht.* Der bedeutendste epische Dichter der Perser, Firdausî (939–1020) vergleicht das Gesicht seiner Freundin mit einer zarten Rose, ihren Mund mit einer Rosenknospe. Er besingt ihre rosenfarbigen Wangen und ihre Brüste als weiße Rosen [342]. Im *Gulistan* (*Rosengarten*) meditiert der volkstümliche persische Dichter Saadi (1189–1291) in blumenreicher Sprache über Leben und Treiben seiner Zeit. Die verzaubernden Rosengärten seiner Heimatstadt Schiras inspirierten ihn zu einem Liebeslied [343]:

Das sehnsuchtsvolle Herz ging durch des Gartens Pracht;
Von Blumenduft ward's außer sich gebracht.
Die Nachtigall rief dort, die Rose winkte hier,
Da fielest du mir ein, und sie entfielen mir,
Dein Bild im Herzen und dein Siegel auf dem Mund,
Dein Rausch im Haupt, dein Duft geheim im Seelengrund.

Rumi sieht das anders: «Um Gotteswillen sprich nicht von der holden Rose! Sprich von der Nachtigall, getrennt von ihrer Rose» [344]. In den zur Weltliteratur zählenden *Vogelgesprächen* des iranischen Parfümhändlers Attar (1150–1230) (arab. auch für Rosenöl), die als Gegenstück zu den *Märchen aus Tausendundeine Nacht* angesehen werden [345], verliebt sich die Nachtigall in die Rose: «Wenn ich von meiner geliebten Rose getrennt bin, bin ich untröstlich, höre auf zu singen und verrate meine Geheimnisse niemandem.» Der Wiedehopf dagegen warnt [346]: «Die Liebe der Rose hat viele Dornen, sie hat dich verwirrt und beherrscht. Die

Rose ist schön, doch ihre Pracht vergeht rasch. Wer nach Selbstvervollkommnung strebt, sollte nicht zum Sklaven einer so vergänglichen Liebe werden. Wenn das Lächeln der Rose deine Begierde weckt, wird es deine Tage und Nächte mit Klagen erfüllen. Entsage der Rose, und erröte; denn sie lacht jedes Frühjahr über dich, und dann lächelt sie nicht mehr.» In dem Epilog kommentiert der heitere Mystiker sein Werk: «O Attar! Du hast den Inhalt des Moschusgefäßes der Geheimnisse über der Welt ausgeschüttet. Die Horizonte der Welt sind voll von deinen Düften, und du hast Unruhe unter den Liebenden gestiftet.» Unbescheiden fügt er hinzu: «Wer den Duft meiner Rede nicht gerochen hat, der hat den Weg der Liebenden noch nicht gefunden» [346]. Der mit seinem *Diwan* hervorgetretene ekstatische Dichter Dschelal ud-Din Rumi sagt von seinem Zeitgenossen: «Attar ist die Seele selbst. Er hat die sieben Städte der Liebe durchforscht, während wir erst bei einer einzigen Straße angelangt sind» [345].

In der persischen Literatur wird die Nachtigall als uneingeschränkte Bewunderin, Freundin und Liebhaberin der Rose angesehen, für die sie sich verzehrt. Diese Fiktion ihrer wechselseitigen Liebe gehört zu den ältesten Mythen dieser Region. Beide werden allegorisch als die Begleiter des Frühlings und der ungestümen Jugendzeit sowie der Lebensfreude ganz allgemein gefeiert und symbolisieren strahlende Schönheit und Anmut. Die Mythen sind so alt wie die legendären Rosengärten von Schiras und Ispahan und wesentlich älter als die persische Poesie des ersten Jahrtausends nach Christus. «Rose und Nachtigall nehmen den Platz ein von Apoll und Daphne», sagt Goethe in den *Noten und Abhandlungen zum West-östlichen Divan*.

Schließlich müssen wir uns dem heute noch hoch geschätzten Lyriker aus Schiras, Hafis (1327–1390) zuwenden, der seine erotischen Verse mit bacchantischen Elementen der Duft- und Blumensprache würzte: «Im Tulpenmonat greife zum Glas, tu's unverstellt! Im Rosenduft ein Weilchen dem Zephir sei gesellt!» An anderer Stelle: «Wie bluteten erwartungsbang die Herzen bei den Moschusdüften, vom Ostwind aus der Liebsten Haar uns hergeweht als holde Kunde» [321]. Goethe hat dem persischen Dichter in seinem *West-östlichen Divan* ein literarisches Denkmal gesetzt [347]:

Will in Bädern und in Schenken,
Heilger Hafis, dein gedenken;
Wenn den Schleier Liebchen lüftet,
Schüttelnd Ambralocken düftet.
Ja des Dichters Liebesflüstern
Mache selbst die Huris lüstern.

Und an Suleika:

Dir mit Wohlgeruch zu kosen,
Deine Freuden zu erhöhn,
Knospend müssen tausend Rosen
Erst in Gluten untergehn.

Auf dem Kenntnisstand der Ägypter und Griechen aufbauend, entwickelten die Araber Wissenschaft und Technologie zu einem bis dahin nicht gekannten Höchststand. An die Stelle der Naturphilosophie der Antike setzten sie erstmals die Experimentierkunst, woraus die Naturwissenschaften einen besonderen Nutzen zogen. So gelangte die von den Ägyptern begründete Alchimie unter dem Islam zu neuer Blüte. Mit der Erfindung einer neuen Destillationstechnik – der Sublimation –, bisher unbekannter Extraktionsmethoden – der Filtration – und mit der Herstellung von feuerfesten Glaswaren waren die Voraussetzungen für die Entwicklung effizienter Trennmethoden geschaffen, was zur Herstellung von Quecksilber und Arsen aus anorganischen Materialien führte. Erdölfraktionen, die Anreicherung von Äthylalkohol (arab. *al kohol*) aus Wein und die Gewinnung ätherischer Öle aus verschiedenen Pflanzenteilen führten zu qualitativ hochstehenden organisch-chemischen Produkten. Zwar kannten die Inder bereits 4.000 Jahre vor den Arabern primitive Destillationsapparaturen [348], und 200 n..Chr. wurde diese Technik von den Alchimisten Alexandrias [349] praktiziert, doch über ihre systematische Anwendung erfahren wir erstmals von islamischen Ärzten, Apothekern und Chemikern, so etwa in der zweiten Hälfte des 8..Jh. [350] [351] von Geber (arab. Dschabir ibn Haijan) und seinem Zeitgenossen Ar-Razi. Der als Altmeister der indischen Medizin apostrophierte Susruta (etwa 2..Jh.) beschreibt im *Buch des Lebens* (ind. *ayurveda*) Rosen-, Citronell- und Kalmusöl, die durch Destillation gewonnen werden [352].

Die bedeutendste Erfindung dieser Bagdader Schulen ist die Wasserdampfdestillation [65], die zur schonenden Gewinnung ätherischer Öle führte. Rosenöl und Rosenwasser, heute noch nach dem gleichen Prinzip gewonnen, wurden zum großen Exportprodukt der arabischen Welt [353]. Nach Berichten des Historikers Ibn Chaldun (1332–1406) fand Rosenwasser bereits im 8. Jh. seine Verbreitung bis Indien und China [354]. 200 Jahre später hatte sich die Rosenölproduktion bereits bis nach Spanien ausgedehnt [355]. Avicenna, arabisch Ali Ibn-Sina (980–1037), dessen Werk *Canon medicinae* der abendländischen Heilkunde des 12. Jh. die wissenschaftliche Basis lieferte und für ein halbes Jahrtausend das führende Lehrbuch der Medizin in Europa bildete [356], empfahl eine große Anzahl von Naturheilmitteln, wozu die aromatischen Harze wie Weihrauch, Myrrhe, Storax, Galbanum und *Asa foetida* (Teufelsdreck) oder andere bereits von Griechen und Römern bekannte Aromapflanzen wie Wacholder, Kümmel, Minze, Kamille, wilder Majoran und Zimt gehörten. Das Heilmittelrepertoire schloß aber auch Moschus, Ambra und Aloeholz ein. In seinem Erstlingswerk *Abhandlung über die Seele* spricht Avicenna von den fünf äußeren Sinnen Gesichtssinn, Gehör, Geruchs-, Geschmacks- und Tastsinn und setzt sie den vier inneren Sinnen Gemeinsinn, Phantasie, sinnliche Urteilskraft und Gedächtnis gleich [357]. Nach den Vorstellungen von Avicenna und seiner Schule hat das durch Destillation gewonnene ätherische Öl seine ursprüngliche Natur vollständig beibehalten [358].

Die tierische Welt der Riechstoffe

Verdünnung und ausgewogenes Mischungsverhältnis eines Duftstoffes gehören zu den kritischen Größen in der Parfümerie. Konzentrationsänderung bedeutet in den meisten Fällen auch Veränderung der Geruchseigenschaften. Nirgends wird dieser Effekt in so dramatischer Weise beobachtet wie bei den Stoffen, die aus tierischem Material stammen. Frische Moschusdrüsen besitzen einen ammonia- und urinartigen, süßlichen Gestank, der sich in hochverdünnten alkoholischen Auszügen als ein angenehm warm-animalischer Duft manifestiert. Das widerlich süßlich-fäkalisch riechende Drüsensekret der äthiopischen Zibetkatze nimmt mit starker Verdünnung parfümistische Qualitäten hoher Strahlkraft an. Auch Bibergeil verliert seinen scharfen, phenolisch-medizinischen Geruch und macht mit der Verdünnung einer animalisch-lederartigen Tonalität Platz. Ambra als kompakte Substanz dagegen riecht relativ schwach und entwickelt seinen angenehmen Duft erst als 3prozentige alkoholische Tinktur nach einem langen Reifeprozeß.

Muskon und Zibeton, die das riechende Prinzip von Moschus bzw. Zibet darstellen, gehören der gleichen chemischen Verbindungsklasse an, nämlich den von Leopold Ruzicka im Jahre 1926 entdeckten Makrozyklen [359]. Diese Entdeckung bedeutete nicht nur eine Sternstunde der Riechstoffchemie, sondern sie erwies sich auch bahnbrechend für die Entwicklung der organischen Chemie schlechthin, hatte man doch bis dahin die Existenz großer Kohlenstoffringe aus theoretischen Gründen für unmöglich gehalten. Muskon ist nämlich aus einem einzigen Ring mit 15, Zibeton aus 17 Kohlenstoffatomen aufgebaut. Beide Verbindungen gehören zur Gruppe der Ketone, wobei erstere am übernächsten Kohlenstoffatom (3-Stellung) zum Sauerstoff eine Methylgruppe zusätzlich besitzt. Zibeton dagegen enthält eine Doppelbindung gegenüber der Ketongruppe (9-Stellung). Ein Muskon-Derivat ohne Methylgruppe führt zum Moschusriechstoff Exalton, dessen laktonisches Oxydationsprodukt Exaltolid [269] darstellt.

Makrozyklische Ketone werden vorzugsweise in tierischem Material und die um ein Sauerstoffatom reicheren Laktone in pflanzlichen Drogen produziert. So konnte M. Kerschbaum 1927 den Träger des Moschusduftes im Moschuskörneröl [360] als ein Ambrettolid genanntes ungesättigtes Lakton mit 17 Ringgliedern

Moschustier [638] in einem Rhododendronwald des nepalesischen Himalaya.

Moschusdrüsen.

Etikett (Originalgröße) auf Zedernholzkästchen zum Versand der Moschusdrüsen.

identifizieren. Als Geruchsträger des Angelikawurzelöls [379] hat sich ein Gemisch aus Ambrettolid und dem makrozyklischen Lakton Exaltolid erwiesen. Letzteres ist auch für die Moschusnote im Aroma des Orienttabaks verantwortlich. Schließlich geht der Moschuston im Labdanum ebenfalls auf Derivate dieser chemischen Verbindungsklasse zurück.

Die außerordentliche Bedeutung makrozyklischer Riechstoffe für die Parfümerie hat schon bald nach Kenntnis ihrer chemischen Natur zum Versuch geführt, sie synthetisch herzustellen. Exalton brachte man bereits Ende der 20er Jahre auf den Markt, während Exaltolid 1933 erschien. Beide Moschusriechstoffe brachte man allerdings für einen exorbitanten Preis heraus, der für ein Kilogramm fünfstellige Zahlen in Schweizer Franken verlangte [361], so daß man die neuen Stoffe nur in eine elitäre Gruppe von Parfüms inkorporieren konnte. Es bedurfte einer enormen Anstrengung von seiten der Forschung ebenso wie des Auffindens neuer synthetischer Methoden und ausgefeilter Technologien [362], bis die Moschusriechstoffe in bedeutenden Mengen zum Einsatz gelangen konnten. Ein Durchbruch zu echter «Demokratisierung» dieser Riechstoff-Klasse gelang erst fünfzig Jahre nach ihrem Debüt auf dem Markt. Heute hat die Weltjahresproduktion von Exaltolid die Grenze von 100 Tonnen überschritten. Sein Einsatz ist allgegenwärtig, was der modernen Parfümerie einen enormen Impuls gegeben hat.

Bereits vierzig Jahre vor der Strukturaufklärung der natürlich vorkommenden Moschusriechstoffe entdeckte der französische Forscher A. Baur hoch-nitrierte, substituierte Benzol-Derivate mit moschus-ähnlichen Geruchseigenschaften, die in der Folge als Baur-Moschus, Xylol-, Ambrette- und Keton-Moschus auf dem Markt erschienen. Die Chemiker waren fasziniert von dieser Zufallsentdeckung und benutzten den Baur-Moschus als Modell zum empirischen Studium von molekularen Strukturelementen und deren Einfluß auf die Geruchseigenschaften eines Moleküls. An Hunderten von strukturverwandten Verbindungen, die man bis heute synthetisiert hat, konnten die geruchsaktiven Molekülsegmente [363] ermittelt und neuartige Abkömmlinge mit nuancenreichen Geruchseigenschaften entwickelt werden [364]. Computergesteuerte Mustererkennungsanalysen zur Untersuchung qualitativer Struktur-Wirkungs-Beziehungen, die man der umfangreichen Datenbank von Moschusriechstoffen und deren olfaktorisch inaktiven Strukturvarianten verdankt, wird man in Zukunft auf vielen Sektoren der Riechstoffchemie mit dem Ziel der Herstellung «maßgeschneiderter» Geruchsstoffe anwenden können.

Zibet ist das gelbe salbenartige Sekret, das äthiopische Zibetkatzen [365] beiderlei Geschlechts als Sexuallockstoff und zur Markierung ihres Lebensraumes gebrauchen. Für parfümistische Zwecke wird Zibet aus den beiden taschenförmigen Drüsen in der Nähe

Zibetkatze [365].

Büffelhorn als Verpackungsmaterial für Zibet.

der Sexualorgane durch Curettage gewonnen. Alle zehn Tage lassen sich etwa zehn Gramm Sekret gewinnen, das früher in Büffelhörnern gehandelt wurde. In Gefangenschaft lebende Katzen bilden praktisch kein Zibet [366].

Die graue Ambra ist ein pathologisches Stoffwechselprodukt des Pottwals [367]. Sie bildet sich als wachsartige Masse im Magen-Darm-Kanal dieses größten noch lebenden Säugetiers und dient den Tieren als antibiotisch wirksamer Wundverschluß nach mechanischer Verletzung ihrer Schleimhäute durch die scharfen, papageienschnabelartigen Hornkiefer von Tintenfischen, die zu ihrer Lieblingsnahrung zählen. Durch Erbrechen, als Kotstein oder nach dem natürlichen Tod der Tiere gelangt das Konkrement an die Oberfläche der Meere [368], wo es in kleinen Stücken bis zu zehn Kilogramm entweder von Fischern geborgen oder, an Strände gespült, gesammelt wird. Walfangberichten zufolge beherbergen nur etwa ein Prozent der Pottwale graue Ambra, deren Qualität allerdings weit unter derjenigen der gesammelten Stücke liegt. Dafür können Ambraklumpen erlegter Tiere ein beträchtliches Ausmaß annehmen. Der bedeutendste Fund wurde 1953 in der Antarktis gemacht und betrug 421 kg [369].

Ambra war den Küstenbewohnern des Indischen Ozeans mehr als tausend Jahre vor Christus bekannt. Als große Rarität von außergewöhnlich feinem Wohlgeruch und wegen ihres Rufs als Aphrodisiakum hatte die hoch geschätzte Substanz einen enormen Handelswert, so daß sie meistens in den Tresoren orientalischer Potentaten verschwand. Der Besitz von Ambra verhieß stets Reichtum, Macht und Glück. Einer der ersten Berichte über ihre Verwendung in der Parfümerie stammt von den spanischen Mauren; Abul Kasim Obaidallah (gest. 912) berichtet, daß sie den Rohstoff von den Sunda-Inseln importierten. Im 10. Jh. klassierte Ibn Haukal graue Ambra zusammen mit schwarzen Sklaven und Gold als bedeutendste Handelsware des Maghreb. Nach einem Bericht von Leo Africanus aus der ersten Hälfte des 16. Jh. machte der Sultan von Fez einem Berghäuptling folgende Geschenke: 50 männliche und weibliche Sklaven, 16 Zibetkatzen, 1 Pfund Zibet und 1 Pfund graue Ambra. Ambra wurde im alten China nicht nur für medizinische Indikationen eingesetzt, sondern sie fand überdies, wie übrigens auch in Persien und Indien, als Gewürz traditioneller Speisen und Getränke großen Anklang. Der Glaube an ihre erotisierende Wirkung mag auch hierbei den Verwendungszweck gerechtfertigt haben. Das Wort Ambra (arab. *ambar*) wurde bereits mehrfach im *Alten Testament* erwähnt, obwohl der Stoff bei den Juden nicht bekannt war. Es muß vielmehr angenommen

Pottwal [367].

Ambraklumpen.

werden, daß es sich bei dem in der Bibel erwähnten Stoff um erstarrte Harze von Nadelbäumen handelte [370].

Um die Herkunft der grauen Ambra rankten sich viele Vermutungen und Geschichten. So hielt man sie für Vogelexkremente oder erstarrte Baumharze, was ihren seltsamen Namen erklären hilft. Ihr Ursprung sollte auch aus Bitumen-Quellen oder sogar von Pilzen stammen, die man beide nicht unbegründet in den Meeren vermutete. In mythologischer Verklärung erfand man auch Ambra von speienden Seeungeheuern. Die Spekulationen über ihren Ursprung fanden erst im 18. Jh. ein Ende, als Walfänger aus Nantucket in Massachusetts (USA) dem Darm eines männlichen Pottwals einen zehn Kilogramm schweren Ambraklumpen entnehmen konnten.

Graue Ambra bester Qualität sieht silbergrau bis weiß oder gelblich aus und besitzt ein feines, aber sehr komplexes Geruchsprofil. So erkennt man einen exotischen Holzton mit weihrauchartigen Anklängen. Ihr Geruch wird ferner als erdig-kampferartig und warm animalisch beschrieben und auch die Noten Tee, Tabak, Veilchen, Moschus und Meeresduft werden genannt. Für alle diese Geruchsqualitäten hat die chemische Forschung eine molekulare Antwort gefunden. Die meisten Töne davon vereint Ambrox [371] in einem Molekül, das mit dem Duft orientalischer Hölzer, ähnlich dem von Sandelholz, Tabak und Moschus, sowie einem leichten, kampferartigen Celloloid-Ton ausgestattet ist. Ambrinal verkörpert einen äußert feinen, tee- und tabakartigen Ambrageruch. γ-Dihydrojonon und Ambraaldehyd hingegen besitzen eine ausgeprägte Veilchennote, während α-Ambrinol in hoher Konzentration einen penetranten animalisch-fäkalischen Schimmelgeruch wiedergibt, der sich bei hoher Verdünnung in einen angenehmen Meeresduft auflöst.

Das riechende Prinzip der grauen Ambra, zu dem im wesentlichen die fünf hier genannten Verbindungen zählen, machen nur 0,3% des gesamten Duftstoffes aus! 99,7% davon bestehen aus einem Gemisch hochmolekularer und daher geruchloser Sterine und einem Ambrein genannten Triterpenalkohol als Hauptprodukt (60–80%), das dort einmalig in der Natur auftritt. Von diesem Ambrein, das aus zwei verschiedenen cyclischen Molekülteilen aufgebaut ist, stammen alle Ambrariechstoffe ab. In Gegenwart von Sauerstoff und Licht werden die beiden Molekülhälften gespalten, und ihre Einzelteile können sich zu den erwähnten Ambrariechstoffen formieren. Diesen Bedingungen ist die graue Ambra ausgesetzt, wenn sie Jahrzehnte oder sogar Jahrhunderte auf den Weltmeeren verbringt, bis sie an eine Küste gespült wird. Den zeitaufwendigen Reifevorgang konnte man im Reagenzglas innerhalb weniger Stunden simulieren und dabei das geruchlose Ambrein in die Ambrariechstoffe überführen. Allerdings ist dieses Verfahren für die technische Herstellung ungeeignet, da Ambrein als Ausgangsmaterial, selbst wenn es aus minderwertiger Qualität der grauen Ambra stammte, unerschwinglich teuer wäre [372]. Die

Natur selbst kam jedoch dem Chemiker zu Hilfe, da sie in überreichem Maße das aus dem Muskateller Salbei stammende Sclareol darbietet. Zur Überraschung der Forscher war nämlich dieses pflanzliche Diterpen strukturidentisch mit der wichtigsten Hälfte des triterpenoiden Ambreins. Sclareol wurde somit zum wohlfeilen Rohstoff für die Herstellung von AMBROX® und Ambrinal. Da man auch die Synthese von α-Ambrinol und ihre verwandten Riechstoffe auf verschiedenen chemischen Wegen in den Griff bekam, ist eine praktisch vollständige Substitution der grauen Ambra gelungen. Die Forschungsarbeiten über die Inhaltsstoffe der grauen Ambra, die Anfang der 50er Jahre in den Arbeitskreisen von Leopold Ruzicka in Zürich, Edgar Lederer in Paris und Max Stoll in Genf erfolgreich begannen, hatten bedeutende Auswirkungen auf die gesamte Entwicklung der Riechstoffchemie. Ambrariechstoffe dienten nämlich in der Folge als Modellverbindungen und führten durch gezielte synthetische Abwandlung zu neuen Erkenntnissen über chemische Strukturen und ihre Geruchseigenschaften [373].

Alkoholische Auszüge getrockneter Duftdrüsen des kanadischen Bibers [374], unter dem Namen Castoreum oder auch Bibergeil bekannt, werden wegen ihres lederartig-tierischen Geruchs sowie stark fixierender Eigenschaften hoch geschätzt. Mit dem öligwachsigen Exsudat der beiden Kastorsäcke imprägnieren die Nagetiere ihr Fell und markieren das Territorium. Das getrocknete Drüsenpaar wiegt etwa 100 g, und seine Größe ist vom Alter der Tiere abhängig. Da es sich beim Castoreum um ein Nebenprodukt der Pelzjagd handelt, ist der Rohstoff stets zugänglich, sein Preis konstant und relativ niedrig. 70% des Drüsenmaterials liefern die Tinktur, ein Resenoid oder ein Absolue.

Bibergeil wurde von griechischen Ärzten der Spätantike und besonders von den Arabern als Arzneimittel geschätzt. Vom Mittelalter an bis zum Beginn des 20. Jh. war es offizinell und wurde gegen Impotenz, schwere Geburt, Krampf- und Hysteriezustände verwendet. In der Homöopathie ist Castoreum heute noch bekannt.

Einer vollständig anderen chemischen Stoffklasse als die Geruchsstoffe von Moschus und Ambra gehören diejenigen von Castoreum an. Bei der Mehrzahl der aufgefundenen flüchtigen

Kanadischer Biber [374].

Bibergeil (Castoreum).

Inhaltsstoffe handelt es sich im wesentlichen um chemische Verbindungen, die durch die Nahrungsaufnahme des vegetarischen Bibers bestimmt sind [375]. So stammen die alkylsubstituierten Phenole wie z.B. Propylphenol und Äthylguajakol oder Säuren vom Typ der Benzoe-, Zimt- und Salicylsäure ebenso vom Lignin der benagten Hölzer ab wie das Acetophenon und seine Derivate. Dieses Konglomerat von Verbindungen ist für die dominierende lederartige Note von Bibergeil verantwortlich. Eine äußerst intensive Geruchsstärke erreichen die an Nikotin erinnernden basischen Stoffe, obwohl sie nur 0,2% der flüchtigen Bestandteile ausmachen. Unter ihnen befinden sich eine Reihe von Nuphar-Alkaloiden vom Typ des Castoramins, die der Biber aus der gelben Seerose als seiner bevorzugten Nahrung aufnimmt. Eine Reihe weiterer geruchsaktiver Stickstoffverbindungen tragen zur Nuancierung der spezifischen Duftnoten bei, so ein substituiertes Isochinolin-Derivat, das ebenfalls im Burley-Tabak entdeckt wurde, ebenso die Pyrazine, welche man in geröstetem Kaffee oder anderen thermisch behandelten Nahrungsmitteln nachgewiesen hat [376]. Die bisher 60 entdeckten Duftstoffe reichen allerdings noch nicht aus, um eine naturidentische Kopie des Bibergeils auf synthetischem Wege anfertigen zu können.

Der animalische Wohlgeruch in der modernen Parfümerie

Tierische Drogen sind unentbehrliche Rohstoffe zur Komposition hochrangiger Parfüms. Ihr individueller Duft markiert die Basisnote und gibt der gesamten Kreation eine warm-animalische Tonalität. Zusätzlich fungieren Drogenextrakte als ideale Fixateure von großer Strahlkraft. Dank ihrer harmonischen Anpassungsfähigkeit vermittelt diese Riechstoff-Klasse einer Komposition Volumen, sorgt für eine hohe Diffusion der übrigen Ingredienzien und zeichnet für den samtig-weichen Ton verantwortlich.

Tierische Riechstoffe kommen in Kompositionen selten alleine vor, sondern meist in ausgewogenen Kombinationen. Nicht selten bilden Moschus, Zibet, Ambra und Castoreum gemeinsam den Fond wie etwa im moosig ledrigen *Jolie Madame* (Balmain 1953), dem warm erogenen *Sex Appeal, for women* (Jovan 1978) oder dem schwülen Chypre-Parfüm *7e Sens* (Rykiel 1979). Für die Kombination Ambra, Moschus und Zibet seien unter den zahlreichen Kreationen das betont moosig ambrierte *Joker* (Nerval 1978), der feminin-erogene Fond des anspruchsvoll blumigen *First* (Van Cleef & Arpels 1976) oder das warme *Zibeline* (Weil 1928) zitiert. Ambra, Moschus und Castoreum enthalten *Cabochard* (Grès 1958) und *Madame de Carven* (Carven 1979), während *Intimate* (Revlon 1955) von Ambra, Zibet und Castoreum getragen wird. Fast unüberschaubar sind die Zweierkombinationen. Unter ihnen erkennt man Ambra- und Moschus-Töne am häufigsten. Im *Anaïs Anaïs* (Cacharel 1979) werden dadurch die zarten blumigen Klänge verstärkt, *Cloé* (Lagerfeld 1975) betont damit das weiblich Erogene, und in *Opium* (Yves Saint Laurent 1977) erhält der balsamisch-würzige Fond eine orientalische Wärme. Das erogene Element wird in *Narcisse noir* (Caron 1912) von Zibet und Moschus geprägt, ebenso wie das blumig-feminine in *Joy* (Patou 1935) oder in *Fleur de Fleurs* (Ricci 1982).

Von den vier tierischen Stoffen besitzt Ambra die dezenteste aller animalischen Noten. Dafür hat es die höchste Haftfestigkeit und gibt einem Parfüm eine samtige Zartheit von bezaubernder Eleganz, wie wir es von *Shalimar* (Guerlain 1916) mit seinem femininen Charme kennen [377]. Blumendüfte werden durch Ambra reicher gemacht und Parfüms aldehydischen Charakters wie etwa *Chanel No. 5* (Chanel 1921) abgerundet.

Hohe Dosen von Zibet sind bewußt in *Shocking* (Schiaparelli 1935) eingearbeitet, um seinen süßen, animalisch-erogenen Charakter zu unterstützen. Schon in Guerlains *Jicky* (1889) und *Shalimar* (1925) findet man Zibet als das bevorzugte animalische Element.

Moschus nimmt einen bevorzugten Platz in den Klassikern *Fougère Royal* (Houbigant 1882), *Mitsouko* (Guerlain 1919) und *Crêpe de Chine* (Millot 1925) ein, und die Ledernote in *Bandit* (Piquet 1944) und *Miss Balmain* (Balmain 1968) wird allein von Castoreum getragen.

Moschus-, Ambra- und Castoreum-Noten dominieren die Herrenparfümerie und treten dort in wesentlich höheren Konzentrationen auf als in Duftwässern der Damenwelt. Nicht selten drücken sie diesen in Überdosen und ohne dezentes Cachet ihren Stempel auf. In über 50% aller Herrenwässer treten Moschus und Ambra als Paar und in Kombination mit Eichenmoos auf, von denen *Tabac* (Mäurer & Wirtz 1959), *Azzaro pour homme* (Azzaro 1978) oder *Derrick* (Orlane 1978) als typische Beispiele genannt seien. Das gleiche gilt auch für den Fond zitrus-frischer Wässer wie *Royal Ambrée* (Legrain 1951) und *Eau de Guerlain* (Guerlain 1974). *Eau de Patou* (Patou 1976), *Monsieur de Givenchy* (Givenchy 1959) und *Burberrys for men* (Burberrys 1981) sind die Ausnahmen, in denen der Fond noch zusätzlich durch Zibet angereichert wird. Moschus als ausschließliche Basisnote begegnet man in den pudrig-warmen, schweren Wässern, von denen sich ein gutes Dutzend als *Musk* bezeichnet, so etwa *Musk for men Old Spice* (Shulton 1974), *Musk English Leather* (Mennen 1974) oder *Macho Musk* (Fabergé 1982).

Die sportlich-männliche Note wird von Castoreum vermittelt, das einen lederartigen oder juchtigen Akzent setzt. Ob es sich um ein Chypre-Parfüm handelt wie etwa *Aramis* (Aramis 1965), *Men* (Mennen 1982) und *Henry M. Betrix* (Betrix 1984) oder um einen Fougère-Typ wie etwa *Azzaro pour homme* (Azzaro 1978), *Sir Champaca* (4711 Mülhens 1978) oder *Kouros* (Yves Saint Laurent 1981), stets wird der Basiston von Bibergeil durch Moschus und Ambra unterstützt.

Seit den 70er Jahren erschienen eine große Anzahl bedeutender Kreationen, in denen der Ledergeruch nicht erst während des Duftablaufs eines Herrenparfüms, sondern direkt als individuelle Note wahrgenommen wird. Unter den etwa 30 bekannten Repräsentanten dieser Duftfamilie gehören *Vol de nuit* (Guerlain 1933), *Van Cleef & Arpels* (1978), *Macassar* (Rochas 1980) und *Anteus* (Chanel 1981) zu den Trendsettern. Als Vorbild diente hier das bereits 1924 erschienene *Cuir de Russie* von Chanel, das als elegantes Damenparfüm orientalischer Richtung konzipiert worden ist. Im Herrenparfüm *Habit rouge* (Guerlain 1965) wird die Ledernote von Vanillin verstärkt, während *Derby* (Guerlain 1985) durch starke Gewürz- und Holznoten einen ausgesprochen exotischen Touch erhält.

Zur Erzeugung von Castoreum- und Zibetnoten kommen in den meisten Fällen die natürlichen Substanzen zum Einsatz. Im Gegensatz dazu verwendet man heute für Ambra und ganz besonders Moschus die synthetischen Äquivalente der natürlichen tierischen Riechstoffe, im Falle von Moschus sogar die benzoenoiden Synthetica, die aus Grundstoffen der Petrochemie in unbeschränkter Menge hergestellt werden können. Der Anteil von Nitro-Moschus am Totalverbrauch der Moschusriechstoffe betrug nach einer Schätzung aus den 70er Jahren etwa 50%. Nitrofreie benzoenoide Verbindungen dieser Art wurden auf 45% geschätzt, während die makrozyklischen Naturäquivalente lediglich 5% ausmachten [378]. Diese Zahlen haben sich in den 80er Jahren besonders zugunsten der Makrozyklen verschoben, deren Anteil sich etwa verdoppelt hat. In dieser Zeit wurde *Samsara* (Guerlain 1989) geschaffen, dessen animalische Basisnote durch Muskon erzeugt wird.

Perser und Araber waren nicht nur große Liebhaber von Wohlgerüchen, sondern gleichzeitig geschickte und risikofreudige Händler von aromatischen Rohmaterialien und Fertigprodukten. Sie verdrängten dabei die Phönizier aus ihrer Vormachtstellung, die bereits vor dem Ende der Antike das Handelsmonopol einbüßten. Die für die mediterrane Welt bedeutenden phönizischen Zentren Byblos, Sidon und Tyros mit ihren großen Zedernholzbeständen wurden nämlich ab 612 v. Chr. von den Persern beherrscht und schließlich von Alexander d. Großen 332 v. Chr. erobert. Mit der Zerstörung Karthagos im dritten Punischen Krieg (146 v. Chr.) fielen die letzten phönizischen Außenbastionen den Römern in die Hände.

Bevor jedoch islamische Kaufleute den Seeweg nach China und Indonesiem erschlossen, bauten sie die Seidenstraße zu einem gut funktionierenden Relais-System und damit zu einem sicheren Handelsweg aus. Von Baktrien aus, dem entlegensten Osten des Persischen Reiches, waren sie nach Süden über den Hindukusch mit dem Industal im Fünfstromland Pandschab verbunden, während der Anschluß an den Karawanenweg nach China durch die Täler des Himalayamassivs und dessen Pässe nach Singkiang führte.

Bharat Mata – Mutter Indien

Seit vorgeschichtlicher Zeit kommt der Pflanzenwelt des indischen Subkontinents eine hohe kultische Bedeutung zu. In ihr inkarnieren sich viele seiner Götter und Heiligen. Eine besondere Individualität genossen einige Baumarten. Die Pipal [380], im Sanskrit *bodhadruma* genannt, ist der «Baum der vollkommenen Weisheit» [381]. Gemeinsam mit dem Bayan-Baum gilt er als typisch männlich [382]. Unter diesen beiden Bäumen hielten die Brahmanen Rat und Gericht. In ländlichen Gegenden wird heute noch in einer feierlichen Zeremonie der Ficus-Baum mit dem Nim [383] verheiratet [381]. Nach einer Legende ist der Gott Visnu unter einer Pipal geboren, in ihrer Krone haust die Schlangengöttin Manasa, und in den Wurzeln manifestiert sich Brahma, der Schöpfer des Universums und höchste Gott der Hindus. Der starke Baumstumpf, der sich nicht roden läßt, gilt ganz allgemein als Symbol des Ewigen und Unvergänglichen [385]. In einem Gleichnis der *Upanischaden* wird sogar eine Analogie zwischen Baum und Mensch gezogen, indem die Wiedergeburt eines Verstorbenen mit dem Nachwachsen eines gefällten Baumes aus dessen Stumpf verglichen wird [386]. «So verkörpern indische Bäume die Durchbrechung der starren Grenzen zwischen physischem Sein und metaphysischem Sinn» [381]. Unter einer duftenden Pipal traf den Prinzen Siddhartha in Bodhgaya die Erleuchtung, die ihn zum Buddha Gotama machte [387]. Auch der Dhakbaum gehört Buddha [388], und der rotblühende Seidenbaum [389] wird dem Gott Siva zugeordnet [382]. Auf dem Götterberg Meru soll ein riesiger, wohlriechender Jambul-Baum [390] als Banner stehen, sichtbar über den ganzen Kontinent [391]. Sita, die Inkarnation der Laksmi wird bereits im frühesten vedischen Schrifttum als Vegetationsgottheit verehrt. Die zu den niederen Gottheiten zählenden Yaksas stehen in so enger Beziehung zu Bäumen, daß man sie als Baumgottheiten ansprechen kann. Ihre figürliche Erscheinung ist von sinnlichem Reiz und erotischem Charakter. Seit der archaischen Kunstperiode werden diese fruchtbarkeitsträchigen Baumgeister in verführerischer Körperhaltung veranschaulicht und meist als Pfeilerfiguren dargestellt [392]. In den vier Liebestragödien des *Ramayana* von Valmiki (2. Jh. v. Chr.) werden die Taten und Leiden des mythischen Helden Rama besungen, die teils von eindrucksvollen Geruchserlebnissen begleitet sind. So wurde dem Fürsten der Weg zur entführten Gattin Sita durch einen himmlischen Duft gewiesen, der ihrem Gefängnis, dem Palast des dämonischen Riesen Ravana, entströmte [393].

Blüten sind ein häufiges Motiv künstlerischer Gestaltung seit dem Beginn der indischen Kunst, den man auf das 3. Jahrtausend v. Chr. datiert. Der Lotos ist die am meisten nachgebildete Pflanze. So taucht die indische Seerose in Rosettenform, als Knospe, mit Blättern und Zweigen bereits in der archaischen Kunstperiode auf [392]. Blumenübersäte Hintergründe erscheinen in der Terrakotta-Kunst um die Zeitenwende, besonders bei Darstellungen von Liebesszenen [392]. Oft treten in der indischen Mystik Fabelpflanzen auf. So soll die *udumbara* alle dreitausend Jahre einmal blühen, worauf ein Buddha in der Welt erscheint [394].

Alle Kulturen Indiens machten sich die unermeßliche Fülle natürlicher Wohlgerüche von Blumen, Kräutern, Harzen und Hölzern zunutze und stellten sie in den Dienst ihres sakralen, sozialen und persönlichen Lebens. Die religiöse Lyrik *Rigveda*, das älteste bekannte Zeugnis der Sanskrit-Literatur [385], liefert bereits erste Hinweise auf die hochstehende Duftkultur späterer Zeiten. Am heiligen Opferfeuer lautet der Segensspruch nach einem Veda-Hymnus wie folgt [396]:

Die heil'gen Feuer auf geweihtem Grund,
von Holz genährt, mit Opfergras umstreut,
lodern auf ihrem Herd um den Altar.
Sie mögen mit des heil'gen Opfers Duft
die Sünden tilgen und dich reinigen!

Im Gegensatz zum nachfolgenden Hinduismus kennt die auf reiner Naturverehrung beruhende vedische Religion keine Tempel und Götterbilder. Als Gottheiten erscheinen die Kräfte und Mächte der Natur. «Alles in der indischen Natur ist belebt; hier sprechen und fühlen Pflanzen, Bäume, die ganze Schöpfung.» [397] Bäume werden von Göttern bewohnt. Sie erscheinen in Tiergestalt. Berge und Quellen sind heilig.

Der über dem Himalaya thronende Siegesgott Indra nimmt den heiligen Rauschtrank *soma* zu sich, der Wunderkräfte und Leben spenden soll [398]. Diese vedische Hindu-Gottheit, deren Brust stets mit Sandelholzöl rötlich-braun gefärbt ist, hat sich Wohlgerüchen besonders zugeneigt. In der *Bhagavadgita*, einem der heiligsten Bücher der Hindus, spricht der vierarmige Gott Indra: «Im Wasser bin ich der Geschmack. (...) Der Erde Wohlgeruch bin ich» [399]. Die indischen Götter selbst sind geruchlos, doch sie sind stets mit lieblich duftenden und nie welkenden Blumengewinden bekränzt [400]. Der Trinität, bestehend aus den Göttern Brahma, Visnu und Siva, mußte als Opfergabe ein aus duftenden Hölzern bereitetes Feuer in allen vier Himmelsrichtungen entzündet werden. Um die Feuerstätte wurde das als heilig geltende und wohlriechende Ingwergras (*kusa*) gestreut [401]. Auch schützende Riten für Neugeborene wurden mit dem wohlriechenden Kusagras vollzogen [402].

Der Dichter Kalidasa hat im 5. Jh. n. Chr. mit *Sakuntala* eines der ergreifendsten Liebesdramen der Weltliteratur geschaffen. «Mit Blumenketten sind alle Szenen gebunden», und Sakuntala verkörpert darin «(...) die von der Natur gefeierte weibliche Unschuld und Liebe» [397]. Ihr Liebhaber, der junge König Dusyanta, sieht sie [396]:

Wie eine Blume, die noch unberochen,
wie eine Knospe, die noch niemand brach.

In dem Schauspiel wird die stark duftende Akazienblüte (*sirisa*) beschrieben:

Heimlich verliebte Mädchen pflücken,
um sich das Ohr zu schmücken,
Sirisa-Blumen rücksichtsvoll.

Die Verehrung für das von Blumen umduftete Naturkind Sakuntala (Vögelchen), ein «(...) zart Geschöpf, das einer frischen Malika-Blume (gefüllter Jasmin) gleicht» [396], ist in Indien bis zum heutigen Tag groß. Goethes Begeisterung für das indische Schauspiel schlug sich in dem bekannten Distichon nieder:

Willst du die Blüte des frühen, die Früchte des späteren Jahres,
willst du, was reizt und entzückt, willst du was sättigt und nährt,
willst du den Himmel, die Erde mit einem Namen begreifen,
nenn ich, Sakontala, dich, und so ist alles gesagt.

Eine der ergreifendsten Interpretationen dieses orientalischen Liebespaares wurde durch die impressionistische Skulptur *Sakuntala* von der Bildhauerin Camille Claudel geschaffen [403].

Die in Indien zu allen Zeiten verehrte Lotosblüte mit ihrem betäubenden Duft wird von Kalidasa ebenso besungen wie die Mangoblüte [404]: «Ei! Obwohl nicht einmal richtig aufgeblüht, duftet die Blüte schon beim Durchbruch durch die Hülle.» [396] Kama, der Gott der Verliebten, kämpft mit Blumenwaffen:

Dich, schöne Mangoknospe, bring ich dar
dem Liebesgott, welcher den Bogen führt,
sei du der beste unter den fünf Pfeilen
und nimm einsame Mädchen dir zum Ziel!

In den *Rtusamhara* bringt Kalidasa die sechs indischen Jahreszeiten mit dem Liebesleben der Hindus in Verbindung [405]. In genialer Weise zeigen duftende Bilder die Wechselbeziehung zwischen Natur und menschlicher Erotik [406]:

Denn wessen Sinne würden nicht gefesselt,
wenn Sandelduft den schönen Busen kühlt;
wenn um das Haar ein Blumenkranz gewunden,
ein goldner Gürtel um die Hüften spielt?

Überall begegnet man in dieser lyrischen Sanskrit-Dichtung natürlichen Wohlgerüchen zur Unterstützung sinnlicher Reize. Hier spielen die Kewdablüten [407], der Lotos, Patalablüten [408], die Karnikarablume [409], aber auch Safran und andere Riechstoffe (*attar*) samt ihrer wäßrigen und salbenartigen Zubereitungen eine den Liebreiz unterstützende Rolle [410]:

Ins Haar der Kranz gewunden von Bakula und Jasmin,
on Knospen, die mit Düften zur Wolkenzeit erblühn,
und mit Kadambasprossen geringelt am schönen Ohr,
so tritt in ihrem Schmuck die junge Braut hervor.

Zur Winterzeit kompensiert man die fehlenden Blütendüfte durch Salben und Räucherwerk [411]:

Zum Freudenfeste reiben sich die Schönen
mit gelbem Sandelstaube rein und klar;
durchwürzen sich den Mund mit Wohlgerüchen
und räuchern dunkle Aloe in das Haar.

«Das Gesicht der Schönen einer Lotosblüte gleich, ist imprägniert mit dem Saft duftender Blüten (...), ihr Schlafgemach von lieblichem Rauch von Aloe.» Wohlriechende Lianen, aromatische Hölzer und Safran wecken als Puder Begierde, wenn sie mit Sandelholzstaub und Moschus gemischt werden: «(...) ihre Brüste gepudert mit Sandelstaub vermischt mit Moschus.» Auch Männer bedienten sich dieses kosmetischen Mittels, denn der König in *Sakuntala* berichtet: «(...) setzt er aufs Haupt mir den Mandura-Kranz [412] gefärbt mit Sandelstaub auf seiner Brust» [396].

Zu einem weiteren duftumwobenen Meisterwerk Kalidasas gehört auch *Der Wolkenbote* (sanskr. *Meghaduta*), der von Goethe in den *Zahmen Xenien* überschwenglich kommentiert wurde:

Was will man denn Vergnüglicheres wissen!
Sakontala, Nala, die muß man küssen;
und Megha-Duta, den Wolkengesandten,
wer schickt ihn nicht gern zu den Seelenverwandten!

In diesem Liebesdrama [413] beauftragt Kubera, der Gott des Reichtums, einen Yaksa, den goldenen Lotos im heiligen See Manasa am Fuße des Himalaya zu bewachen. Während er fahrlässigerweise den Posten verläßt, um eine Nacht bei seiner jungen Frau zu verbringen, zertreten Elefanten die Blüten und verwüsten den See, was zur Verbannung des Yaksa in die Berge Zentralindiens führt. Eine nach Norden ziehende Wolke soll dem Verliebten als Botin an seine trauernde Gattin dienen. Die Liebesbotschaft findet ihren Weg aufgrund bestimmter Duftmarken. So gelangt sie über Berge voll von Jasmin, Wälder mit harzreichen Zedern [414] und dem herrlich duftenden Korallenbaum [415], über Gärten und Hecken, in denen die Asoka [416], Kesara [417], Madhavi [418] und die Kewda [407] ihren üppigen Blütenduft entfalten. Naudeablüten [419] in den geheimnisvollen Tiefen des Berges Basse strömen ein sinnliches Parfüm von Kurtisanen aus, was die Nähe von sinnestoller Jugend in Städten verrät. «Am Fluß Sipra angelangt, trägt die Brise die schrillen Schreie des von Liebe berauschten Wasservogels Sarasa. Beladen mit dem Wohlgeruch des Lotos gleiten die Blüten über die Körper der Schönen, so daß die zärtliche Bitte des Liebhabers die Müdigkeit der Lust vergessen läßt.» Die Wolke wird auch über den Fluß Reva geleitet, der vom scharfen Geruch brünstiger Elefanten [420] durchtränkt ist und sich langsam über die dichten Jamunwälder ergießt [390]. An einem schneebedeckten Berg, dessen Felsen von der Brunft des Moschustieres parfümiert sind, soll der Wolkenbote ausruhen, um danach erfrischt den weiten Weg zur Geliebten fortzusetzen.

In einem *Gandhasara* genannten Werk trägt Gangadhara die aromatischen Pflanzen zusammen, die im antiken Indien zur Zubereitung kosmetischer und parfümistischer Mittel Verwendung fanden [421]. Es entwickelte sich daraus eine Wissenschaft, die im Sanskrit *gandhasastra* genannt wurde und deren Grundlage eine Klassifizierung der aromatischen Materialien, die präzise technische Terminologie von Herstellungsprozessen sowie Anweisungen für die Verwendung der erhaltenen Produkte bildete. Die Inder verfügten auch über bedeutende Kenntnisse in der Pflanzenheilkunde. Ihre ersten Erfahrungen aus dem *Ayurveda* (*Wissenschaft vom langen Leben*), die noch aus der vorvedischen Zeit stammen, finden sich in dem *Rigveda* aus dem 2. Jh. v. Chr. Mit der Brahmanen-Periode (800 v. Chr.) führte die Entwicklung des *Ayurveda* zu immer größerer Vollkommenheit und erreichte ihren Höhepunkt in den ersten Jahrhunderten nach Christus. Einen Einblick in die Heilmethoden zu Buddhas Lebzeiten vermittelt das *Kompendium der Medizin*, in welchem auf Birkenrinde über 700 Heilpflanzen aufgeführt sind [422]. Bedeutende Impulse wurden dem Gesundheitswesen von dem großen indischen Kaiser Asoka (272–237 v. Chr.) verliehen. Zu seinem vorbildlichen Wohlfahrtsprogramm gehörte auch der systematische Anbau von Medizinalpflanzen im gesamten Herrschaftsbereich. Die auch heute noch in bedeutendem Ausmaß praktizierte klassische indische Medizin galt als das wirksamste Heilsystem des Altertums; ayurvedische Naturheilmittel, besonders von aromatischen Pflanzen, wurden dabei zur Therapie eingesetzt.

Die ayurvedische Medizin steht im Tibet bis zum heutigen Tage in hohem Ansehen. Die Heilkunst mit natürlichen Mitteln wurde nach lamaistischer Tradition stets durch magische Praktiken unterstützt [423]. Die Legende berichtet von den mythischen Kaisern Shen-nung und Huang-ti, die als Begründer der chinesischen Medizin galten und die von den Wundern tibetanischer Heilpflanzen gewußt haben [424] sollen. In den vier Tantras [425] des *Gyu-zhi* sind die Erfahrungen der tibetanischen Medizin niedergelegt; eines davon beschreibt die Wirkung natürlicher Stoffe. Am wirkungsvollsten sind die Früchte eines

Das indische Tantra-Bild symbolosiert die Vereinigung von Weiblichem und Männlichem (*yomilinga*). Auf der *linga* ruht eine weiße Stechapfelblüte, deren psychodelischer Wohlgeruch eine die Ekstase fördernde Wirkung ausüben soll.

Bronzestatue des Amitabha Buddha, der unter einem edelsteinbesetzten Paradiesbaum aus Stechapfelblüten sitzt. Chinesisches Heiligtum aus der Sui-Dynastie.

Laubbaumes (Myrobalanen, tib. *a-ru-ra*), der zur Spezies Terminalia [426] gehört. Sie wurden in Indien häufig zum Färben und Gerben eingesetzt. Die drei Arten der Myrobalanen gehören zu den «Drei Hauptfrüchten», die sich in den meisten Zubereitungen ayurvedischer Arzneimittel wiederfinden [426]. Myrobalanen hat alle sechs Geschmackseigenschaften, alle acht Fähigkeiten tibetanischer Medizin, und sein Aroma vertreibt alle vierhundertundvier Krankheiten [427]. Die Bedeutung dieser Frucht geht aus Tempelbildern des Medizin-Buddhas, Bhaishadschyaguru, hervor, der in der rechten Hand eine goldfarbige Myrobalane oder eine Blume hält und in der linken die Almosenschale trägt [428].

Zu den «sechs guten Dingen» gehören Kardamom, Kubebenpfeffer, Muskatnuß, Bambusspitzen, Gewürznelken und Safran als Basis für viele Rezepturen [429]. Die «Tugendhafte Medizinbutter» weckt starkes sexuelles Verlangen und merzt die Ursachen von Geisteskrankheiten aus. Unter ihren Ingredienzien findet man Kurkuma, Kiefernharz, indischen Baldrian, Kostus, Lavendel, Safran, die duftenden Blätter eines Zwerg-Rhododendrons, eine in Nordindien vorkommende Schlingpflanze [430], Wacholder, Kubeben, Granatapfel, blauer Lotos, Sandelholz und Bohnen [431]. Alle Stoffe werden in alter Butter [432] aufgenommen und mit den drei Myrobalanen [426] versetzt. Räucherwerk ist ein approbates Mittel in der tibetanischen Psychiatrie und wird gegen alle mentalen Störungen und emotionale Instabilität verschrieben [433]. Eines setzt sich aus Aloeholz, den Harzen des Salzbaumes [434] und indischem Bdellium [435], Muskatnuß, Kubebenpfeffer, Wacholder, Farnkraut [436] und den drei Myrobalanen zusammen [326]. Eine Prise dieser Mischung gibt man auf glühende Kohle, während der Patient sich darüber beugt und ein Tuch über den Kopf zieht, um den Rauch wie in einem Zelt inhalieren zu können; das Räucherwerk kann jedoch auch nur aus einem Stoff bestehen. Kranke finden sich in den Lamatempeln nicht nur zum Gebet ein, sondern wollen auch Heilung durch den Weihrauch erfahren, der dort ständig erzeugt wird. Gemeinsam mit dem Aroma ranziger Butter bildet er den spezifischen Tempelduft in Tibet.

Unter dem schier unerschöpflichen Potential an Geruchsstoffen, die Indien zu bieten hat, soll im folgenden eine Auswahl von «Klassikern» etwas näher gewürdigt werden. «Der Duft von Sandelholz, der indischste aller Gerüche» [437] gehört nachweislich seit über 3000 Jahren zu den beliebtesten Geruchsnoten des Subkontinents, und der «Königliche Baum» wird in der ältesten Sanskrit-Literatur als *chandana* gepriesen. «Sein milder Geruch erzeugt den Seelenfrieden, nach dem die gesamte spirituelle Natur Indiens trachtet» [438]. Im altindischen Buch vom Welt- und Staatsleben *Artha-sastra* beschreibt Kautilya (300 v. Chr.) Sandelholz ebenso wie die wohlriechende Kostuswurzel als steuer- und zollpflichtige Handelsware [439]. Nach Ägypten wurde das hochgeschätzte Holz bereits 1700 v. Chr. exportiert [440], wobei südarabische Zwischenhändler das Monopol innehatten. Mit Fetten versetzt, wurde der Staub zu einer salbenartigen Sandelpaste (*sundul*) verarbeitet, die ein bedeutendes Kosmetikum darstellte und auch in der indischen Medizin eine Rolle spielte. Sandelpaste besitzt einen kühlenden Effekt und wurde als Brandsalbe eingesetzt. Ihre bakterizide Wirkung ist nachgewiesen. Allerdings wird ihre Wirkung zur Behandlung von Gonorrhoe nach den heutigen Kenntnissen angezweifelt [441]. Über den Buddhismus verbreitet, nahm Sandelholz in der gesamten orientalischen Medizin einen bedeutenden Platz ein. In China setzte man seinen Wohlgeruch ein, um den «teuflischen Dampf» zu ersticken und «kriechende Wesen zu töten»; gewisse Zubereitungen dienten auch der Beseitigung von Blähungen [442]. Die Araber verwendeten Sandelholzpräparate gegen Darmkoliken. Am Beispiel Sandelholz kann gezeigt werden, daß Heilmittel und Kosmetika keine Differenzierung kannten, denn es heißt: «Überschütte den Körper mit weißer chandana und du wirst ein für allemal deine fiebrigen Leiden los sein.» [443] Seine antidämonischen Eigenschaften machten Sandelholz zum idealen Rohstoff für wohlriechende Skulpturen von Gottheiten wie Buddha oder dem chinesischen Bodhisattva Avalokitesvara. Sandelholz wurde zum Symbol des lebenden Gottes schlechthin, was aus einer der zehn heiligen Anweisungen Buddhas hervorgeht, nämlich «(...) glänzend mit Sandel und Perlen» zu sein. Perlen aus rotem Sandelholz dienten als Rosenkranz dem Kult des Pferdegottes Tandim [444]. In den *Sutren* nennt Buddha erlesenen Wohlgeruch verehrungswürdig und jeder, der das *Lotos-Sutra* rezitiert, atmet den Gonzusendan-Duft, der einer Sandelholzart entströmt [445]. Die im *Buddhavatamsaka-Sutra* beschriebene apokalyptische Vision der neuen Heiligen soll von sechzig Künstlern in Sandelholz, geschmückt mit Juwelen, gestaltet worden sein. Dieses von Kaiser Hsüang Tsung im 8. Jh. n. Chr. in Auftrag gegebene Wunderwerk der Holzschnitzkunst zierte den Kai-yüan-Tempel in Kanton [446]. Das wertvolle Holz diente den Noblen Ostasiens auch für profane Zwecke. Luxuriöse Kunstgegenstände und Möbel aus Sandelholz sind ebenso bekannt wie kostbare Schmucktruhen und Schnitzereien in Palästen. Auch prachtvolle Tiere aller Arten wurden hergestellt. So ließ Hsüang Tsung einen Drachen aus Sandelholz verbrennen, um Regen zu erbitten. Aus Sandelholzmehl wurden in Verbindung mit erstarrenden Harzen wie Weihrauch oder Gummi arabicum und unter Zusatz von Salpeter [447] Räucherstäbchen (*agarabatti*) hergestellt. Im Gemisch mit Rose, Jasmin, Agaruholz und anderen duftenden Pflanzenteilen wurde Sandelholzmehl zu variantenreichen Agarabatti-Duftkombinationen verarbeitet. Die Erzeugung von Wohlgeruch durch Abbrennen von Räucherstäbchen hat sich für Kulthandlungen und profane Zwecke aller Art im gesamten asiatischen Raum bis zum heutigen Tage erhalten. Vom buddhistischen Kult übernommen, wurde die Fertigung der Räucherstäbchen von den Chinesen verfeinert. Als Erfinder der Nudeln stellten sie nach dem gleichen Extrusionsverfahren beliebig hohe Weihrauchspiralen her, die hängend in Tempeln abgebrannt wurden [446].

Im Gegensatz zum sogenannten Ostindischen Sandelholz [448] existiert auch ein westindisches Sandelholz [449] von mildem, holzig-balsamischem Duft. Botanisch gehören die beiden Bäume verschiedenen Familien an, und auch geruchlich sind ihre getrockneten Hölzer leicht voneinander zu unterscheiden [450]. Westindisches Sandelholz diente ebenfalls als Räuchermittel, erreichte jedoch bei weitem nicht die kultische Bedeutung der ostindischen Spezies.

Aloe ist das durch Pilze infizierte Holz eines ebenfalls ausschließlich in Indien und Südostasien wachsenden, etwa zwanzig Meter hohen Baumes [451] von sehr angenehmem, exotischem Geruch, der «üble Gedanken vertreibt» und als wichtiges Heilmittel in der ayurvedischen Medizin gilt. Als Räucherwerk hat es hohe kultische Bedeutung erlangt. Zu Ehren Buddhas werden die Altäre ständig mit einem Gemisch aus Aloe und Sandelholz beräuchert. Der verbreitete Wohlgeruch zieht die Aufmerksamkeit der Götter an und übermittelt ihnen die Anrufung der Gläubigen [422]. Der heilige Ort der Verehrung war der Tempel, im Sanskrit *gandhakuti* genannt, was soviel wie Haus des Weihrauchs bedeutet. Man verbrannte Aloeholz auch vor den Bildern der verstorbenen Angehörigen. Bei feierlichen Anlässen wurde Agarholz (sanskr. *aguru*) verbrannt, meist in Kombination mit anderen Spezereien wie Sandelholz, Weihrauch, Benzoebalsam und anderen wertvollen Ingredienzien, wie z.B. Ambra und Moschus. Aloeduft soll eine ausgesprochen erotisierende Wirkung ausstrahlen. Von Kalidasa erfahren wir, daß die Schönen ihren Körper zur Unterstützung ihrer Liebreize mit einer Aloepaste einrieben [405]. Durch den Überfluß an erregenden Düften wurde Aloe in Indien nicht in dem Maße gewürdigt wie in den anderen buddhistischen Kulturkreisen China und Japan oder gar den Ländern des Nahen und Mittleren Ostens, wo dieses Holz zu den kostbarsten Importgütern zählte. Schon die biblische Ehebrecherin lockte mit Aloe [452]; die Vorliebe arabischer Potentaten für diesen Stoff erfahren wir aus *Tausendundeine Nacht*. Das Duftöl von Aloeholz (*atr a ud*) erinnert «(...) an nächtliche Kamelritte im Jemen, bei denen es den westlichen Reisenden hilfreich war, nicht nur in der Tracht, sondern auch im Körpergeruch den arabischen Reisegefährten zu gleichen» [334]. Auch heute noch gehört zum feierlichen Abschluß eines arabischen Festmahls der Aloe-Duft, den die Gäste sich zur Erinnerung an Kleider, Haare und Bart fächeln [334].

Die Aloe des *Neuen Testaments* hat nichts mit dem aromatischen Holz gemeinsam. Es handelt sich um den Dicksaft von Blättern einer Lilienart [453], die zu einem gummiartigen Harz erstarrt und auf der afrikanischen Insel Socrota an der Mündung des Roten Meeres heimisch ist. In Ägypten wurde dieses Harz häufig zur Mumifizierung verwendet. Es spielte bei Jesu Grablegung eine Rolle [454]: «(...) Nikodemus brachte Myrrhe und Aloe untereinander gemengt, bei hundert Pfund. Da nahmen sie den Leichnam Jesu und banden ihn in leinene Tücher mit den Spezereien, wie die Juden pflegen zu begraben». Aloe diente auch als starkes Abführmittel; in dieser Eigenschaft ist es heute noch in verschiedenen Rezepturen unseres Arzneischatzes zu finden.

Die Vetiverwurzeln (sanskr. *khus khus*) werden bereits im Buch der Zaubersprüche und Beschwörungen *Atharvaveda*, dem vierten Buch der vedischen Sammlungen, aufgeführt. Ihre öligen Bestandteile strömen einen lang anhaltenden, holzig-würzigen Geruch von erdiger Tonalität aus und erinnern an scharf-grüne Wurzeln. Kunstvoll hergestelltes Flechtwerk aus den feinen Wurzelfasern fand vielseitige Verwendung für Körbe und Raumdekorationen oder Paravents sowie Tür- und Fenstervorhänge. Bei heißem Wetter mit Wasser besprengt, entwickeln sie einen angenehmen Duft, der zusammen mit dem Luftzug einen kühlenden Effekt auslöst, und vertreiben Insekten. Eine kühlende Salbe, aus Vetiverwurzeln [455] bereitet, heißt im Sanskrit *usira* [396]. Nach tibetanischen Heilmethoden fördert Vetiver die Schleimsekretion und lindert Erbrechen.

Die ausschließlich aus den Hochtälern Kaschmirs stammende Kostuswurzel besitzt einen schweren, zunächst an Labdanum, dann an Veilchenwurzeln erinnernden intensiven Geruch mit einem animalischen Unterton. *kushta* in Sanskrit [439] und im *Atharvaveda kottha* genannt, werden die Wurzeln seit Urzeiten als Räucherwerk, in Form von Salbölen, als Insektizide und heilkräftigendes Arzneimittel verwendet. In Persien und China glaubte man an ihre aphrodisierende Wirkung. Die Griechen bereiteten daraus ein Salböl [456], und die St. Galler Mönche würzten damit im 9. Jh. n. Chr. sogar ihre Fischspeisen [457]. Seit dem 4. Jh. v. Chr. werden die indischen Wurzeln in der einschlägigen Literatur des Altertums erwähnt [458], u. a. bei Theophrastos (370 v. Chr.), im *Arthasatra* des Kautilya [439] oder in dem pharmakologischen Standardwerk des griechischen Arztes Dioskurides [459].

Eine weitere Wurzel des indischen Himalaya-Gebietes, die Narde [639], war besonders im Altertum von eminenter Bedeutung. Ihr angenehmer Geruch erinnert an Patchouli mit moschusartigen und baldrianähnlichen Untertönen [460]. Indische Narde taucht bereits als Salbe im Grab des Tutenchamun [461] auf, der 1339 v. Chr. starb. Nach dem *Alten Testament* war Narde aber bereits bei den Hebräern bekannt [462], und im Evangelium des Johannes «(...) nahm Maria ein Pfund Salbe von unverfälschter, köstlicher Narde und salbte die Füße Jesu; (...) das Haus ward voll vom Geruch der Salbe» [463]. Bei der Salbung Jesu kam es zu einem Disput: «Was soll doch diese Vergeudung des Salböls? Man hätte dieses Öl um mehr als dreihundert Silbergroschen verkaufen und sie den Armen geben können.» [463] Dioskurides widmet der medizinischen Verwendung der Narde ein ganzes Kapitel [464]. Das ätherische Öl der Spikenarde findet im Orient seit langem Verwendung zur Herstellung eines sehr kostbaren Parfüms [465]. In der ayurvedischen Medizin wurde die indische Spikenarde als Diuretikum, Sedativum, Laxativum, Karminativum und Spasmolytikum verwendet. Erstaunlicherweise haben sich ihre Wirkungen mit Hilfe moderner Testmethoden bestätigt. Erwähnenswert ist die bronchienerweiternde Wirkung bei Asthmaanfällen dank der Möglichkeit einer Zubereitung in Aerosolform; außerdem hat sie einen hypotensiven Effekt, der Herzflimmern behebt, und wirkt ähnlich wie die Rauwolfia-Alkaloiden blutdrucksenkend [466]. Einen ähnlichen Verwendungszweck hat ein naher Verwandter, nämlich der indische Baldrian [467], der sich von Kaschmir bis Bhutan im Vorgebirge des Himalaya verbreitet hat. Seine Wurzeln dienen als Zusatz zu Räucherwerk und zur Aromatisierung von Tabak. Indisches Baldrianöl zeichnet sich durch einen an Moschus und Patchouliöl erinnernden Geruch aus und wird daher in der lokalen Parfümerie geschätzt. Baldrian war Dioskurides und Plinius zufolge bereits im Altertum unter dem Namen *phu* als Heilmittel bekannt [465]. Seine Duftnote muß damals sehr beliebt gewesen sein, denn man setzte die Wurzeln zum Räuchern von Wohnräumen, Kleidern und Wäsche ein. Erst am Ende des Mittelalters setzte sich der Name Valeriana [468] durch. Das heutige Baldrianöl stammt praktisch ausschließlich von einer japanischen Pflanze [469], der *kesso kanokosso*, da diese bei der Wasserdampfdestillation den höchsten Anteil an flüchtigen Bestandteilen liefert. Die chinesische Narde wächst in der Provinz Szetschuan und wird wegen ihres süßen Geschmacks *kansung* genannt, was so viel wie «süße Kiefer» heißt [466]. Bereits während der Tang-Zeit erfreuten sich ihre Wurzeln in der Volksmedizin großer Beliebtheit. Gegenwärtig werden Stengel und Wurzeln der chinesischen Abart als aromatisches Magentonikum und gegen Verdauungsbeschwerden verwendet.

Die Familie der Ingwergewächse, von denen man heute 60 Arten kennt, stammte ursprünglich fast ausschließlich aus Indien. Der

Ingwerwurzel.

Ingwer als ihr bekanntestes Mitglied ist der geschabte, getrocknete und gebleichte Wurzelstock von *Zingiber officinalis*, der sich wegen seines angenehm aromatischen Geruchs und scharfen Geschmacks großer Beliebtheit erfreut. Seit dem Altertum gehört Ingwer zu den typisch indischen Gewürzen und Heilmitteln, die auch ein hohes Exportvolumen erreichten und besonders von den Römern geschätzt wurden. Allah verspricht den Aromastoff seinen Dienern, sobald sie die ewige Seligkeit erlangt haben [470]. In Mitteleuropa kannte der Ingwer bereits im Mittelalter einen fast gleichen Verbreitungsgrad wie Pfeffer [471]. Er war auch in verschiedenen Anwendungsformen bekannt, nämlich kandiert oder als Latwerge. Ingwer aus Indien erreichte das Abendland über die Handelszentren von Mekka oder Alexandria, welche als die bedeutendsten ihrer Zeit galten. Der chinesische Aromastoff nahm seinen Weg auf der Seidenstraße über Samarkand. Zur gleichen Familie zählt der Kardamom (sanskr. *ela*), ein beliebtes Gewürz von Speisen, das aus den in unreifem Zustand geernteten und getrockneten Früchten von *Elettaria cardamomum* besteht. Die Frucht wurde im *Ayurveda* des 4. Jh. v. Chr. erwähnt, aber bereits in der vorhellenistischen Zeit in den Westen exportiert. Seine medizinische Bedeutung erlangte Kardamom als Tonikum und *Karminativum*. Wohlriechender Atem konnte durch Kauen des Kardamom erzeugt werden, und außerdem glaubte man an seine aphrodisierende Wirkung.

Unter den indischen Gewürzen gehören Zimt, Pfeffer, Nelken und Muskatnuß zu den wahrscheinlich ältesten in menschlichem Gebrauch befindlichen Aromastoffen. Beliebt bei Griechen und Römern, tauchte die aus Ceylon stammende Zimtrinde nachweislich schon um 1700 v.Chr. in Ägypten auf [472]. Die alte Sanskrit-Literatur gibt auch über andere Verwendungszwecke der Gewürze Auskunft, die nicht nur zum Aromatisieren der Speisen gebraucht werden. So verwendete man Muskatnüsse und besonders die bakteriziden Gewürznelken zur Mundpflege. Das Abendland wird erst im 11.Jh. [473] über Nuß und Muskatblüte (*macis*) von dem Mönch Constantinus Africanus unterrichtet. Der heilige Mann machte sich besonders durch Übersetzungen medizinischer Schriften der Araber einen Namen. Seit dem Mittelalter ist Muskat nicht nur ein beliebtes Speisegewürz, sondern es wurde ebenso wie Zimtrinde zur Aromatisierung von Wein in Frankreich verwendet. In der römischen Literatur erwähnt Plinius erstmals die Einfuhr von Pfeffer und Nelken aus Indien [474]. «Blüten der Götter» nennt man im Tibet die Gewürznelken, die dort in der Medizin hoch geschätzt sind. Kardamom und Pfeffer werden im Hochland gegen Schlangenbisse verabreicht [476].

Das ätherische Öl der Muskatnuß weist eine halluzinogene Wirkung auf [479] und wird in der ayurvedischen Medizin gegen mentale Probleme aller Art verwendet. In dem ältesten Hindu-Dokument wird Muskatnuß als *mada shaunda*, die «narkotische Frucht» beschrieben [477]. In Tibet heißt sie «König des Weihrauchs», denn die Inhalation ihrer verdampfenden Geruchsstoffe soll sich als ein wirksames Heilverfahren bei Geisteskrankheiten erwiesen haben. Bei der kultischen Verehrung des Medizin-Buddhas an heiligen Stätten des Lamaismus wird seiner Statue Muskatnuß als Symbol des Geruchs und Zucker oder Obst für den Geschmack dargebracht [478]. Neben einer Reihe blumig und krautig riechender Substanzen vom Monoterpen-Typ wird sowohl das Aroma als auch das psychoaktive Prinzip der Muskatnuß von neun Phenylallyl-Derivaten gebildet, die einen beträchtlichen Anteil ihres ätherischen Öls ausmachen [479]. Die vier wichtigsten unter ihnen, Methyleugenol, Safrol, Elemicin und Myristicin, sind chemisch nahe verwandte Verbindungen. Allen gemeinsam liegt ein blumiger, holziger und würziger Geruch unterschiedlicher Tonalität und Stärke zugrunde. Myristicin weist zusätzlich eine warme, balsamische Pfeffernote auf; Methyleugenol mit seinen erdig-krautigen Tönen läßt entfernt an Ingwer und Tee denken. Safrol, Elemicin und Myristicin besitzen nachweislich eine psychotrope Wirkung, die an die Eigenschaften des Mescalins erinnert und von leichten Bewußtseinsveränderungen bis zu intensiven Halluzinationen reicht. Tatsächlich konnte der Nachweis erbracht werden, daß sich diese Riechstoffe in der Leber in Derivate des Amphetamins umwandeln [480]. Intoxikationen durch Muskatnüsse hat es zu jeder Zeit gegeben, und auch in unseren Tagen, zumal in den fünfziger und sechziger Jahren, wurden sie von Studenten, Beatniks und drogenabhängigen Strafgefangenen konsumiert, besonders dann, wenn anderer «Stoff» nicht verfügbar war [477]. Psychotomimetisch wirkende Phenylallyl-Derivate werden relativ häufig in ätherischen Ölen angetroffen [481].

Verschiedene Pflanzenteile von Hedychium-Arten haben in Indien seit alters her Tradition in der Küche, bei Kulthandlungen, in der Medizin und der Schönheitspflege. Das zimtartig riechende Rhizom von *Hedychium spicatum* kennt man in Indien als Parfümrohstoff unter der Bezeichnung *ekangi*, während es in Japan *sanna* genannt wird. Die Blätter von *Curcuma zedoaria* liefern den Eingeborenen auch heute noch ein beliebtes Küchengemüse, und ihr als Zitwerwurzel bekanntes Rhizom mit kampfrig-ingwerartigem Geruch wurde im spätantiken Schrifttum (ab 6. Jh.) und in europäischen Reiseberichten als aus Indien stammend beschrieben. Seine medizinische Verwendung kann man im Abendland aufgrund einschlägiger Pharmakopöen seit dem frühen Mittelalter verfolgen [482]. Die typisch würzig riechende Gelbwurzel [483] wurde zum Färben von Speisen verwendet und stellt eine wichtige Komponente des Currygewürzes dar.

Pfefferarten werden in der indischen Medizin als Arzneimittel eingesetzt. Nach lamaistischer Auffassung wirkt der brennende Geschmack «(...) reizend auf die Sinnlichkeit, auf dem Umwege über das scharfe Blut, und hat als solcher eine Beziehung zur 5. Seinsstufe der sinnlichen Wahrnehmung. Die pfeffrig schmekkenden Heilmittel leisten bei vielen Erkrankungen und Schwächungen dieser sensitiven Stufe gute Dienste» [484]. In Verbindung mit Kardamom und Moschus soll Pfeffer bei innerlicher Anwendung gegen Schlangenbisse wirken [485].

Asant (*Asa foetida*), wegen seines penetranten Schwefelgestanks auch «Teufelsdreck» genannt, ist der eingetrocknete Milchsaft einer Ferula-Art (Doldenblütler). In unseren Breitengraden als Gewürz unbekannt, spielt es in der traditionellen indischen Küche eine bedeutende Rolle. Da es nach tantrischer Anschauung das wesentlich stärkere Aphrodisiakum sein soll [486], wird es dort anstelle von Zwiebeln gebraucht. In der ayurvedischen Medizin wird *Asa foetida* gegen Impotenz verabreicht. In Form von Medizinbutter soll es nach tibetanischen Vorstellungen oral oder über die Haut eine hohe Wirksamkeit gegen Psychosen entfalten [474] und die Durchblutung des Organismus fördern [484].

Keine Gegend der Welt ist so reich an riechenden Gräsern wie der südostasiatische Raum. Spuren von ihrem kultischen Gebrauch kann man bis in die vorvedische Zeit verfolgen. Die mythologische und medizinische Bedeutung des Darbha-, Durva- und Kusa-Grases führt uns Kalidasa vor Augen [396]. Von vielen aromatischen Gräsern, die in der Neuzeit eine enorme wirtschaftliche Bedeutung für Indien erlangt haben, fehlen uns literarische Nachweise aus der Antike. Zu viele Namen für ein und dieselbe Pflanze in den verschiedensten indischen Sprachen und Dialekten haben hier eine heillose Verwirrung gestiftet, erschwert durch die unvollständigen botanischen Merkmale bei den vorliegenden Beschreibungen. So findet man keine zuverlässigen Angaben über das rosenähnlich riechende Gras von *Cymbopogon martini*, das in zwei Varietäten existiert, nämlich dem sogenannten Ingwergras (*sofia*) und dem Palmarosa (*motia*), das in Indien als Rusagras bekannt ist. Beide ätherischen Öle bestehen im wesentlichen aus dem rosenähnlich riechenden Geraniumalkohol Geraniol. 80% davon ist im Palmarosa- und 50% im Ingwergras enthalten. Bis kurz nach dem Zweiten Weltkrieg waren diese Öle die einzige Quelle für den begehrten Monoterpenalkohol. Heute wird der Rosenalkohol vollsynthetisch oder durch chemische Umwandlung der Terpene des Terpentinöls hergestellt. Unter ihren mehr oder weniger nahen Verwandten haben Citronell- und Lemongras seit dem letzten Jahrhundert eine große wirtschaftliche Bedeutung erlangt. Das stark riechende Malabar- oder auch Kotchingras [487] ist der pflanzliche Rohstoff zur Herstellung des Lemongrasöls. Sein intensiv zitronenartiger Geruch beruht auf etwa 80% Citral, dem Oxydationsprodukt des

Geraniols. Westindisches Lemongrasöl [488], das in Mittel- und Südamerika, in Zentralafrika, aber auch auf dem indischen Subkontinent oder auf Java kultiviert wird, weist etwa den gleichen Citralgehalt wie das wildwachsende Malabargras auf. Diese Konzentration an Citral wird nur noch vom Öl des chinesischen Lorbeergewächses *Litsea cubeba* erreicht. Bis etwa 1955 waren diese drei Pflanzenarten die einzige Quelle für den Monoterpenaldehyd, den man heute weitgehend synthetisch herstellt. Das meiste Citral wird als Ausgangsmaterial zur Gewinnung verschiedener Duftstoffe, besonders der Veilchenriechstoffe verwendet. Außerdem stellt es einen Rohstoff zur Synthese von Vitamin A dar. Citral, das in vielen Aromen mit Zitrusgeschmack eingesetzt wird, besitzt eine stark bakterizide Wirkung und dient daher als Expektorans bei Grippe und Erkrankungen der Atemwege. Außerdem hemmt der Aldehyd das Wachstum gewisser Sarkome.

Aus dem auf Sri Lanka wild wachsenden und in anderen subtropischen Teilen der Erde kultivierten Citronellgras [489] wird in technischem Maßstab ein ätherisches Öl, Ceylon-Citronellöl genannt, gewonnen, das aus gleichen Teilen Geraniol und Citronellal bestehen kann. Den höchsten Gehalt (bis zu 95%) an Aldehyd, der ein partielles Hydrierungsprodukt des Citrals darstellt, weist das Blätteröl eines Eukalyptus-Baumes [490] auf. Citronellal ist ein geschätzter Geruchs- und Aromastoff sowie Ausgangsmaterial zur synthetischen Herstellung einer Reihe bekannter Riechstoffe. Eine wichtige Variante bei der Menthol-Synthese läuft über Citronellal.

Indien wäre undenkbar ohne den Patchouliduft. Er stammt von dem Kraut der *Pogostemon patchouli*, einem Lippenblütler von pfefferminzähnlichem Aussehen, was ihm ebenfalls den botanischen Namen *Mentha cablin* eintrug [491]. Sein typisch orientalischer Geruch besitzt eine holzig-kampfrige Grundtonalität mit erdigem Unterton und einer stark krautig-würzigen Komponente. Ein Liebhaber dieser Materie ist der aus Bangladesch stammende Chemiker Braja D. Mookherjee, dessen schwärmerische Beschreibung für den unnachahmlichen Patchouliduft in der Originalsprache wiedergegeben werden soll [492]:

> *This oil has, for untold years, excited the imagination of all those privileged to smell its beautiful aroma or use perfumes*

into which it was compounded. This particular aroma brings to mind all of the basic earthy characteristics, which seem to be rooted deeply in our consciousness. Besides its distinctly mother earth-like character, it posesses a rich woodiness with subtle hints of a wide variety of herbs. Overall this is a faintly sweet character which combines to make an aroma which is of great utility in perfume compounding.

Alte Hindu-Riten erwähnen das Kraut zur Herstellung des Räucherwerks *ood*, das neben Patchouli, Aloe und Benzoe enthielt. Auf *oodsoz* genannten Räucherpfannen zündete man das Gemisch zu Füßen der Toten an, sobald ihnen die Augen geschlossen wurden [493]. Die getrocknete Patchoulipflanze dient auch heute noch zur Parfümierung von Teppichen und Kleidungsstücken. Ihre insektizide Wirkung spielt dabei eine zusätzliche praktische Rolle [489].

Das nach Nelken und Olibanum riechende Tulsikraut [494], ebenfalls ein Lippenblütler, gilt in Indien als typisch weiblich [495]. Die heilige Pflanze wurde Vishnu [391], dem Schwerenöter unter den himmlischen Wesen, gewidmet, der alle erotischen Wünsche der Frauen erfüllen sollte. Siva-Anhänger sollten Tulsiblätter meiden und Vilva-Blüten verehren [391]. Zur Erinnerung an den Verstorbenen pflanzte man den Tulsibusch im Hausgarten auf einer Handvoll seiner Asche [496]. In der traditionellen indischen Medizin besitzen die Blätter der Tulsipflanze einen hohen Stellenwert [497].

Davana [498] ist ein südindisches Kraut aus der Familie der Korbblütler, das besonders üppig in der Nähe von Sandelbäumen vorkommt. Es strahlt einen schwer balsamischen Duft mit stark tabakartigen Tönen aus. Außerdem werden in seinem ätherischen Öl frisch-grüne und fruchtige Noten wahrgenommen, die an Kassis und Zitrusfrüchte erinnern. Für die spezifische Geruchsauslösung macht man die sogenannten Davana-Äther verantwortlich, die als enzymatische Abbauprodukte seines Hauptbestandteils, des geruchlosen Sesquiterpenderivats Davanon, gelten. Strukturverwandte Äther sind im Bouquet des griechischen Tabakaromas entdeckt worden. Obwohl die Pflanze eine lange

Tradition in der einheimischen Duftkultur hat, wird ihr exotischer Geruch im Westen erst seit den 50er Jahren dieses Jahrhunderts geschätzt.

Die Verehrung von Blüten kennt in Indien keine Grenzen. Form, Farbe und Wohlgeruch besitzen oft hohe Symbolkraft. Blumen und Düfte spielen im Hindu-Gottesdienst auch heute noch eine bedeutende Rolle. Hermann Hesse berichtet über den Besuch eines Tempels: «Ein süßer heftiger Blumenduft überfiel mich betäubend.» [499] Blumengirlanden aus Jasmin- und Mandelblüten unter Buddhastatuen sind lediglich für die Gläubigen bestimmt, deren Sinne sie erfreuen sollen. Der Prophet selbst gilt als unempfindlich gegenüber Wohlgerüchen. Nach den moraltheologischen Regeln dürfen die Bonzen an genau festgelegten heiligen Tagen weder Musik hören noch sich parfümieren und auch nicht den Geruch von Blumen einatmen. Als traditionelle Opfergabe für Buddha gelten bis zum heutigen Tage ausschließlich Weihrauchstäbchen und Lotosblüten. Mit Wohlgeruch von Blütengirlanden ehrte man in allen Kultstätten hinduistische Gottheiten und Schutzgeister sowie die Vorfahren. Weihwasser wird nach brahmanischer und hinduistischer Sitte mit Jasmin oder Mandelblüten parfümiert [500]. Während der Hochzeitszeremonie tauscht man unter den Verlobten Blumengirlanden aus. Damit die Liebe nicht rostet, wird bei gleicher Gelegenheit eine Girlande aus Blüten des Baums *rak*, des Baumes der Liebe, überreicht. Noch heute werden in Ostasien Gäste auf diese Weise begrüßt [501]. In Thailand mit seiner buddhistischen Staatsreligion *theraveda* flechten Frauen in der Umgebung der Heiligtümer herrliche Blumengirlanden als Opfergaben, deren Zusammensetzung und Farben genau festgelegt sind und von denen jede einen bestimmten Zweck erfüllen soll. Mit Jasmin- und Mandelblüten-Girlanden wird in alltäglicher Zeremonie des thailändischen Königs und seiner Familie gedacht [406].

Der Lotos ist die Leitblume des Buddhismus und ein Symbol Indiens. Nach der Geburtslegende entwächst Gautama Buddha dem Kelch einer Lotosblüte (sansk. und tib. *padma*) [502]. Daher gehört diese zu einer der acht lamaistischen Kostbarkeiten [503].

In seinem *Buch der Lieder* drückt Heinrich Heine die Verehrung des Lotos in den Versen aus:

Am Ganges da duftet's und leuchtet's
und Riesenbäume blühn
und schöne stille Menschen
vor Lotusblumen knien.

Die Verehrung der Lotosblüte als Sinnbild eines selbsterschaffenen Wesens hatte ihren Ursprung in den vorbuddhistischen Religionen des Subkontinents. Im Amitabha-Kult bedeutet der Lotos die unbefleckte Wiedergeburt im «Westlichen Paradies» [504], dem reinen Lande. Er versinnbildlicht die Reinheit, die im Schlamm geboren ist, so wie sich der Buddhismus über die irdische Verdorbenheit hinwegsetzt. Als Symbol der entstehenden Erde ist der *padma* aus dem Nabel Vishnus entstanden. In der bildenden Kunst wurde Brahma auf einem Lotosblatt, Buddha oft stehend oder sitzend in einer Lotosblüte dargestellt. Ihre Blumenblätter in Form eines Rades symbolisieren den Lauf des Daseins, nämlich Wohlstand, Fruchtbarkeit, die Vollendung der Schönheit und den Fortschritt des menschlichen Lebens. Das in klassischen Darstellungen gleichzeitige Auftreten von Samen, Knospen und Blüten drückt die Vergangenheit, die Gegenwart und das zukünftige Leben im Jenseits aus. «Die goldene Lotosblüte versinnbildlicht den ideal reinen Zustand der Natur der Pflanzenwelt, in der die geschlechtliche Sphäre, jeder dämonischen Begierde bar, unverhüllt blüht. Diese Begierde ist aber der vitale Ausdruck jenes Willens zum irdischen Leben und zur Wiedergeburt, die zu überwinden sich die buddhistische Selbsterlösungslehre zur Aufgabe gestellt hat.» [503]

Der Lotos ist wie die Glocke Sinnbild der weiblichen Energie und der geistigen Wiedergeburt des Menschen [505]. Poetische Texte besingen die angebetete Frau als im Herzen einer Blüte, meist einer Lotosblüte geboren. Der Lotos [506] mit seinen weißen und pinkfarbenen Blüten von starkem, narkotisch-süßlichem Duft mit fruchtigen und anisartigen Untertönen zierte bereits im Altertum die Wasseranlagen der Noblen Indiens. Der weiße Lotos, heißt es in einem chinesischen Gedicht, ist nur noch vergleichbar mit dem Duft der Champaka. Erscheinungsbild und Wohlgeruch des Lotos vermitteln eine Stimmung erotischer Sehnsucht. Seine Blütenblätter sind mit einer Wachsschicht überzogen, die Wassertropfen wie Quecksilber ablaufen lassen. Dieser Vorgang symbolisiert die Überzeugung eines jeden Buddhisten. Nach einem Hindu-Sprichwort ist «ein Fürst ohne Gerechtigkeit wie ein Fluß ohne Wasser oder ein See in der Regenzeit ohne Lotosblume» [495]. Nach den Paradiesvorstellungen des Amitabha-Buddhismus sitzen die Hinübergeborenen in einer geschlossenen Lotosblüte, in der sie Buddha zwar nicht sehen, aber seine Botschaft vernehmen können [507]. Ursprünglich in den Seen Kaschmirs beheimatet, verbreiteten Mönche die heilige Pflanze über Südostasien. In China erscheint der Lotos unter dem Namen *lien-hwa*. Er verbreitete sich südlich der Linie vom Kaspischen Meer bis zur Mandschurei. Alle Teile des Lotos werden besonders in China als Medizin oder Nahrungsmittel verwendet. Wurzeln und Blüten des blauen Lotos erhöhen die Fruchtbarkeit. Ihre Samen werden gekocht und geröstet, und aus der Stärke ihrer Rhizome wird eine Suppe bereitet. Die Samen besitzen eine einmalige biologische Resistenz, denn 2000 Jahre alte Exemplare aus einer Grabbeilage keimten wie frisches Material innerhalb von vier Tagen. Der Sung-Philosoph Chou Tun-i stellt in seiner berühmten poetischen Abhandlung über die Lobpreisung des Lotos die Chrysantheme als die tugendhafte Eremitin unter den Blüten dar, die im Schatten der in der Tang-Zeit sehr beliebten Pfingstrose steht. Sie allein gibt dem Lotos, dem Prinzen der Blumen, die Bewunderung, die ihm zukommt [508]. Auch dem Islam war der Lotos heilig, denn der symbolische Lotosbaum im siebten Himmel stand zur Rechten des Thrones von Allah [509].

Gelber und blauer Lotos existiert nicht in der realen, sondern nur in der magischen Welt. Sein göttliches Attribut verstärkt sich in der blauen Variante und taucht nicht selten in der chinesischen Malerei auf. Blaue Wasserlilien, fälschlicherweise als blauer Lotos [510] angesehen, sind in Kaschmir zu Hause. Ihre Blüten strömen einen weit wahrnehmbaren, charakteristischen Geruch aus. Die blaue Wasserlilie tritt auch in China auf und ist mit dem ägyptischen blauen Lotos identisch [511]. Ihre Popularität verdankt die Pflanze, die in keinem ägyptischen Garten fehlen durfte, ihrer symbolischen Beziehung zum Nil, dem Urwasser und universalen Lebensspender. Nach unseren heutigen Kenntnissen enthalten Wasserlilien halluzinogene Stoffe, die sich leicht aus den Blütenköpfen extrahieren lassen. Bezeichnenderweise war das bevorzugte ägyptische Getränk ein Wein, in den zuvor diese Blüte getaucht wurde. Der angenehme Duft der blauen Wasserlilie steht in Verbindung mit Ra. Ihre gelben Fruchtständer heben sich gegen die tiefblauen Blumenblätter genauso ab wie der Sonnengott vom Himmel. Bei Tagesanbruch steigt die Blüte aus dem Wasser und schließt sich um die Mittagszeit, ohne unterzugehen. In der ägyptischen Mythologie bedeutet dies die Auferstehung von Osiris mit Hilfe von Isis [512]. Als Attribut von Osiris, Isis, Horus und Hathor fehlte die blaue Wasserlilie bei keinem Opfer und keiner Bestattung [513]. Die beiden Säulen vor dem Tempel König Salomos waren stilisierte Wasserlilien, denn es hieß: «Und oben auf den Säulen war Lilienschmuck. So wurde vollendet das Werk der Säulen.» [514] Die zehn Kessel in Salomos Tempel wurden wie folgt beschrieben: «(...) und sein Rand war wie eines Bechers Rand, wie eine aufgegangene Lilie.» [515]

Die Kumuda-Blume des Sanskrit, deren Wohlgeruch von weither wahrnehmbar ist, stammt von einer Wasserlilie ab [516]. Sie wird als Kutsche für den Gott Lakshmi angesehen. Darüber hinaus stellt sie das sichtbare Bildnis von Candara, dem Mondgott dar. Obwohl die seltenere weiße Wasserlilie nicht überall von dem weißen Lotos unterschieden wurde, ist sie in ihrem göttlichen Wert gleichrangig mit dem ägyptischen Lotos [517]. Wahrscheinlich waren weder die weiße noch die blaue indische Wasserlilie jemals in China heimisch. Allerdings kommt der «schlafende Lotos» [518] mit seinen kleinen weißen Blüten, auch «zwerghafte Wasserlilie» genannt, ganz im Süden von China vor.

Kewda-Blüten schätzte man wegen ihres betörend honigartigen Geruchs. Gemeinsam mit Sandelholz wurden die Blüten zu Ketten verarbeitet, was bereits aus der Dichtung *Rtusamhara* hervorgeht [405]. Im *Meghaduta* auch *ketaka* genannt, sind die Blüten mit Vorstellungen inbrünstiger Liebe verbunden [407]. Der wildwachsende Kewda-Strauch [519] ist wegen seiner dornigen Blätter von den Einheimischen zur Abgrenzung ihres Besitzes und zum Schutz gegen wilde Tiere angepflanzt worden. Seine gelben, cremefarbigen und weißen Blüten, die ein Gewicht von durchschnittlich 150 g erreichen [520], sind seit alters her als Quelle zur Parfümherstellung bekannt.

Der indischen Liebesgöttin Kama Deun ist die vom Pagodenbaum [521] stammende goldgelbe Champaka-Blüte geweiht. Sie gehört zum Kopfschmuck der Hindu-Mädchen, und in Kambodscha besitzt sie höchste Symbolkraft. Die in die Mythologie eingegangene blaue Champaka schmückt den Himmel des Gottes Brahma [522]:

Jene blaue Blume, die wie Brahmanensage lehrt,
mit ihrer Blüte nur das Paradies beehrt.

Der schattenspendende Champakabaum durchduftet, wenn er in Blüte steht, den ganzen Garten, der ohne ihn kein indischer wäre [523]. Dieser Baum, der an die mitteleuropäische Magnolie erinnert und zur gleichen Pflanzenfamilie gehört, besitzt einen intensiven und lange haftenden, blumig-würzigen Geruch ähnlich dem von Orangenblüten mit Untertönen von tropischen Früchten. Zu Girlanden verarbeitet, hatte die Blüte in der Hindu-Kultur eine religiöse und rituelle Bedeutung. Im 7. Jh. n. Chr. brachten buddhistische Mönche Champakapflanzen nach China, wo sie sich dank ihres ornamentalen Charakters schnell zu höchster Popularität verbreiteten. Gleich wie beim Jasmin werden die Champakablüten zum Aromatisieren von Tee verwendet. In der ayurvedischen Medizin gelten die gelben Blüten als Lebermittel. Ihr ätherisches Öl, meist durch Extraktion der Blüten mit fetten Pflanzenölen gewonnen, wird seit alters her zur Parfümherstellung gebraucht und auch heute noch unter dem Begriff *attars of champaka* verwendet. Nach der *Manasollasa* genannten indischen Enzyklopädie aus dem 12. Jh. ist ein königliches Massageöl auf Sesam-Basis mit dem Blütenduft der Champaka, des Pandanus und des Jasmins parfümiert, wobei noch ein *punnaga* genanntes ätherisches Öl des Tacamanac-Elemiharzes [524] zugefügt wird [525].

Der über den Gipfeln des Himalaya thronende Indra beduftet sein Paradies *swerga* mit der rosenblütigen Camalata, die «(…) nicht nur die Sinne all derer erfreut, die das Glück haben, ihren köstlichen Duft einzuatmen, sondern auch in der Lage ist, ihnen jeden Wunsch zu gewähren» [522].

Die trichterförmigen weißen Blüten des Stechapfels [526], die in der indischen Mythologie die Kraft des Phallus symbolisieren,

Auf der Briefmarke ist die *Datura inoxia*, der weißblütige Stechapfel abgebildet. Sein Duft spielt bei der tantrischen Religionsausübung der Hindus und in der chinesischen Narkosetechnik eine bedeutende Rolle.

verströmen gegen Abend einen berauschenden Wohlgeruch, um bald danach zu erschlaffen. Sie sind dem zehnarmigen Hindugott Shiva gewidmet, der gemeinsam mit der reizenden Gemahlin Parvati, seiner Shakti, als Gott der Erotik, der Liebeskunst und der Aphrodisiaka gilt. Das Götterpaar gilt als Sinnbild für die tantrische Doktrin, ein Lehrsystem der indischen Religion. Die Tantriker sehen in Sinneswahrnehmung und Gemütsbewegung die stärksten menschlichen Bewegkräfte. Der Tantrismus strebt die totale Einheit des Individuums in allen Lebensprozessen an, seien sie materieller, spiritueller oder sexueller Natur. Die heiligen fünf Sakramente der tantrischen Religion sind Fleisch, Fisch, Alkohol, Aphrodisiaka und sexuelle Vereinigung. Tantra ist der Weg, der über die sexuelle Ekstase die Mysterien des Universums enthüllt [391]. Vor der irdischen Vereinigung hat sich die Shakti einem Reinigungsprozeß zu unterziehen. Nach dem rituellen Bad werden ihre Haare mit Parfümöl behandelt, und aus einer Schale mit Duftwasser, die Rosenwasser und wohlriechende Blüten enthält, wird sodann ihr Haupt besprengt [527]. Indischer Hanf [528], ebenfalls dem Hindugott Shiva heilig, ist nach der tantrischen Tradition eine weibliche Pflanze. Diese erweckt die *shakti*, die weibliche Energie in Mann und Frau. Die männliche Kraft, die dem *ligam* Leben verleiht, wird durch die Datura-Pflanze symbolisiert. Beide Pflanzen vereinigt, versinnbildlichen die kosmische Einheit zwischen Mann und Frau. Die Kunst des Tantra [529] zeigt die Welt jenseits der sichtbaren Erscheinungen; die manifestiert sich in mannigfaltigen rituellen Techniken und yogaähnlichen Praktiken und setzt die verschiedenen Stufen des Ekstasekultes in Beziehung zur Vision kosmischer Sexualität.

Tee von Blättern und Blüten des Stechapfels gilt als psychodelisch, stark berauschend und sehr erotisch [530]. Als aktive Substanzen werden die Tropanalkaloide Hyoscyamin und Scopolamin sowie das Nebenalkaloid Meteloidin verantwortlich gemacht. Der in Indien heimische und wildwachsende Stechapfel wird in der Nähe von Klöstern und hinduistischen Heiligtümern angepflanzt. Eine chinesische Bronzestatue aus der Sui-Dynastie (589 n.Chr.) zeigt Amitabha Buddha meditierend unter einem Paradiesbaum, der mit Lotosblüten besetzt ist, während vom Himmel Wassertropfen auf den Stechapfel fallen sollen. In Wein mazerierte Teile des Shiva-Strauches schwächen die Willenskraft bei vollem Bewußtsein. Der berühmte chinesische Pharmakologe Li Shizhen (1518–1593) kannte die narkotische Wirkung der Datura aus Selbstversuchen und schrieb in seinem *Ben Cao Gang Mu* (*Abriß der Arzneimittelkunde*) die folgende Beobachtung nieder: «Die Tradition sagt: Pflückt man die Blüte lachend für den Gebrauch im Wein, wird der Wein einen zum Lachen verleiten; pflückt man die Blüte tanzend, wird der Wein einen zum Tanzen verleiten.» [531] Die Inder verwendeten Präparate des Stechapfels nicht nur zur Auslösung visueller Halluzinationen, sondern auch als Arzneimittel, nämlich zur Schmerzlinderung, als Schlafmittel, gegen Geisteskrankheiten und gegen Impotenz.

Den *vajikarama* oder auch Liebesmitteln ist im *Ayurveda* ein eigenes Kapitel gewidmet. Unter ihnen nimmt *majun* einen besonderen Rang ein. Es setzt sich zusammen aus den Samen und Blättern von Hanf, Haschisch (die zu Harz geronnene Ausscheidung der Hanfblüte), Opium, Gewürznelken, Kardamom, Weihrauch, Anis, Kumin, Butter, Butterschmalz, Mehl, Milch und Zucker. Der bedeutende vedische Arzt Caraka beschreibt die Wirkung des tantrischen Mittels wie folgt: «Es erzeugt Ekstase, ein Hochgefühl, das Gefühl zu fliegen, gesteigerten Appetit und heftige sexuelle Wünsche.» [532] Ein zweites in Pulverform gewonnenes *vajikarama* auf Opiumbasis setzte sich unter anderem aus Gewürznelken, Muskatnuß, Kubebenpfeffer, Sandelholz, Ingwer und dem ingwerartig riechenden langen Pfeffer [533] zusammen. Dieses Gemisch soll den erotischen Genuß steigern. Tantrische Praktiken werden außerdem durch Zerstäuben aphrodisierender Essenzen von Ambra, Moschus, Sandelholz, Zimt und Ylang-Ylang unterstützt. Auch nach heutigen Kriterien handelt es sich dabei um erogene Duftstoffe. Im Tibet soll ein Kraut als tödliches Aphrodisiakum existieren, das den Konsumenten zum Wahnsinn treibt. Die Einnahme einer anderen Pflanze soll die Vision der Schmerzenswelten ihrer unglücklichen Bewohner vermitteln [534]. Außerdem ist man dort im Besitz von Weihrauchstäbchen, deren einzigartiger Geruch schwindlig macht und zu Bewußtseinsstörungen führt. Tibetanische Böns, die in vorbuddhistischen Zeiten die Religionsausüber waren, benutzten ihren Duft zur Indoktrination von Gläubigen und zur willigen Annahme der Orakel [535].

Während die Blätter und Wurzeln des Hennastrauches [536] im Orient zum Färben verwendet werden, dienen seine mit einer Nuance von Teerose nach Reseda und Flieder riechenden Blüten [537] als Duftstofflieferant.

Die Rose, bereits in der alten Sanskrit-Literatur erwähnt, spielt in der indischen Duftkultur eine hervorragende Rolle. Schon 3000 v. Chr. sollen Rosenpflanzungen im Industal existiert haben [538]. Kaschmir-Rosen werden in dem berühmten Indien-Hymnus von Thomas Moore besungen [539]:

Wer hat nicht Kunde von Kaschmirs Tal,
dessen Rosen an Schönheit alle besiegen?
Seinen Tempeln, Grotten und Brunnen so klar,
wie die liebenden Augen, die darin sich spiegeln.

Einer Legende zufolge soll Nur Jehan Begum (Licht der Welt), die Lieblingsfrau des Sultans Jehangir, einen Ölfleck auf dem Fluß mit Rosenwasser, der sich durch ihren Garten in Shalimar dahinzog, beobachtet haben. Diesen Ölfleck fing man auf und gewann eine

Rosenessenz daraus, die das süßeste und stärkste aller bis dahin bekannten Parfüms darstellte. Mit dieser Geschichte wird die Entdeckung der ätherischen Öle in Indien symbolisiert. Aufgrund der *Ayurvedas* muß man allerdings den Zeitpunkt der Entdeckung wesentlich früher ansetzen.

Während in alten Hindu-Versen die Rose als die Königin der Blüten apostrophiert wird, hat man den Jasmin als ihren König gefeiert [540]. Spanischer Jasmin [541], von den Arabern im 16. Jh. über den gesamten Mittelmeerraum verstreut, stammt ursprünglich aus Kaschmir [542] und heißt in der Hindu-Sprache *chameli*. In Indien kennt man über 30 verschiedene Jasmin-Arten, unter ihnen *juhi* [542], *kundh n-iwari* [543], *peeli chamdi* [544] und *sambac* [545]. Alle unterscheiden sich geruchlich in Nuancen und werden heute besonders in der Umgebung von Ghazipur oberhalb von Benares in großem Stil zur Erzeugung von *attars* kultiviert. Die Sambac-Varietät, im Hindi *moli* genannt, ist die Malika-Blüte der alten Sanskrit-Literatur. Sie verbreitete sich nach China, wo sie in Kanton heimisch wurde [546].

Eine ähnliche Bedeutung für die Parfüm-Herstellung wie Ghazipur haben Jaunpur und Kannanj erlangt, wo sich die indische Parfüm-Tradition länger als 5000 Jahre zurückverfolgen läßt. Schon damals wurde eine primitive Form der Wasserdampfdestillation praktiziert, die zur Gewinnung parfümierter Wässer aus Sandelholz, Vetiver, Kampfer, Safran und Moschus führte. Die Trennung des Wassers vom ätherischen Öl lieferte die *attars*. Zu ihrer vollständigen Entwässerung bewahrte man die Öle in Lederflaschen auf, wobei nach einem der Osmose ähnlichen Prinzip das Wasser durch die Membranen wandert und das ätherische Öl zurückläßt [547]. Der gleiche Prozeß, der mit einem Gemisch von Blüten und aromatischen Pflanzen unterschiedlicher Zusammensetzung vorgenommen wird, führt zu einer *hina* genannten Komposition, deren bessere Qualitäten mit Safran, Moschus, Ambra oder Agarholz versetzt sind. Diese Prozedur ist heute noch in Indien in Gebrauch.

Nach der Zeitenwende hatte die indische Parfümerie und Kosmetik besonders während der Gupta-Periode (7. Jh.) eine Blütezeit. Den Höhepunkt jedoch erreichte die Duftkultur zu Zeiten der islamischen Mogul-Herrscher, die den arabischen Geschmack für Rosen, Jasmin, Moschus und alle exotischen Parfüms pflegten.

Wie in allen Kulturkreisen so wurde auch im chinesischen lange vor schriftlichen Zeugnissen Wohlgeruch durch Abbrennen von Räucherwerk erzeugt. Opferrauch spielte eine bedeutende Rolle in der Verehrung der Unsterblichen und der Geister sowie im Ahnenkult. Duftend sollten die Gebete der Gläubigen himmelwärts schweben. Wohlgeruch sollte die Dämonen, die Krankheit und Unglück hervorrufen, vertreiben, Häuser und Kleider von Ungeziefer reinigen oder Regen anziehen. Zunächst nahm man mit einheimischen Hölzern, Harzen, Kräutern und Gewürzen als Rauchmaterial vorlieb. Holz, Harz und andere Teile der Kiefer, der Zeder und einer Reihe anderer Koniferen fanden dafür ebenso Verwendung wie Thuja, Sadebaum, Wacholder oder Kampferbaum. Zur Variation des Wohlgeruchs fügte man dem Räucherwerk duftende Gräser, Kräuter, Blumen, Früchte und Gewürze hinzu. Als typische Pflanzen oder Pflanzenteile wurden auch Storax, Elemiharz, Kassiablätter, Früchte des Sternanisbaumes, Lianen, die Perillapflanze, Basilikum und Moschus ausgewählt. Räucherungen mit Beifuß und Kalmus kann man bis etwa 3000 v. Chr. zurückverfolgen. Nach der territorialen Ausweitung des chinesischen Mutterlandes kamen später die Zimtwälder der Provinz Guangsi, Aloeholz aus Annam (Nordvietnam), Elemiharz aus Kanton und Storax aus Taiwan hinzu [548]. Importierte Exotica wie etwa Aloe, Sandelholz, Patchouli, Gewürznelken, Zimtrinde, Benzoe, Elemiharz, Myrrhe und Weihrauch erweiterten die Duftpalette erheblich.

In der Bronzezeit der Shang Dynastie (1766–1132 v. Chr.) hatte das Abbrennen von Räucherwerk hohe religiöse und kultische Bedeutung. Gar verschwenderisch gingen die Gläubigen des Tao damit um. Nach der taoistischen Mystik, die sich vom 6. Jh. v. Chr. an entwickelte, soll der Mensch zum Weg der ursprünglichen Natur und damit zu dauerndem Leben heimkehren [549]. Um den «Weg zum ewigen Leben», zum Tao erreichen zu können, wurden Meditation, Diätetik, Alchemie, atemtechnische und gymnastische Übungen sowie sexuelle Praktiken empfohlen. Den Vertretern der taoistischen Askese galt Nahrung als entbehrlich, denn die Elementargeister labten sich ausschließlich an Duftstoffen. Im *Buch vom Weg und von der Tugend*, dem *Tao-Tê-King* des Lao-tse, das zur heiligsten Quelle der chinesischen Mystik wurde, heißt es in einem Vers [550]:

Klang von Musik und Wohlgeruch von Speisen:
Die Fremden hält es, die vorüberreisen.
Doch was der Weg an Worten bietet dar,
ist ohne Duft und Köstlichkeit dem Munde.
Wer es erblickt, den dünkt es unscheinbar;
wer es vernimmt, nimmts nur mit Mühe wahr;
wer es gebraucht, kommt aber nie zum Grunde.

Große Weihrauchöfen standen im Zentrum taoistischer Tempel, deren ausströmender Wohlgeruch der Unterstützung von Meditation und Atemübungen dienten. Jede taoistische Liturgie begann und endete mit den Worten: «Ob innerhalb oder jenseits der drei Welten, der Tao allein ist der Verehrung wert und unter den zehntausend Riten hat das Abbrennen von Weihrauch Vorrang.» [551] Die Gläubigen waren sich bereits der halluzinogenen Wirkung gewisser Pflanzen bewußt, so etwa des Hanfs [552], dessen Rauch die Wirkstoffe des Haschischs in sich birgt. Über eine längere Zeit eingeatmet, kann man mit den Geistern in Verbindung treten. Der eigene Körper gerät in einen Schwebezustand als Zeichen zunehmender Unsterblichkeit [553]. Auch Pilze wie der Fliegenpilz [554] waren als Ingredienzien für Elixiere, die das ewige Leben verhießen, bekannt.

In ihrem Duftbedürfnis standen die Konfuzianer den Taoisten kaum nach. Die konfuzianische Lehrmeinung vertritt ein ethisch-soziales System, in dem ausgeprägter Familiensinn, hoher Ahnenkult und gerechte Staatsmacht die Fundamente bilden. Die zu Ehren ihres Begründers Konfuzius (551–479 v. Chr.) jährlich abgehaltenen Zeremonien waren von viel Weihrauch begleitet. Der Philosoph selbst vertrat die Meinung [555]: «Räucherwerk parfümiert schlechte Gerüche, und Kerzen erleuchten die Herzen der Menschen.» Auch heute noch wird die Tradition der aromatischen Raumbelüftung in ganz Ostasien aus hygienischen und kultischen Gründen ausgiebig gepflegt. Der konfuzianische Kult erreichte zu Beginn der Han-Zeit (etwa 200 v. Chr.) einen ersten Höhepunkt. Im Zentrum der Verehrung stand der göttliche

Chinesischer Weihrauchbrenner aus Ton, der eine phantastische Jagdszene darstellt (Han-Zeit).

Herrscher, der die vom Himmel entsandten spirituellen Kräfte zum Wohlergehen seiner Untergebenen einsetzte. Wohlgeruch kennzeichnete die Gegenwart der königlichen Eingebung, die nach übernatürlicher Weisheit duftete. Oder aber er bedeutete den gereinigten Atem der Götter in Verbindung mit menschlichen Angelegenheiten, in denen der Herrscher als ihr Stellvertreter handelte [556]. Die symbolische Rolle von Weihrauch am geweihten Hof offenbarte sich in seinem Duft, der beim «großen Empfang» erforderlich war, sobald in der Basilika die archaischen Roben an- und die zeremoniellen Matten ausgelegt wurden. Bevor er seinen amtlichen Geschäften nachging, verbeugte sich der Staatsrat vor dem «Tisch der Duftstoffe», der vor dem Sohn des Himmels aufgebaut war und auf die göttliche und königliche Gnade hinwies. Auch die Examen für höhere Weihen fanden vor diesem Tisch statt.

Das Erzeugen von Wohlgeruch durch Räucherwerk hat in China eine große Tradition. Dazu dienten meist kunstvoll geformte Gefäße. Zu den kostspieligsten Geräten aus Bronze gehört der Weihrauchofen der «Sieben Juwelen», der als eine Erfindung aus der Chou-Zeit (ca. 1000 v. Chr.) angesehen wird [557]. Es gibt Anzeichen dafür, daß die Kultur der Weihrauchbrenner aus Zentralasien, Indien oder sogar Ägypten stammt. In China wurden diese Geräte zur höchsten Vollendung weiterentwickelt, denn im verwendeten Material, dem Dekor und der Ausstattung kannte der Luxus keine Grenzen. Geräte wurden selbst in Jade und Gold gearbeitet. Ein Prunkstück davon steht im buddhistischen Tempel von Lo-yang. Dieses 30 cm hohe Gefäß, ein Geschenk einer chinesischen Prinzessin, besaß vier Münder und war reichlich mit Abbildungen von Vögeln und anderen Tieren sowie Figuren aus der Mythologie verziert und mit Perlen, Edelsteinen, dem kostbaren Opal Karneol, Korallen und Bernstein geschmückt [558]. Der während der Han-Dynastie (200 v. Chr.) sich rasch entfaltende Taoismus hatte großen Bedarf an Räuchergefäßen. Der durchgebrochene Deckel eines Prototyps zeigt ein sehr vielfältiges Ornamentschema, das in gebirgiger Landschaft eine phantastische Jagdszene wiedergibt, an der nicht weniger als fünfundzwanzig Lebewesen beteiligt sind, einschließlich des traditionellen Drachens, einer Eidechse, eines Frosches und eines Bären. Wegen der hohen Nachfrage wurde dieses Gefäß in Bronze, Eisen und Ton hergestellt [559]. In aufwendigen Behältern verbrannte man Harze am Grabmal des chinesischen Prinzen Liu Sheng (gest. 113 v. Chr.), um die bösen Geister zu vertreiben [560].

Wohlriechenden Stoffen aller Art begegnete man auch im alltäglichen Leben, besonders in der adligen Welt. Kosmetische Mittel, duftende Bäder und Riechbeutelchen in Kleidern sollten ein Paradies hervorzaubern; dies wurde besonders vom Taoismus und später vom Buddhismus stark gefördert. Herrliche Gerüche waren als eine Art Nahrung der Seele gedacht und sollten einen erhabenen und reinigenden Effekt ausüben. Sie dienten der Vergeistigung des Lebens und der Vervollkommnung höherer Fähigkeiten, was sich auch in der chinesischen Märchenwelt manifestierte und auf die Dichtkunst übertrug. Das Parfümieren von Körper, Kleidern und Atem diente nicht nur einem ästhetischen und hygienischen Zweck; vielmehr sollte auch dem anderen gegenüber Respekt bezeugt werden. So näherten sich die Minister der Han-Dynastie dem «Sohn des Himmels» unter Kauen von Gewürznelken, um den Atem reinzuhalten, während die Herrscher der Sung ihre Robe mit Storax parfümierten, ehe sie das rituelle Pflügen zu Beginn der Feldarbeit ausführten [561]. Es wird von einem Prinzen im 8.Jh. berichtet, der nicht zu seinen Gästen trat, ohne vorher sowohl ein duftendes Bad genommen als auch seinen Mund mit Aloe und Moschus parfümiert zu haben [562]. Bevor der Dichter Liu Zungyuan (9.Jh.) einen Brief des Philosophen Han Yu öffnete, wusch er seine Hände in Rosenwasser [563]. Verdienste von Untergebenen honorierte der Kaiser mit Geruchsstoffen. Im Verlaufe seiner Festlichkeiten ließ Chung Tsung (684 n.Chr.) wohlriechende Stoffe unter die Höflinge verteilen. Ein anderer Kaiser der späten Tang-Zeit (um 930), so wird berichtet, ließ sich in einer seiner Palasthallen eine Miniaturstadt aus aromatischen Materialien bauen: Hügel und Berge bestanden aus wohlriechenden Hölzern, Seen und Flüsse aus Storax und Rosenwasser, Bäume aus Nelken und anderen Gewürzen, Wälle wurden aus Weihrauchharz geformt, Gebäude fertigte man aus farbigen Hölzern wie etwa Rosenholz, und Menschen wurden aus Sandelholz geschnitzt. Den Höhepunkt an Eleganz erreichte wohl Han Hsi-tsai (10.Jh.), der das Mischen von Räucherwerk mit seinen Gartenblumen erlaubte; so wurden Kampfer mit Osmanthusblüten, Aloeholz mit Heckenrosen, Moschus mit Magnolienblüten und Sandelholz mit der Champakablüte kombiniert [562]. Extravagante Tischlerarbeiten mit Riechhölzern sind aus der Tang-Zeit bekannt. Yang Kuo-chung, ein Minister von Kaiser Hsüang Tsung, ließ sich eine Gallerie aus Aloeholz bauen, mit einem Geländer aus Sandelholz. Die Wände hatten einen Abrieb von Moschus und Weihrauch, vermischt mit Erde. Während der Frühjahrszeit führte der Minister seine auserlesenen Gäste in diesen wohlriechenden Pavillon, um ihnen die duftende Pracht der Pfingstrosen vorzuführen [564]. Kerzen mit diesen kostbaren Duftstoffen wurden von weniger betuchten Leuten in Schlaf- und Wohnzimmern verbrannt. Als bemerkenswertes Beispiel sei eine Kerze des Kaisers Jui Tsung (7. Jh.) genannt, die, obwohl nur 5 cm lang, die ganze Nacht hindurch brannte und überall einen hinreißenden Duft verbreitete. Das gleichmäßige Abbrennen von akkurat hergestellten Räucherstäbchen wurde als «Geruchsuhr» entworfen, wobei Kerben als Zeitskala dienten. Diese Vorrichtung ist erstmals von buddhistischen Mönchen bei der Nachtwache benutzt worden; doch stammt sie möglicherweise ursprünglich aus Indien. Eine Variante der «Geruchsuhr» bestand aus in Metallplatten gepreßten Buchstaben des chinesischen Alphabets oder aus archaischen Zeichen wie etwa Siegeln. Die Zeit wurde an der entstandenen Aschenbahn abgelesen, welche die ausgebrannte Paste von Zeichen zu Zeichen durchzog [564]. Duftkörbe aus Bronze und Silber kamen in der Han-Zeit auf; sie dienten der Parfümierung von Kleidungsstücken und Bettzeug [565]. Nach alter chinesischer Sitte trug man Duftkissen und Riechbeutel, meist aus Tüll und Leinen, in seiner Kleidung oder am Gürtel. Sie waren gefüllt mit den verschiedensten aromatischen Stoffen wie Kampfer, Gewürznelken, Narde, Aloe, Sandelholz, Storax und Moschus oder deren kunstvoll hergestellten Gemischen. Während der Tang-Zeit war Basilikum in Mode. Hofdamen sollen davon einen derart verschwenderischen Gebrauch gemacht haben, daß man Prozessionen bereits kilometerweit ausmachen konnte [565]. Der aphrodisierenden Wirkung von Duftstoffen waren sich die Kurtisanen wohl bewußt. Die hübsche und populäre Zypriotin Ch'ang-an (Lotosduft) soll sich im 8. Jh. derart köstlich parfümiert haben, daß ihr, wenn sie aus dem Haus trat, «Bienen und Schmetterlinge folgten, ganz offensichtlich verliebt in ihren Duft» [562]. Das Parfümieren war durchaus kein unmännlicher Akt. Ein Gedicht aus dem 9. Jh. berichtet von einem jungen Soldaten, der in die Hauptstadt reitet und zum Anlocken von Freudenmädchen Duftstoffe aus fremden

Ländern in seinen Ärmeln birgt. Selbst der Kaiser trug Riechbeutel in seinen Ärmeln, traditionellerweise besonders während der Festlichkeiten zur Wintersonnenwende [566].

Die Han-Herrscher (200 v. Chr.) bauten ihre westlichen Neuerwerbungen Kanton und Haiphong zu bedeutenden Handelszentren aus. Zunächst auf Indien und Südostasien beschränkt, weitete sich der Güteraustausch später über die südarabischen Staaten und Somalia bis zum Mittelmeerraum aus, besonders nachdem chinesische Kaufleute die Marktlücke für Seide bei den Römern entdeckt hatten und auf dem Weg über die Seidenstraße schließen konnten. Einen ersten Höhepunkt erlebte Chinas Außenhandel in der Tang-Zeit (7. Jh.) über den Seeweg, wobei sich die im Hinterland von Hongkong (dt. Dufthafen) liegende Stadt Kanton und weiter nördlich Hangtschou (Provinz Kiangsu) zu den größten Duftstoffmärkten der damaligen Welt entwickelten. Unter dem Namen Kinsai war Hangtschou die Residenz der Sung-Dynastie (1127–1276). Marco Polo [567] und andere Reisende beschrieben den über eine Million Einwohner zählenden Ort als die schönste und reichste Stadt der damaligen Welt. Gigantische Ausmaße müssen die Importe von Sandelholz, Aloe, Patchouli, Benzoe, Storax, Borneo-Kampfer, Weihrauch und Myrrhe angenommen haben. Obwohl selbst reich an aromatischen Pflanzen, bevorzugten die Chinesen Produkte fremder Länder. Die eigenen wurden als «Bettler»-Ware angesehen. In der Südsee vermutete man Wäldchen, deren Bäume reichlich Balsame und Harze vergossen. Ein idealisierter Aromabaum sollte dort alle wichtigen Duftstoffe gemeinsam bergen, indem seine Wurzeln aus Sandelholz, seine Zweige aus Aloe, die Blüten aus Gewürznelken, die Blätter aus Patchouli und sein Harz aus Weihrauch bestanden [568].

Der seit der Antike praktizierten Kräutermedizin wird auch heute noch eine hohe Priorität eingeräumt, denn der Glaube an die Heilkraft von Wohlgerüchen ist tief im chinesischen Wesen verwurzelt. Zwischen Duft- und Heilpflanze wurde kein Unterschied gemacht, wie auch Medikamente, Weihrauch, aromatische Nahrung, Kosmetika oder andere ästhetische Produkte mit dem gleichen Begriff bezeichnet wurden. Sie alle erfüllten denselben

Zweck, nämlich Mensch und Kosmos in Einklang zu bringen, um so Krankheiten zu heilen oder besser noch zu verhindern.

Aloeholz, als «sinkender Duftstoff» [569] bezeichnet, galt nicht nur als ein besonders hoch geschätzter Duftspender, sondern nahm auch eine bevorzugte Stellung in der chinesischen Medizin ein. In Wein ausgekocht, trug es zur Linderung innerer Schmerzen bei, trieb üble Geister aus und reinigte die Seele. Salbenartige Zubereitungen wurden als Wundpasten eingesetzt [570]. Gegen Herzschmerzen empfahl man Aloe gemeinsam mit in Wein zerriebener indischer Kostuswurzel [571]. Zur Zeit Marco Polos (1254–1324) soll Aloeholz der Haupteinfuhrartikel Chinas gewesen sein [567].

Die einer Alraune ähnelnde Ginsengwurzel hat als «königliches Kraut» in der chinesischen Medizin eine jahrtausendelange Tradition als Universalheilmittel. Taoisten sagten ihr lebensverlängernde Eigenschaften nach und erhoben sie daher in den Rang eines göttlichen Heilmittels. In Shen Nongs *Materia Medica*, Chinas ältestem pharmazeutischen Werk, wird Ginseng auch *jên-hsien* (Menschenknebel) oder *kuei-kai* (Sonnenschirm der Dämonen) genannt. Als «Essenz der Erdgottheit», die sich in der Wurzel im Sinne der sympathetischen Magie verdichtet, kann seine Gestalt alle Gebrechen beim Menschen heilen [572]. Ein taoistischer Priester aus dem 5. Jh. v. Chr. berichtet, daß Ginseng in Kombination mit Cannabis als Mittel zur Geisterbeschwörung eingesetzt wurde. Man nahm die Mischung ein, «(...) um die Zeit vorrücken zu lassen und künftige Geschehnisse zu offenbaren» [573]. Das erste schriftliche Zeugnis von der Ginsengwurzel stammt aus dem 1. Jh. n. Chr. Nach einem chinesischen Pharmakologen soll sie die «(...) fünf Beschwerden und sieben Verletzungen beseitigen sowie die Aktivitäten der fünf Organe und sechs Eingeweide steigern». Ihre stimulierende Wirkung wurde gegen Erschöpfungszustände, Kreislaufkrankheiten und Potenzstörungen eingesetzt, oder die Wurzel diente ganz allgemein zur Prophylaxe, dem Hauptaugenmerk chinesischer Medizin. Das chinesische Schriftzeichen für G entspricht dem Wort Manneskraft. Selbst den strengen Kriterien der neuzeitlichen Medizin halten die seit der Antike intuitiv und subjektiv gewonnenen Erkenntnisse über die Ginseng stand [574]. Standardisierte Präparate mit Ginsengwirkstoffen sind daher heute in der Präventivmedizin und der Geriatrie weit verbreitet. Die gegenwärtigen Anbaugebiete der Ginseng liegen im Nordosten

Chinas, in Südkorea, Japan und den Staaten der ehemaligen UdSSR.

Viele Gewürze wurden in die medizinische Praxis aufgenommen. So sollte Zimtrinde zur Wiederherstellung der Energieströme im Körper beitragen, d.h. die «Leere» bekämpfen und damit die Therapie der Akupunktur unterstützen. Asant oder *Asa foetida*, ein persisches Gewürz von äußerst kräftigem zwiebel- und knoblauchartigem Geruch, war ein hochwirksames Wurmmittel mit abführenden und damit antidämonischen Eigenschaften. Außerdem wirkte es als Nervenstimulans und wurde in Fleischextrakt, Kuhmilch oder Tee eingenommen [575]. Außer zur Verbesserung des Atems wurden Gewürznelken damals wie heute gegen Zahnschmerzen eingesetzt. Sie sollten ferner Hämorrhoiden heilen, üble Gerüche verjagen und den Menschen von gottlosen Dingen befreien sowie die Trinkfestigkeit erhöhen. Als beliebter Zusatz zu Räucherwerk waren die Knospen ein wirksames Insektizid [571]. Um den Körper für lange Zeit wohlriechend zu machen, erfand der berühmte Arzt Su Simiao im 7.Jh. die «Pillen der fünf Parfüms», die über eine längere Periode eingenommen werden mußten: In fünf Tagen wurde der Atem wohlriechend, in zehn Tagen der Körper, während in siebenundzwanzig Tagen Kleider und Mäntel den Duft der Pillen annahmen; nach siebenunddreißig Tagen jedoch waren auch die Blähungen parfümiert, nach siebenundvierzig Tagen roch selbst das Wasser nach dem Händewaschen und nach siebenundfünfzig Tagen übertrug sich der Geruch der Hände auf diejenigen des anderen [576].

Einheimischer Kardamom aus Tongking galt als ein die Weisheit steigerndes Mittel. Allerdings waren tonische Effekte nicht unbekannt, indem die Frucht den Harnfluß wirksam regulierte, die Atemfrequenz erhöhte, die Seele stabilisierte und andere Unzulänglichkeiten vertrieb. Krankheiten der Atemwege wurden auch im Gemisch mit Kampfer behandelt [577]. Die beste Kampfersorte, als «Drachengeist» apostrophiert, wurde in der Tang-Zeit außerordentlich bewundert und häufig als Ingredienz in Parfüms und Räucherwerk verwendet. Der jugendliche Kaiser Ching Tsung kreierte ein bizarres Spiel, indem er seine Konkubinen mit Papierpfeilen beschoß, die mit moschusangereichertem Kampfer gefüllt waren. Die glücklich Getroffenen strömten eine kräftige Duftwolke aus, an der sich ihre ganze Umgebung erfreute. Nach der offiziellen Tang-Pharmakopöe heilte das Universalmittel Kampfer auch üblen Dunst in Herz und Unterleib, und der Alchimist Chang Kao empfahl es im Gemisch mit Moschus gegen Winde, die sich angeblich im Knochenmark angesammelt hatten. Aber auch die antiphlogistische und insektizide Wirkung von Kampfer war in China schon lange bekannt; ferner wurde er bei Augenkrankheiten eingesetzt. Viele Rezepturen wurden vom indisch-ayurvedischen Arzneischatz hergeleitet [578].

Indischer Safran aus Kaschmir galt zur Tang-Zeit als Entgiftungsmittel. Außerdem war es ein bevorzugtes Parfüm und, wie in Rom, ein Färbemittel für Wein. Ebenso wie das gelbe Pulver der Zitwerwurzel besangen Dichter die Blütennarben der Krokusart als «Yü-Gold» [579]. Medizinische Verwendung fand die Zitwerwurzel gegen Blutandrang und Hämorrhagie [580].

Schließlich sind Weihrauch und Myrrhe zu erwähnen, die von der südarabischen Halbinsel eingeführt werden mußten. Taoistische Ärzte verschrieben das erstere Harz in der Geriatrie. Doch im allgemeinen wurde es äußerlich verwendet, sollte Geschwüre heilen und Darmbeschwerden lindern. Das zweite Gummiharz, das in China unter dem semitischen Namen *murr* bekannt war, setzte man als Schmerzmittel bei Verwundungen und Verstauchungen nach Pferdestürzen ein [581].

Die chinesische Kräutermedizin besitzt eine lange Tradition und reicht weit in die prähistorische Zeit zurück. Nach der Überlieferung gilt der mythische Urkaiser Shen Nong als Erfinder des Ackerbaus und der Heilpflanzen. Seine Pflanzensammlung soll aus dem Jahre 2737 v.Chr. stammen [582]. Doch das älteste pharmazeutische Werk, das *Shen Nong Ben Cao Jing*, stammt erst aus dem 2.Jh. v.Chr. und enthält 365 Arzneimittel; die meisten unter ihnen sind Heilkräuter. Nach der Revision dieses Werkes im 6.Jh. durch den berühmten Arzt Tao Hongjing enthielt die *Materia Medica* bereits 730 medizinische Präparate [583]. Die erste amtliche Pharmakopöe *Shi Jing* (*Buch der Oden*) ist von Su Jing im 5.Jh. n.Chr. verfaßt worden [548], obwohl verstreute Rezeptsammlungen wesentlich früher datieren. In seinem *Kompendium medizinischer Materialien* führt der bedeutende Pharmakognosie-Spezialist Li Shizhen (16.Jh.) 60 Arten aromatischer Pflanzen als Arzneimittel auf. Als der bedeutendste Naturwissenschaftler seiner Zeit lehnte er die These taoistischer Alchimisten ab, nach welcher die

Unsterblichkeit durch Zauberpillen erlangt werden kann [583]. Schon 300 v. Chr. distanzierte sich das *Nei Jing* (*Kanon der inneren Medizin*) vom Aberglauben: «Es ist sinnlos, mit denjenigen über medizinische Wissenschaft zu reden, die Anhänger des Glaubens an Übernatürliches sind.» [584] Diese These hat bereits zweitausend Jahre überdauert und wird auch weiterhin die Menschheit beschäftigen.

Die Inder mit ihren unübertroffenen Ressourcen an aromatischen Stoffen waren als Naturkinder in den Duft verliebt; die Chinesen kultivierten den Sinn für Wohlgeruch und trieben den Gebrauch von Duftstoffen zur höchsten Vollendung. Taoistische Lebensfreude und buddhistische Riten förderten den Umgang mit angenehmen Düften. Obwohl selbst reich an aromatischen Naturstoffen, hatten die Chinesen eine besondere Vorliebe für alles, was von außen kam. Dieser Hang nach Exotika nahm stark zu, nachdem indische Mönche im 3. Jh. ihren Glauben und damit die hochstehende indische Duftkultur in China fest etabliert hatten. Im folgenden sollen einige typisch chinesische Geruchsstoffe, die auch heute noch nichts an Bedeutung verloren haben, etwas näher behandelt werden.

Die Wiege aller Zitruspflanzen liegt in China, wo die Agrumenfrüchte [585] wegen ihres Geschmacks und die Fruchtschalen wegen ihres frischen Geruchs seit alters her geschätzt wurden. Ihre Kultivierung läßt sich bis in die Zhou-Dynastie (11. Jh. v. Chr.) zurückverfolgen [586]. Der Zitronenbaum [587] muß sehr früh nach Indien gekommen sein, wo er am Fuße des Himalaya heimisch wurde. Er verbreitete sich von dort aus schnell westwärts bis nach Medien und Persien, wo ihn die Griechen bereits 300 v. Chr. vorfanden und seine Frucht den medischen Apfel nannten. Nach neuesten Forschungen soll eine Zitronenart jedoch bereits den Juden bekannt gewesen sein, denn bei der Anweisung: «Ihr sollt am ersten Tag Früchte nehmen von schönen Bäumen» [615], die der Herr Moses zur Feier des Laubhüttenfestes gab, handelt es sich wahrscheinlich um eine spezielle Zitrusfrucht [614]. Allerdings kann der Zitronenbaum im Mittelmeerraum erst ab 1000 n. Chr. nachgewiesen werden.

Alle Orangenbäume sind ebenfalls ostasiatischen Ursprungs. Die in Südeuropa kultivierte bittere Orange [588] stammt aus

Indien, wo sie im Sanskrit *nagrunga* genannt wird; bei uns ist sie auch als Pomeranze bekannt. Orangenbäume können eine hohe Lebensdauer erreichen; das langlebigste Exemplar wurde über 400 Jahre alt. Es wurde 1422 von Leonora von Kastilien, der Frau Karls II. von Navarra gepflanzt, kam dann über die Gärten von Fontainebleau nach Versailles, wo es 1858 einging. Die Pomeranze wurde vor etwa 100 Jahren von Arabern in Sizilien angepflanzt und ist bei uns heute als Sevilla-Orange bekannt. Die süße Orange [589] wurde erst 1520 von dem späteren indischen Vizekönig Johann de Castro aus China nach Portugal gebracht. Wir kennen sie als Valencia-Typ oder auch Naval-Orange. Unter den vielen in unseren Breitengraden unbekannten Zitrusarten soll die saure Orange erwähnt werden, deren Frucht und Schalen ein spezielles Aroma ausströmen. Die ursprünglich aus Zentralasien stammende *yuzu* [590] ist in China und besonders in Japan als Rohstoff zur Bereitung von Weinessig und Gewürzen sehr beliebt. Der kalabrische Bergamott- [591] und Limettenbaum [592] stammt aus Indien (18. Jh.), und erst im 19. Jh. erreichten uns die chinesische Mandarine und Tangerine [593]. Mandarinen und Zitronen werden in der lamaistischen Medizin als Anregungsmittel verwendet [594]. Unter den vielen hundert Zitrusarten sei eine besondere Limettensorte erwähnt, die in China heimisch und in Indien unter dem Namen *galgal* sehr bekannt ist. Galgalfrüchte sind derart sauer, daß sie einen Eisennagel aufzulösen vermögen. Sie finden medizinische Verwendung bei Verdauungsstörungen und Krankheiten der Atemwege [595]. Selbst die Pampelmuse stammt ursprünglich aus China, von wo sie sich über die subtropischen Länder Asiens verbreitet hat [596].

Alle Blüten der Zitrusbäume besitzen einen betäubenden, exotischen Blumengeruch, der die Chinesen des Altertums fasziniert haben muß. Orangenblüten hatten eine besondere Anziehungskraft. Ihr Duft wurde in fetten Ölen eingefangen oder zur Parfümierung von Bädern verwendet. Im 12. Jh. berichtet Chang Shih-nan über die Gewinnung des ätherischen Öles durch Destillation der Blüten. Gießen über Agarholz verfeinerte den Geruch des Öles [597].

Unter den Früchten nahm neben den Agrumen das Steinobst einen bevorzugten Platz ein. Pflaumen, Birnen, Aprikosen und Pfirsiche werden in China länger als dreitausend Jahre kultiviert. Der Pfirsich war ursprünglich in Nordwestchina heimisch [586] und nicht, wie der Name *Prunus persica* vortäuscht, in Persien [598]. Der Irrtum beruht auf einem Geschenk von Setzlingen, die der König von Samarkand im 7. Jh. den kaiserlichen Obstgärten von Chang-an machte [598]. Blüten und Früchte dieser Pfirsich-Spezies strahlten einen ungewöhnlich angenehmen Wohlgeruch aus, so daß der einheimische Obstbaum in den Hintergrund getreten sein muß. Den Iran erreichte der chinesische Pfirsich im 2. Jh. v. Chr. über Zentralasien, von wo er sich nach Griechenland ausbreitete [586].

«Pflaumenblüten» (*maihua*) genießen in China eine ähnlich hohe Verehrung wie Kirschblüten in Japan. Botanisch handelt es sich bei der *maihua* allerdings um die Wildform der Aprikose *Prunus mume*, die ihre Blütenpracht im Februar und März entfaltet und den nahenden Frühling ankündigt. Die morphologische Gestalt der knorrigen unbelaubten Äste, an denen zarte Blüten in großer Vielzahl ihren zarten Duft entfachen, erinnert an die zähe Langlebigkeit und die Wiedergeburt des Menschen. Blühende Pfirsich- und Pflaumenzweige gemeinsam in einer Vase versinnbildlichen Freundschaft und Kameradschaft.

Während der letzten zwanzig Jahre eroberte die chinesische Stachelbeere die Märkte Europas, denn wer wollte sich dem angenehmen Aroma der Kiwi verweigern. Dabei handelt es sich um die Frucht des chinesischen Strahlengriffels [599], einer zweihäusigen perennierenden Kletterpflanze, die in den warm-feuchten Wäldern und Bergen im Südwesten des Landes heimisch ist. Erst 1904 gelangte die Pflanze nach Neuseeland, wo sie bald in großem Stil angebaut und sehr viel später auch exportiert wurde [600]. Die Kiwi wird sicherlich nicht die letzte Überraschung sein, die uns aus China erreicht, wo noch viel ungenütztes Pflanzenmaterial auf seine Entdeckung wartet.

Der Steranisbaum [601] ist ein Magnoliengewächs chinesischen Ursprungs. Große Verbreitung kennt er in den Provinzen Kwangsi und Tongking. Seine Früchte, die in Form von Extrakten und Infusionen zur Herstellung milder Expectorantien auch heute noch Verwendung finden, verbreiten einen typisch anisartigen Geruch [602].

Eine ähnliche Bedeutung, wie sie der Ceylon-Zimt für Indien hatte, besaß der verwandte Kassiabaum für China [603]. Rinde,

Blätter und Zweige der chinesischen Art besitzen einen typischen, aber von der Ceylon-Spezies unterschiedlichen Zimtgeruch. Chinesischer Zimt, der bereits 2500 v. Chr. in Kräuterbüchern auftaucht, stammt hauptsächlich aus den Provinzen Kwangsi und Kwantung [604]. Marco Polo verwechselte die Kassiaknospen mit den sehr ähnlich aussehenden Gewürznelken [567].

Kampfer gehört zu den symbolträchtigsten Stoffen chinesischer Duftkultur. Seine Bedeutung reicht weit ins Altertum. Er wurde für kultische Räucherungen, zum Einbalsamieren von Leichen und Salben von Buddha-Statuen, sowie als wirksames Heilmittel eingesetzt. Der Aromastoff stammt vom heimischen Kampferbaum, der in zwei morphologisch identischen Formen [605], nämlich dem *yu-scho* und *hon-scho* vorkommt. Obwohl physiologisch ein wenig unterschiedlich, dienten beide Formen zur Gewinnung des kristallinen Stoffes. In Spalten älterer Bäume wird Kampfer «ausgeschwitzt». Durch Erhitzen des Holzes kann dieser Prozeß beschleunigt oder ein stark riechendes ätherisches Öl gewonnen werden. Kampfer kann daraus durch Kristallisation in Bambusrohren und anschließende Sublimation leicht in reiner Form abgeschieden werden. Bedeutende Vorkommen des echten Kampferbaumes finden sich auch in Japan. Als eine bedeutende Handelsware entstand der Japankampfer. Nachdem chinesische Schiffe das indonesische Inselreich befuhren, wurde im Mutterland der mild kampfrig riechende Borneokampfer bevorzugt, der zu Marco Polos Zeiten durch Gold aufgewogen wurde [567]. Botanisch unterscheidet sich der Borneokampferbaum [606] vom echten Kampferbaum, und chemisch enthält sein ätherisches Öl ein kristallisiertes Derivat des Kampfers [607]. Kampfer wird bereits im *Artha-sastra* des Inders Kautilya erwähnt [439], und im Koran liest man [608]: «Siehe die Gerechten trinken aus einem Becher, gemischt mit Wasser aus der Quelle Kâfûr.» [609] Allerdings weiß man nicht genau, um welchen der beiden Naturstoffe es sich dabei handelt.

Zu den wichtigsten aromatischen Hölzern Chinas gehört die *Litsea cubeba*, deren Früchte ein an Zitrusfrüchte erinnerndes ätherisches Öl liefern. Die chinesische Zeder ist ein in bergigen Gegenden wachsender Sadebaum [610], dessen Früchte die Häuser der Einheimischen parfümieren.

Die Erzeugung von Wohlgeruch durch Abbrennen von Balsamen und Harzen hatte in China eine lange Tradition. Bevor die exotischen Produkte wie Benzoe, Elemiharz, Weihrauch und Myrrhe eingeführt werden konnten, begnügte man sich mit einheimischen Stoffen. Die enormen Kiefernbestände lieferten das wohlfeile Rohmaterial. Terpentinharz gehört auch heute noch zu den bedeutendsten natürlichen Rohstoffquellen dieses Landes. Storax ist ein Balsam von einem im südlichen China und Taiwan weitverbreiteten Baum, der einen zimtartigen und leicht kampfrigen Geruch verbreitet [611] und sich von dem später aus Kleinasien eingeführten Stoff [612] qualitativ unterscheidet. Beide Produkte sind mit dem indischen Rasambalsam verwandt [613].

Unter den wohlriechenden Pflanzen chinesischen Ursprungs befindet sich das Perillakraut, ein würzig-schweißartig riechender Lippenblütler [616], der sich auch über Japan und Indien verbreitet hat. Blüten und Blätter der Perilla spielen auch heute noch in der chinesischen Pharmakologie eine bedeutende Rolle [583]. Die goldgelben Blüten des immergrünen Osmanthus-Strauches [617] mit ihrem außergewöhnlichen Wohlgeruch von veilchenartiger Nuance sind wie Jasminblüten auch zum Parfümieren von Tee verwendet worden. Diese Tradition kam im 14. Jh. auf und erweiterte sich auf Orangenblüten, Rosen, Geranien und Reseda. Der systematische Anbau des in China beheimateten Teestrauchs läßt sich bis zum Beginn unserer Zeitrechnung zurückverfolgen [618]. Seit der frühen Tang-Zeit entwickelten sich viele Spezialsorten von Tee (*tu*). Sie wurden mit mehr oder weniger poetischen Namen belegt wie etwa «Silberblätter von zehntausend Frühlingen», «Schießpulver-» und «Felsentee» oder «Silbernadel», «Silberne Schwertschneide», «Wolken-» und «Nebeltee». Die gesundheitsfördernden Eigenschaften der Teeblätter stehen außer Zweifel. «(...) ständig bitteren *tu* zu trinken, läßt einen besser denken», vermerkt bereits Hua Tuo, ein im 2. Jh. v. Chr. lebender Naturwissenschaftler [619]. Heute weiß man, daß die nicht flüchtigen Xanthine und unter diesen besonders das Coffein als Wirkstoffe des Tees die Durchblutung des Großhirns fördern. Ätherisches Teeöl mit seinem einzigartigen Wohlgeruch weist ebenfalls eine Reihe pharmakologisch wichtiger Eigenschaften auf.

Seit Menschengedenken ist in China die wildwachsende Moschusrose [620] mit ihren wohlriechenden Blüten weit verbreitet. Diese kräftige und robuste Art stellt den Elternteil unserer Noisette-Rose [197]. Auch die vielblumige Rose [621], von der unsere Polyantharose abstammt, oder aber die Banksrose [622] sind Wildpflanzen chinesischen Ursprungs [197]. *Rosa bifera* ist ein Hybrid von *Rosa rubra* und *Rosa moshata* [620] und war lange vor der Damaszener Rose bekannt [623]. Rosenzüchtungen haben in China eine große Tradition. Konfuzius spricht von den ausgedehnten Rosenpflanzungen der kaiserlichen Gärten in Peking sowie dem reichen Schrifttum über Zucht und Pflege der Blume. Erwähnt werden muß auch die in China heimische *Shi Mei* [624], die wie die chinesische Rose [625] der Gattung der Zimtrosen angehört. Der herrliche Duft der *Shi-Mei*-Blüten besitzt einen charakteristisch pflaumenartigen und an Osmanthusblüten erinnernden Geruch [626]. In der chinesischen Laienmedizin wird die *Shi Mei* als blutstillendes Mittel, zur Behandlung von schmerzhaften Uterusblutungen und Brustbeklemmung eingesetzt. Außerdem schätzen die Chinesen ihre Blüten in Kräutertees.

Der elitäre Osmanthusduft, der die Menschen aus dem Reich der Mitte bereits vor 2500 Jahren erfreute, stieg den Rotchinesen so sehr in die Nase, daß sie die herrliche Pflanze kurzerhand für «bürgerlich» erklärten und zu ihrer Vernichtung aufriefen, was dann auch prompt weitgehend befolgt wurde. Vor der Revolution bereitete man aus den Blüten einen köstlichen Kochwein, den man im heutigen China nicht mehr antrifft, obwohl man wieder in bescheidenem Umfang Osmanthusblüten extrahiert.

Zu den herrlich duftenden Sträuchern chinesischer Provenienz zählt auch der *La Mei* [627]. Seine gelben Blüten, die von Ende Dezember bis in den Februar hinein erscheinen, zeichnen sich durch einen intensiven Geruch nach Jasmin, Orangenschalen und Jonquille aus [628]. In Nordamerika als Zierstrauch gehalten, heißt die Pflanze dort *winter sweet*, und in Japan nennt man sie *ronbai*.

Die berauschende Wirkung der heiligen Datura-Blüte war den Chinesen seit dem 12. Jh. bekannt, nachdem sie etwa um diese Zeit aus Indien eingeführt worden war. Ihr Duft stellt den wirksamen Bestandteil eines Betäubungsmittels dar, das zur Narkose von Knochenbrüchen und Organoperationen eingesetzt [538] und dessen Wirkung von dem bekannten Pharmakologen Li Shizhen im 16. Jh. beschrieben wurde.

Die hochentwickelte Blumenkunst im alten China läßt sich am Beispiel der Pfingstrose demonstrieren [629], deren berauschend duftende Blüten als Symbol für Reichtum und als zeugungskräftiges Lebenselixier galten. Zunächst als Naturheilmittel verwendet, dienen ihre Knollen auch heute noch gegen Magenstörungen, denn sie enthalten neben Benzoesäure und der Aminosäure Asparigin als Wirkstoff einen Paeonol genannten Riechstoff. Während der Sui-Dynastie begann man, Päonien wegen ihres Wohlgeruchs als Gartenpflanzen zu züchten, indem man die für Obstbäume entdeckte Pfropfmethode erfolgreich anwenden konnte. Diesen Methoden der ungeschlechtlichen Fortpflanzung hat Charles Darwin bei seinen genetischen Untersuchungen, welche schließlich zur Vererbungslehre führten, große Beachtung geschenkt. Im 11. Jh. kannte man bereits über einhundert Abarten der Pfingstrose [586]. Im Abendland tauchte die Päonie bereits im Altertum auf, und Plinius d. Ä. hielt sie für die älteste Gartenblume überhaupt. Allerdings handelte es sich dabei um eine Abart [630], die von Griechen und Römern gleichermaßen geschätzt wurde und die die Menschen vor den Neckereien der Faune schützen sollte. Über die mannigfaltige Verwendung als Heil- und Zaubermittel berichteten Hildegard von Bingen, Albertus Magnus und der Mainzer *Hortus sanitatus* (1485). Die Samen galten als Amulett und wurden auf Fäden gereiht; als Halskette (Zahnkorallen) getragen sollten sie die Zahnung erleichtern. Unter der Gichtrose verstand man Päonienwurzeln, die unter Zaubersprüchen geerntet werden mußten. Chinesische Päonien erreichten Europa erst im 17. Jh. Anfang des letzten Jahrhunderts galten Pfingstrosen als Modeblumen [631].

Galgant ist ein typisch chinesisches Gewürz mit einem an Kardamom, Myrte und Kampfer erinnernden Geruch, der auch Verwendung in Pharmazie und Parfümerie gefunden hat. Es handelt sich dabei um eine auf der Insel Hainan heimische Pflanze, die in zwei verwandten Arten vorkommt [632]. Eine betont zimtartig riechende Abart der Galgantwurzel [633] ist in Indien ein wichtiges Ingredienz der lokalen Parfümerie [634]. In Europa wurde die Galgantwurzel durch arabische Ärzte bekannt, die sie *khalandjan* nannten. Die erste Erwähnung findet sie im *Formelbuch* des Bischofs Salomo von Konstanz. Dieser beschreibt in einem Brief an den Karolinger König Karl III. («den Dicken», 839–888) mehrere Seltenheiten, unter denen sich Zimt, Gewürznelken, Mastix, Pfef-

Die strauchige Pfingstrose [630] kennt in China seit Urzeiten eine ähnliche Verehrung als Königin der Blumen wie die Rose im Abendland. *Farbiges Banner der Welt und Duft des Himmels* ist eine Zucht-Päonie von betörendem Wohlgeruch.
Die Abbildung zeigt eine Päonie auf chinesischer Vase aus Steinzeug, 11. Jahrh.

fer und die Galgantwurzel befanden [635]. Die wohlriechende Galgant mit ihrem beißenden Geschmack wurde zu einem beliebten Gewürz, das in keinem Kochbuch des Mittelalters fehlen durfte. Das ätherische Öl mit seinem schwach bitteren und kühlenden Geschmack wird auch heute noch zum Aromatisieren von Genußmitteln und in der Pharmazie eingesetzt. In Indien gibt es eine botanische Variante [567], die als Arznei- und Nahrungsmittel verwendet wird, vor allem aber der Herstellung traditioneller lokaler Parfüms dient.

Im philosophischen Schrifttum Chinas treten nicht selten Duftnoten oder Namen aromatischer Pflanzen als mythische Symbole auf. Eines der dreizehn Werke des konfuzianischen Kanons, das *Buch der Wandlungen* (*I-king*), dient der Suche nach dem rechten Menschheitsweg durch das Scharfgarbenorakel [636]. Beifuß der gleichen Stammpflanze [637] heißt in Japan *yomogi*.

Der Mensch des alten China machte sich alle natürlichen Schätze zunutze, die seinen Geruchssinn erregten. Selbst tierisches Material diente ihm als Duftstoff, obwohl sich ein angenehmer Geruch hier meist nur in höchster Verdünnung zu erkennen gibt oder seine Wirkung erst als Spurenstoff im Gemisch mit pflanzlichen aromatischen Stoffen entfaltet. Drüsen, Sekrete, Kot und Kotsteine oder selbst ganze Körperteile waren als Riechstoffbasis nicht fremd. Die Ethnologie tierischer Substanzen liegt im dunkeln. Vielleicht hatte sich hier im Menschen ein Urinstinkt erhalten, der seiner animalischen Abstammung entsprang. Moschus (ind. für Hoden) gehört zu den kostbarsten Stoffen aller Zeiten und kann seit der Antike nicht einmal durch Gold aufgewogen werden. Er stellt das drüsenartige Organ männlicher Moschushirsche [638] dar, das die Tiere sichtbar zwischen Nabel und Rute tragen und dessen Sekret sie zur Markierung ihres Lebensraums sowie zur sexuellen Anlockung der weiblichen Artgenossen über große Distanzen einsetzen. Während der Brunftzeit nehmen die Drüsen die Größe von Orangen an. Der rehartige Wiederkäuer bewohnt die kühlen Vorgebirge der Himalaya, wo er das Dickicht von Birken, Zedern und Rhododendron bevorzugt. Das Moschustier ist außer in Nepal, Burma, Tibet und der Provinz Szetschuan bis nach Sibirien und im Nordwesten Chinas bis nach Korea verbreitet. Meist ein Einzelgänger, scheu und nächtlich sehr aktiv, ernährt es sich von Moos, Gras, Blättern und Wurzeln. Die besten Moschus-Qualitäten von extrem stark animalischem Geruch stammen aus Tibet, was auf die Wurzeln der Spikenarde [639] als Nahrung der Tiere zurückgeführt wird [640]. Dem Stoff wurde bereits in hinduistischer Zeit Beachtung geschenkt; in China erlangte er aber eine kultische Bedeutung höchsten Ranges. Er taucht auch im altindischen, altchinesischen und persischen Arzneischatz als universelles Heilmittel auf. In der buddhistisch-tibetanischen Medizin wird Moschus gegen Sepsis und Wurmkrankheiten ebenso wie gegen Tollwut und als Antidot bei Schlangenbissen [476] eingesetzt. Bereits die Kreuzfahrer brachten Moschus aus dem Orient mit, obwohl eine authentische Beschreibung der Duftdrüsen in Europa erst den Reiseberichten Marco Polos entnommen werden konnte. Auf arabischen Einfluß geht seine Verwendung als Medizin in der Ärzteschule von Salerno sowie als Ingredienz in der Parfümerie zurück. Moschus wurde vor allem im 15. Jh. für Riechäpfel (Bisam-Äpfel) verwendet und sollte gegen Schmutz und Seuchen, besonders gegen die Pest helfen. Ein silbernes Moschusbüchschen befand sich 1418 im französischen Kronschatz. Zu dieser Zeit benützte man Moschus zum Einbalsamieren fürstlicher Leichen [641]. In Deutschland wurde Moschus seit dem Ausgang des Mittelalters in den einschlägigen Pharmakopöen aufgeführt. Erst 1891 verschwand es aus dem offiziellen Arzneibuch. Um diese Zeit kostete der in der Parfümerie hochbegehrte Tonking-Moschus die phantastische Summe von RM 4000.- das Kilogramm. Gold wurde zu jener Zeit zu RM 2000.- pro kg gehandelt. Als Verpackungsmaterial für je 25–30 Beutel dienten Holzkästchen, flachen Zigarrenkisten vergleichbar, die mit klassischen Jagdszenen etikettiert waren. Allein in China wurden um 1920 jährlich weit über hunderttausend Tiere für die Moschusgewinnung erlegt, wodurch die Art an den Rand der Ausrottung gebracht wurde. Diese Gefahr versuchten bereits damals tibetanische Lamas durch ein totales Jagdverbot und drakonische Maßnahmen zu bannen. Wurde ein Wilddieb gefaßt, so bestrafte man ihn durch Abhacken beider Hände, die an die Tempeltüren genagelt wurden. Seit 1973 stehen Moschustiere in allen Teilen Ostasiens unter Artenschutz. Der Schwarzmarkt von Nepal versorgt die Parfümerie mit Rohstoff, dessen Menge auf ein absolutes Minimum zusammengeschrumpft ist [642]. Die Chinesen versuchen gegenwärtig, die Moschusernte an lebenden Tieren vorzunehmen, die in Farmen gehalten werden. Offenbar gelingt es inzwischen, mit Hilfe der Curettage die Moschusbeutel zu entleeren, ohne daß die Tiere Schaden erleiden.

Die von den Arabern bereits vor der christlichen Zeitrechnung hochgeschätzten tierischen Stoffe Ambra und Zibet erreichten China erst am Ende des ersten Jahrtausend aus dem Westen. Ein animalisches Produkt eigener Provenienz war die Onycha. Es handelt sich dabei um eine wohlriechende Muschel, die an der chinesischen Küste südlich des Yangtze-Flusses gesammelt wurde. Gemeinsam mit Sandelholz, Aloe, Moschus und anderen wertvollen Aromatika war Onycha der Bestandteil eines beliebten Räucherwerks.

Japan: Die Kunst des Duft-Hörens

Die eigentliche Duftkultur setzte in Japan relativ spät ein und erst nachdem dort der Buddhismus aus China über Korea kommend im 6. Jh. seinen Einzug gehalten hatte. Dabei kopierten die Gläubigen nicht einfach die mit Geruchseindrücken verbundenen mythischen und religiösen Traditionen, sondern kreierten mit feinfühligem Gespür Wohlgerüche eigener Art. Während sich die von der Natur verwöhnten Inder mit kräftig-orientalischen Düften umgaben, die von den kunstfertigen Chinesen in anspruchsvolle ästhetische und kosmetische Form gebracht wurden, entwickelten die Japaner eine außerordentlich nuancenreiche Duftkunst, die sich in zarten Tönen von höchster Sensibilität manifestierte und zu einem integrierenden Bestandteil ihrer Kultur wurde. Anders als in Indien, wo man den kräftigen Geruch von Patchouli und Kewdablüten bevorzugte, verehrte man hier den verhaltenen Duft der Kirschblüte, der Chrysantheme oder des Kiefernharzes.

Die religiösen Vorstellungen des Schintoismus (Weg der Gottheiten), die in den Anfängen dem vedischen Naturkult nahestehen und dem Erleben von Natur und Seele entspringen, haben gewiß den Weg für eine eigenständige Duftkultur gefördert. Entscheidende Impulse jedoch empfing ihre Entwicklung durch den Buddhismus chinesischer Prägung. Einen ersten Höhepunkt erreichte die japanische Duftkultur während der Heian-Epoche (700–1150), wofür wir in dem von der Hofdame Murasaki Shikibu verfaßten Liebesroman *Genji Monogatari* aus dem 11. Jh. ein beredtes Zeugnis finden [394]. Danach spielte der Duft aus Räucherwerk bei den Noblen der Kaiserstadt Kyoto eine eminente Rolle. Hölzer und wertvolle Harze, unter ihnen bereits Weihrauch, verbrannte man vor Buddha-Altären, und duftende Blumen zierten die Opferbretter. Großen Wert legte man auf die Qualität des Räucherduftes für Wohnräume und Kleidung [643]: «Feinstes Räucherwerk duftete aus einem anderen Raum herüber; damit mischte sich der kostbare Opferduft vor dem Buddha-Altar, und hinzu kam bei der geringsten Bewegung Genjis der wunderbare Räucherduft seiner Gewänder und ließ die Herzen der im Innern des Hauses sitzenden Frauen wohl schneller schlagen.» Die erzeugte Duftnuance ließ auf den seelischen Zustand des Spenders schließen. So berichtet man von einer Liebenden [644]: «Sie räucherte ihre Gewänder mit allzu süßem Duft ein, färbte sich die Lippen dunkelrot, steckte einen Kamm in das Haar und schminkte sich zurecht. Sie war von blühendem Liebreiz.» Die den Liebhaber Abweisende [645] «(...) fand es sogar unangenehm, daß sein starker Räucherduft noch in ihrem Raume schwebte». Wohlgeruch und äußeres Erscheinungsbild hatten übereinzustimmen: «(...) Genjis Gewänderduft drang stark und fast bedrückend auf ihn ein». «Was für ein wunderbarer Duft!» rief das Kind aus. «Dafür ist aber Euer Gewand zu düster» [646]. Mit besonderer Sorgfalt ging man beim Zubereiten der Räuchermischungen zu Werke. Dabei hatte man bestimmte Rezepturen und strenge Regeln zu respektieren. Unter dem japanischen Adel wurden regelrechte Wettkämpfe veranstaltet, die *ko-awase*; die originalgetreueste Komposition wurde prämiert. Im *Genji* wird das Spiel um vier Duftkombinationen eingehend geschildert [647]: Die Teilnehmer dieses Spiels wurden mit den Komponenten Aloe, indischer Weihrauch, Gewürznelken, Liquidambar, Onycha, Sandelstaub, Moschus, Kiefernharz und Safran versehen [648], von denen keine aus Japan stammte, sondern die vorwiegend chinesischer Provenienz waren. Nachdem man die vorgeschriebenen Komponenten in einem Eisenmörser fein zerstampft und homogenisiert hatte, wurde die Mischung vor dem Gebrauch eine Weile vergraben. Man nützte die günstige Gelegenheit des Abendnebels aus, um die Qualität der in einem Räucheröfchen erzeugten Düfte besser beurteilen zu können [649]. Zur Klassifizierung der Wohlgerüche gab man den

Mischungen bestimmte Namen [650]. «Die Kurobo-Sorte (der Winter) zeichnete sich durch besonders feinen und beruhigenden Duft aus.» Unter den Sorten «(...) war das Baika (Frühling) besonders stark und schuf eine fröhliche und frische Stimmung» und «(...) nichts könnte besser in die Jahreszeit passen», meinte der Prinz. Das Lotosblatt-Räucherwerk (Sommer) «(...) besaß einen feinen, von den anderen verschiedenen Duft und ging zu Herzen [651]». «Die Jiju-Sorte (Herz des Sommers) wurde als ein ganz unvergleichlicher und betörender Duft befunden» [652], doch «(...) die Dame Akashi fand es töricht, von den anderen besiegt zu werden, die nach den Jahreszeiten mischten [653], und hatte sich auf das Kunoe besonnen – das Geheimnis der Mischung Uda Kuneo war von dem früheren Kaiser Suzaku überliefert worden». Das Rezept galt als die «Hundert-Schritt-Art» [654]. Angesichts der berauschenden Wohlgerüche hatte der als Schiedsrichter bei diesem Wettkampf eingesetzte Prinz Bedenken gegen häusliche Komplikationen [655]:

Laß ich nach diesem
Räucherwerk, das ihr mir schenkt,
meine Gewänder duften,
wird mich da meine Frau
nicht eines Fehltritts zeihen?

Der Legende nach soll um 630 n. Chr. ein großes Stück Holz (Aloe) an der Küste der Insel Awaji angeschwemmt worden sein, das beim Verbrennen einen herrlichen Duft ausstrahlte. Prinz Shotoku, der von diesem Ereignis vernahm, ließ das Treibholz dem Kaiser vorführen. Dieser war von seinem Wohlgeruch derart fasziniert, daß seitdem aromatische Hölzer direkt aus China oder indirekt über Korea eingeführt worden sein sollen [656].

Während der Ashikaga-Ära (1350–1500) wurde das *kodo*, die Weihrauch-Zeremonie eingeführt. Der Shogun Ashikaga erfreute sich so sehr an dieser ästhetischen Unterhaltung, daß er einen Verhaltenskodex im Umgang mit dem Verbrennen von Räucherwerk einführte [656]. Auf diese Zeit geht die Shino-Schule zurück, die bis zum heutigen Tag diese Tradition pflegt. Während der Übung übergibt der Lehrer dem Schüler zur Linken ein handtellergroßes brennendes Weihrauchöfchen, das mit einer vom Zeremonienmeister vorgegebenen Geste unter den Teilnehmern die Runde macht. Der Schüler «lauscht» auf den Duft und merkt sich genau, was er «hört». Nach den ersten drei Komponenten, die als einführender Kontakt (*tameshi*) gelten, werden zehn Sorten Räucherwerk zelebriert, unter denen sich die *tameshi* und zusätzlich ein «Gast» (*kyaku*) befinden. Die Herausforderung besteht in der Identifizierung der *tameshi* und des *kyaku* in der genauen Reihenfolge der zehn herumgereichten Proben [657]. Das «Duft-Hören» verlangt vom Teilnehmer hohe Aufmerksamkeit, die einer kultischen Meditationsübung gleichkommt und mit der traditionellen Tee-Zeremonie (*sado*) oder dem Blumenstecken (*kado*) vergleichbar ist. Um eine Geruchsanalyse des *kodo* vornehmen zu können, ist eine totale Konzentration von Geist und Körper notwendig. Jedes Wort oder die kleinste Ablenkung macht den Entscheidungsprozeß unmöglich [658]. Die physischen Beziehungen zur Außenwelt müssen dabei abgebrochen und alle üblen Absichten aus dem Geist verbannt werden, um die notwendige mentale Konzentration erreichen zu können.

kodo ist in vielen Versionen bekannt. Im *genjiko* spielt man mit fünf Teilen, die jeweils aus fünferlei Räucherwerk bestehen. Diese fünfundzwanzig Teile werden gemischt und den Teilnehmern in Fünfersätzen zur Analyse übergeben, worauf der Sieger durch ein spezielles Wertungssystem ermittelt wird [656]. Sehr unterhaltsam ist das Inzens-Pferderennen (*keibá-ko*), das mehr ein Gesellschaftsspiel als eine Weihrauch-Zeremonie ist. Bei diesem Ratespiel um den Duft von Räucherwerk bilden die Teilnehmer zwei Parteien mit weißen und roten Pferdesymbolen. Nach richtigen Antworten bewegen sich die Pferde auf einem als Rennbahn ausgestatteten Spielbrett. Sobald ein Reiter mehr als fünf Punkte hinter seinem Gegner zurückliegt, hat er abzusteigen, bis er diesen überholen kann. Wie auch bei anderen geselligen Zusammenkünften muß der Gästeraum für eine Inzens-Partie geschmackvoll und nach bestimmten Regeln dekoriert werden. Um unnötige Verwirrung zu vermeiden, dürfen dafür weder riechende Blumen verwendet werden, noch sollten Teilnehmer Riechsäckchen, beduftete Kleidung oder parfümierte Taschentücher tragen. Außerdem wird geraten, vor den Duftspielen kein schweres Mahl einzunehmen oder eine Fastenzeit durchzumachen. Die Speisen sollten nicht mit exotischen Gewürzen versehen sein, die zu penetranten Emanationen des Atems und der Haut führen können. Knoblauch stellte sogar ein gesellschaftliches Hindernis dar, denn ein Liebhaber wurde mit den Worten abgewiesen [659]: «Ich lag lange erkältet und habe nun Knoblauch gegen das Fieber genommen. So rieche ich heute schlecht und kann Euch nicht empfangen.» Die Weihrauch-Zeremonie darf man nicht nur als Spiel oder als dekoratives Attribut einer elitären Gesellschaftsklasse ansehen. In Wirklichkeit muß man das «Duft-Hören» als ein wichtiges ästhetisches Medium auf der Suche nach menschlicher Vollkommenheit betrachten. Es gehört in die Kategorie einer konkreten Kunst (*wabi*), die «als ästhetische Determinante bzw. Muster beim Artikulieren jeder Einheit der Sinnenerfahrung wirkt, indem sie ein ganzes Gebiet an Gefühlen und Empfindungen, speziell des Raumempfindens, Farbempfindens und akustischer Empfindungen bis hin zu Geruchs-, Tast- und Geschmackssinn abdeckt» [660].

Für die «Inzens-Zeremonie» werden sechs Kategorien aromatischer Hölzer verwendet, die mit den alten Namen ihrer Ursprungsländer belegt worden sind. *kayara* und *manaka* stammen aus Indien, *rakoku* aus Thailand, *malaban* aus Malacca, *sumotara* aus Sumatra, und für *sassori* ist die Herkunft unbestimmt. Allerdings kennt man bis heute nicht den genauen Standort dieser Hölzer, da sich der monopolisierte Handel in Stillschweigen hierüber hüllt [660]. Bei all diesen aromatischen Produkten soll es sich um Aloeholz [653] handeln, das in Japan *jnkoh* heißt und dessen unterschiedliche Geruchsqualitäten durch Standortverschiedenheit erklärt werden. Um die gewünschten Eigenschaften eines Räucherwerks erzeugen zu können, wurde das Holz entweder vergraben oder für lange Zeit der Luft ausgesetzt. In beiden Fällen hatte man damit einen Fermentationsprozeß ausgelöst, in dessen Verlauf sich die Holzanteile zersetzten. Übrig blieben dabei nur die unverweslichen Anteile an aromatischen Harzen.

Da *kodo* nur in gebildeten Kreisen veranstaltet wurde, gab man dem Räucherwerk poetische Namen, die meist der klassischen japanischen Literatur entlehnt waren. Japanisches Räucherwerk unterscheidet sich von allen übrigen in der Welt durch seinen spezifischen Wert, und wohl nur ein Japaner mit tiefen Kenntnissen des *kodo* kann sein Wesen in entsprechende Worte fassen [656]: «Es besitzt seine eigene elegante Einfachheit, allerdings von Tiefe, und ist fähig, uns in einen erhabenen geistigen Zustand zu versetzen, wenn auch die Geruchsunterschiede zwischen den Hölzern gering und in manchen Fällen unklar sind. Um folgerichtig solche kleinen sensorischen Differenzen wahrzunehmen, ist es wichtig, in einer sehr ruhigen Atmosphäre zu verweilen, um jede Ablenkung von unserer Aufmerksamkeit zu nehmen und unsere ganze Konzentration auf den Klang des Wohlgeruchs zu richten, damit wir diesen hören können. Alle anderen Dinge müssen dabei vergessen werden. Durch den Akt des Duft-Hörens sind wir in der Lage, unsere Subjektivität wiederzuerlangen und uns ganz dem Meditieren über die Vergangenheit, Gegenwart und Zukunft zu widmen. Während Jahrhunderten, seit der Einführung des Buddhismus in Japan, haben alle unsere Techniken und hat jede Unterhaltung eine philosophische Bedeutung, was in der japanischen Sprache durch den Gebrauch der Nachsilbe *do* gekennzeichnet wird. Der Wortsinn von *do* ist der Weg oder die Straße, auf der eine Person wandelt; doch als Nachsilbe bedeutet es den Lebensweg, den eine spirituelle Person suchen muß, um den Zustand vollkommener Selbstverwirklichung zu erreichen. Dies ist ein charakteristisches Element japanischer Denkweise.» Der Weg zum Selbst führt über die Metaphysik des grenzenlosen Nichts und Schweigens [660] durch Kontemplation, dessen philosophische Wurzeln im Zen begründet sind. Seine ästhetische Verwirklichung vollzieht sich im *kodo* (Duft-Weg), *sado* (Tee-Weg) und *kado* (Blumen-Weg).

In Japan spielt der Blütenkult eine bedeutende Rolle. Form, Farbe und Duft als ästhetische Einheit haben tiefen Eingang in Philosophie, Dichtkunst und tägliches Leben gefunden. Beziehungsreiche Wortspiele mit Pflanzen und Blüten beherrschten früher das religiöse, dichterische und soziale Leben der Adligen. So üben seit alters her Obstblüten eine große Anziehungskraft auf das japanische Gemüt aus, und ihr harter Duft erhält einen mythischen Rang. Dabei genießen die zart-weißen bis rosafarbenen, *sakura* genannten Kirschblüten den Vorzug vor allen anderen [661], gefolgt von den blauen Pflaumenblüten. Die wohlriechende *sakura* gilt in Japan als Königin unter den Blüten, als Rose Nippons. Das plötzliche Blühen und Vergehen, die keusche Zartheit und Nutzlosigkeit der Kirschblüten, versinnbildlichen die Vergänglichkeit alles Irdischen. Hierin drückt sich ein Teil der Lebensart aus: «Fragt dich einer nach dem wahrhaften Geist des Japaners, so zeige ihm das Leuchten der Kirschblüte in der Sonne», erfahren wir aus einem alten *Tanka*. Der Frühling war synonym mit den beiden Blütenarten; man feierte Feste ihres Namens, besang ihren Wohlgeruch in unendlich vielen Gedichten, verglich sie mit der erhabenen Erscheinung bezaubernder Menschen und befestigte Liebesbotschaften an ihren Zweigen.

Japanische Wohnhäuser waren umrankt von Glyzinien [662], deren Blüten (*fudji*) einen betäubenden Duft ausstrahlen. Ihr violetter Farbton symbolisiert die Herzensbindung [663]. Heftet man *fudji*-Blüten an einen Brief, so bedeutet diese Geste eine Aufforderung zum Stelldichein. In einem schwärmerischen Gedicht heißt es [664]:

Der für den Herrscher
gepflückte Kopfschmuck ist
von solcher reinen
Schönheit, daß sie sich selbst mit den
violetten Wolken messen kann.

In Herzensnot schickt man eine Nelke [668], um Mitleid zu erregen [665]. Die Duftverwandtschaft mit der Glyzenienblüte ist evident, denn man kann in deren komplexem Blüten-Bouquet deutlich eine nelkenartige Tonalität wahrnehmen. Der intensive, jedoch sehr angenehme Blütenduft der japanischen *tachibana* drückt Erinnerungen und Sehnsucht aus und wurde in vielen Liedern, wie auch im folgenden Kokinshu-Gedicht, besungen [666]:

Im fünften Monat,
wenn die Hana-tachibana
herrlich duftet,
gedenkt man des Duftes
der Ärmel der einst Geliebten.

Der Hofdame Murasaki zufolge [395] erweckten noch eine ganze Reihe anderer wohlriechender Blumen die Sinnesfreuden der sensorisch begabten japanischen Gesellschaft, unter ihnen Azaleen, Rosen [667], Päonien [630], Lilien [669] oder einfach Weiden-

Glyzinienranke [662] als Dekor auf japanischem Steinzeug. Kyoto, 17. Jahrh.

und Süßkleeblüten. Anisartig riechende Shikimi-Zweige [601] werden als Transportmittel für Briefe an Nonnen [670] und als Beigabe für Räucherwerk verwendet. Der Duft von Anis schafft eine weihevolle Stimmung im Andachtsraum [671]. Die Buddha-Blume Goldnessel (*yamabuki*) wurde dem Propheten am Tage nach dem duftreichen Frühlingsfest gemeinsam mit Kirschblüten in einer fröhlichen Zeremonie geopfert [672]. Einer Malvenart entstammt die eher bescheiden riechende Treffensblume (*aoi*)

[673], mit der sich Verliebte zum Rendezvous schmückten [674]. Die Blume symbolisiert auch die Erscheinung einer geliebten Frau [675]. Beim *kamo*-Fest [676] hängt man *aoi*-Blüten an die *katsura*-Bäume [677]. Die nur im Morgengrauen blühende *asagao* wird mit dem Schwinden der Liebe [678] und der Flüchtigkeit alles Irdischen verglichen [679], und die wohlriechende Jungfernblume (*ominaeshi*) gab Anlaß zu allerlei Neckerei und Spott [680]. Besorgnis drückt ein Priester in einem *kokinshu*-Gedicht aus [681]:

Da dein Name so
hübsch ist, pflückte ich dich ab,
doch ich bitte dich,
erzähle niemandem,
daß ich gestürzt bin!

Unter den vielen Blütenpflanzen, die das Inselreich zu bieten hat, ragt der *Chimonanthus frangrans* durch seine multiolfaktorischen Eigenschaften heraus. Der in Japan einheimische Strauch strömt nämlich während der Blütezeit ein Duftbouquet aus, das gleichzeitig an Jasmin, Orangenschalen, Champaca und Jonquille erinnert [682].

Die herbstliche Chrysantheme, die das Alter vergessen machen soll [683], ist in Japan unter dem Namen *kiku* allgegenwärtig. Davon zeugt das Kikufest, das im neunten Monat am neunten Tag mit großem Aufwand gefeiert wurde. Als kaiserliche Blume besitzt sie eine große symbolische Bedeutung. Die sechzehnblättrige Hironishi-Chrysantheme erscheint im Staatswappen, und bereits 797 n. Chr. wurde eine goldene stilisierte Blüte zum Emblem (*mon*) des Kaiserhauses. 1990 bestieg Akihito als 125. schintoistischer Priesterkaiser den Chrysanthementhron. Der imaginäre Chrysanthemenvorhang, den das mächtige Palastamt undurchdringlich gemacht hat, soll den Tenno vor der Neugier der Öffentlichkeit schützen, um so besser den Nimbus seiner Göttlichkeit wahren zu können [684].

Zucht und Besitz der Chrysantheme blieb dem Kaiser und dem höheren Adel vorbehalten. Das Grün ihrer Blätter und das Lila der Blüten symbolisierten verschiedene Hofränge [685]. Die Gunst des Kaisers erfuhr ein Untertan dadurch, daß er sich im Hofgarten

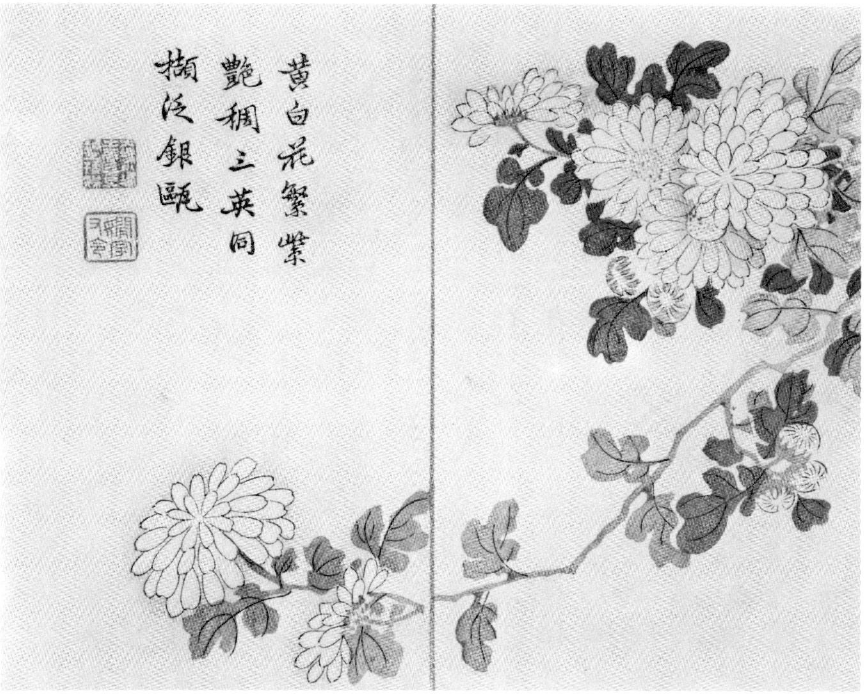

Chrysantheme [688] auf chinesischem Holzschnitt um 1700.

eine Chrysantheme brechen durfte [686]. Heute gilt der Chrysanthemen-Orden als die höchste Auszeichnung, die Japan zu vergeben hat. Bereits Ende des 4.Jh. gelangte die Chrysantheme von China kommend nach Japan [687]. Botanisch handelt es sich dabei um *Chrysanthemum japonicum* Thbg. (*riuno-kiku*) [688]. In ihrem Ursprungsland galt die Chrysantheme als Symbol für die Liebe zur Natur und den Mut, Opfer dafür zu bringen. Obgleich sie nur eine einfache Kräuterpflanze darstellt, trotzt sie dem Frost und ist es daher wert, in den Rang der edlen Kiefer erhoben zu werden [689]. Die tonischen Eigenschaften des aus den getrockneten Blütenblättern bereiteten Tees werden bereits von Li Shizhen in seinem *Ben Cao Gang Mu* (*Abriß der Arzneimittelkunde*) beschrieben. Chrysanthementee ist ein Getränk für heißes Wetter, denn er löst einen kühlenden Effekt aus. Als Krönung jedes traditionellen japanischen Diners werden auch heute noch die Speisen mit Chrysanthemenblüten verziert. Nach der chinesischen Pfropfmethode hat man bereits im ersten Jahrtausend Chrysanthemenarten von großem Variantenreichtum züchten können. Erst im 18. Jh. erreichte dieser Korbblütler Europa, wo er sich großer Beliebtheit erfreut. Allerdings belegen Grabfunde, daß die als gelbe Margerite bekannte Chrysantheme [690] bereits den Ägyptern im Neuen und Mittleren Reich bekannt war. Ihre Blütenkränze zierten Mumien [687]. Der Duft der in Japan zu höchsten kultischen Ehren gekommenen Chrysantheme ist bezeichnenderweise unauffällig und für europäische Nasen eher enttäuschend. Er kann als kampfer- bzw. eukalyptusartig mit stark krautigwürzigen und grünen Nuancen beschrieben werden, erinnert dabei aber etwas an Kamille. Erzeugt wird er vom Kampfer und dessen Derivaten; die Hälfte des Blütenöls jedoch besteht aus einem Chrysanthenon genannten Keton von der Grundstruktur des α-Pinens. Es ist bezeichnend, daß gerade japanische Forscher das riechende Prinzip der Chrysanthemenblüten entdeckt haben [691]. Das in Japan gewonnene ätherische Öl ist heute noch als Kikuöl im Handel [692].

Die japanischen Inseln lösten sich nach der Eiszeit vor etwa zwölftausend Jahren geologisch vom asiatischen Festland, was das Ende eines natürlichen Austauschs von Flora und Fauna bedeutete. Neue Lebensformen begannen sich selbständig zu entwickeln, oder alte Arten blieben erhalten, die auf dem Kontinent verschwanden. Da sich das Inselreich über fünfzehn Breitengrade erstreckt, gehört es klimatisch unterschiedlichen Zonen an. So findet sich auf der Insel Hokkaido bereits eine subarktische Pflanzenwelt, während auf Kyuschu ganz im Süden eine subtropische Vegetation angetroffen wird. In religiöser Naturverehrung wurden Wälder, die 70% der gesamten Oberfläche des gebirgigen Landes bedeckten, als heilig und geweiht angesehen, weshalb man ihnen einen besonderen Schutz angedeihen ließ [693]. Nadelgewächse wie die japanische Kiefer [694], die Todo- [695] und die Yezo-Kiefer [696] oder die japanische Lärche [697] machen die größten Bestände aus. Das angenehm, leicht kampfrig riechende weiße Holz des Hinoki-Baumes, der japanischen Zeder [698], dient zum Bau der Shintô-Tempel, zum Auskleiden von Häusern oder zur Herstellung von Möbeln und Ornamenten. In einem Saibara-Lied heißt es [699]:

Dieses Haus, wahrlich,
wahrlich, es ist prachtvoll,
aus Hinokiholz, ja
aus Hinokiholz, ja
aus drei, vier Flügeln
ist dies Haus gebaut,
dies Haus gebaut.

Der zu den höchsten Heiligtümern des Shintô-Kults gehörende Ise-Schrein wird heute von tausendjährigen Zedern umgeben [700].

Aus Hinoki- und Sugi-Holz [701] fertigte man auch Fächer, Kästen, Speiseschachteln, Geschirrtabletts oder Eßgerät. Wegen seines angenehm holzig-pfeffrigen Geruchs verwendete man das Wurzelholz der Sugi für Fässer zur Reifung des japanischen Reisweines Sake [702]. Mit der Unai-Kiefer bepflanzte man Grabstätten [703].

Aloe und Sandelholz spielten wie in allen buddhistischen Kulturkreisen, so auch in Japan eine große Rolle. Bedeutende Mengen wurden davon zu kultischen und ästhetischen Zwecken aus südostasiatischen Ländern eingeführt. «Die Hauptstatue des Buddha Amidha und die zu seinen Seiten aufgestellten beiden Bodhisattva waren aus hellem Sandelholz geschnitzt und stellten wirkliche Kunstwerke dar» [704]. Beide Holzarten dienten auch als Rohstoff für Inneneinrichtungen und kostbare Verzierungen sowie zur Fertigung von Buchkisten, Kleidertruhen, Schmuckdosen, Geschenkschachteln und Kästen zur Aufbewahrung von Musikinstrumenten. Unter den heiligen Bäumen sticht die Ginkgo [705] hervor, die seit alters her in Japan und China an buddhistischen Tempeln und Klöstern angepflanzt wird. In gleich hohem Rang stand der Kampferbaum [605], in Japan *hon-scho* genannt [706]. Wie vom chinesischen *yu-scho* wurde daraus kristalliner Kampfer gewonnen, der wie in China ein enormes Ansehen genoß. Der *hon-scho*-Baum entspricht zwar genetisch den bereits genannten Kampferbäumen, besitzt jedoch eine physiologische Eigenart. Er erzeugt nämlich als Hauptprodukt einen lavendelartig riechenden Alkohol, das Linalool, das dem Holz einen angenehmen blumigen Charakter verleiht. Das heute in bedeutenden Mengen im Handel befindliche Ho-Öl ist das ätherische Öl dieses Holzes.

In Japan begegnet man einer ganzen Reihe wohlriechender Magnolienarten. Neben dem heiligen Steranisbaum müssen der zitrusartig riechende Kobuschibaum [707] sowie die Varietäten *Magnolia obovata* und *Magnolia salicifolia* erwähnt werden. Die erstere duftet balsamisch, während die zweite eine stark anisartige Tonalität aufweist. In den heißesten Gegenden Japans wächst der *nikkei* [708], ein zimtartig riechender Lorbeerbaum, der dort als Gewürz verwendet wird. Der botanisch verwandte *yabunikkai* [709] ist physiologisch von japanischem Zimt völlig verschieden, denn er weist einen blumigen, krautigen Geruch auf. Die Varietät *Cinnamomum camphora* [710] produziert ebenfalls nicht die Aromastoffe des japanischen Zimtbaumes. Wie sein Name verrät, enthält das ätherische Öl dieses Baumes Riechstoffe vom Kampfertyp. Man kennt auch japanischen Pfeffer [711], der *sansho* genannt wird, brennende Geschmackseigenschaften besitzt und citronellartig riecht [712]. Damit unterscheidet sich das Gewürz nicht nur geruchlich stark vom südindischen Pfeffer, sondern es gehört botanisch einer anderen Familie an [713]. Selbst eine Abart von Ingwer wächst in Japan [714].

Gräser, Kräuter und Wurzeln nehmen in der japanischen Mythologie einen bedeutenden Platz ein. Am dreiundzwanzigsten Tag des ersten Monats verschenkte man sieben junge Frühlingsgräser, die zum Schutz gegen Krankheiten verzehrt werden mußten [715]. Die Bewunderung für schlanke Gräser drückte sich in Poesie und Malerei aus. Wie in Indien, so weist auch das japanische Inselreich einen Artenreichtum an Cymbopogon-Gräsern auf, allerdings von sehr unterschiedlichen Duftnuancen. Die Variante *Cympopogon georgingii* z. B. hat kampfrige Geruchseigenschaften und enthält als wichtigste Komponente Elimicin [481], ein halluzinogener Stoff, der seine volle Wirkung während des Räuchervorgangs entfaltet.

Ostasien beheimatet bedeutende Kräuter, die der Familie der Lippenblütler angehören. Unter ihnen nimmt die japanische Pfefferminze [716] den ersten Rang ein. Bereits 984 wird die Pflanze, die vor etwa 1700 Jahren aus China eingeführt wurde [717], in dem medizinischen Werk *Shin-J-Ho* unter der Bezeichnung *megusa* aufgeführt [718]. Japanische Emigranten brachten die Pflanze vor dem zweiten Weltkrieg nach Brasilien, wo sie heute noch in großem Stil angebaut wird. Das daraus gewonnene Pfefferminzöl beherrscht gemeinsam mit der chinesischen Variante [719] den Weltmarkt. Auch sein Hauptinhaltsstoff Menthol stammt im wesentlichen aus der Produktion dieser drei Länder. Perillakraut kommt in Japan in verschiedenen Varianten vor, die zwar botanisch eng verwandt sind, sich aber biochemisch außerordentlich stark voneinander unterscheiden können. Während die *shiso* [720] ähnlich wie die chinesische Art [616] hauptsächlich Perillaaldehyd hervorbringt, liefert *lemon-shiso* [721] Citral oder die *yama-shiso* [722] Thymol. Die kuminartig riechenden Blüten und Blätter der Perilla werden auch heute noch in Japan als Küchengewürz gebraucht. Ihr ätherisches Öl dient der Herstellung von Gewürzen und Zuckerwaren orientalischen Charakters ebenso wie zum Aromatisieren von Zahnpflegemitteln [723].

Kalmus [724], eine in Ostasien beheimatete Sumpf- und Wasserpflanze, kann mit einer langen Geschichte aufwarten. Der aromatische Wurzelstock dieses Aronstabgewächses taucht bereits in der altindischen Medizin als verdauungsförderndes Mittel und besonders als Aphrodisiakum auf. Als *shobu* ist Kalmus ein Ingredienz für Sake. Die Varietät *Acorus graminens* kennt man in China unter der Bezeichnung *shi-chang-pu* und in Japan als *seki-shô* [725]. In babylonischen und assyrischen Keilschrifttexten aus dem 2. Jahrt. v. Chr. kommt bereits Kalmus als Ingredienz zur Herstellung wohlriechender Salben sowie als Räuchermittel vor. Das Nilland bezog die Pflanze aus Mesopotamien, wo sie in altägyptischen Parfüm-, Räucher- und Arzneirezepten aufgeführt wird. Im *Alten Testament* wird Kalmus mehrmals erwähnt, besonders als eines der Ingredienzien des israelischen Salböls. Nach Mitteleuropa wurde die schilfartige Pflanze im 16. Jh. aus Ostasien eingeführt [723]. Sie galt in Kunst und Literatur des Mittelalters als Marienpflanze. Die aromatisch-würzig riechende Wurzel schmeckt bitter und wird in der Pharmazie als Magenmittel und Karminativum oder in Zahnpflegemitteln verwendet. Destilliertes Kalmusöl wurde erstmals in der Apotheker- und Spezereitaxe der Stadt Frankfurt vom Jahre 1582 aufgeführt. Der Wohlgeruch des gelbbraunen und dickflüssigen Kalmusöls wird im wesentlichen von einem Gemisch ungesättigter Aldehyde ausgelöst [724]. Kalmusöl mit seinem herb brennenden, gewürzhaften Geschmack [727] findet Verwendung in der Genußmittelindustrie, besonders zur Herstellung alkoholischer Getränke, als Arzneimittel und als Komponente in der Parfümerie. Kalmusarten enthalten als flüchtiges Hauptprodukt eine Asaron genannte chemische Verbindung der Benzolreihe, die als stark toxisch und besonders karzinogen bekannt ist. Aus diesen Gründen ist das seit Jahrhunderten in menschlichem Gebrauch befindliche Öl aus einigen Pharmakopöen verschwunden. Nach der europäischen Gesetzgebung dürfen Nahrungsmittel mit Kalmusöl nur in Mengen weit unterhalb der toxischen Grenze versetzt werden [728]. Der untoxische Bitterstoff ist das Acoron [216], ein bicyclisches Diketon der Sesquiterpenreihe.

Zu den beliebtesten Zitrusfrüchten rein japanischen Ursprungs zählt die *unshiu mikan* [726]. Mikanöl, das aus ihren Schalen gepreßt wird und einen angenehmen Geruch nach Mandarinen und Tangerinen ausströmt, wird gleichzeitig in der Aroma- und Riechstoffindustrie verwendet.

1. Szene von einem festlichen Gastmahl. Die Frauen der unteren Reihe tragen Duftkegel. Doppelgrab der königlichen Bildhauer Neb-Amun und Ipuki. Theben West, 18. Dynastie.

2. Fläschchen aus Alabaster (links). Salbentopf aus Alabaster (Mitte), Deir el-Medinah. Fläschchen mit Deckel für *kohl* (rechts), Theben. Ägypten, Neues Reich.

<

3. Salbentopf mit Deckel aus Alabaster. Ägypten, Mittleres Reich.

>

4. Myrrhe.

>>

5. Weihrauch oder auch Olibanum,
griechisch *lubanos*,
arabisch *luban* (Milchsaft),
hebräisch *libanoth*.

6. Opferszene, geschminkte Adorantin mit Räucherschale. Wandmalerei aus dem Westhaus in Akrotiri, Thera, spätminoische Periode.

7. Das Felsbild der Nymphe in Sigiriya, Sri Lanka, zeigt eine Verführerin (Apsaras), die drei Wasserrosen [506] in der linken Hand und eine Sapu-Blüte [521] zwischen Daumen- und Zeigefinger der rechten Hand hält.

>

8. Lotos als buddhistisches Symbol der Reinheit und Wiedergeburt im Reinen Lande des Buddha Amitabha. Hängerolle, Tuschfarbe auf Seide, 13. Jahrh.

VIERTER TEIL

Die Duftstoffe des Orients

Gewürze

Wie bei kaum einer anderen Gruppe von aromatischen Materialien verschwimmen bei Kräutern und Gewürzen die Grenzen zwischen Parfüm, Geschmackskorrigens und Naturheilmittel. Ähnlich wie in dem Kapitel über den «Kräuterduft des Minos» wollen wir uns an ausgewählten Beispielen den molekularen Grundlagen und der parfümistischen Bedeutung der Gewürzöle widmen, die sich nachweislich seit 5000 Jahren in menschlichem Gebrauch befinden.

INGWER: Das ätherische Öl der indischen Ingwer-Wurzeln [729] hat einen würzig balsamischen Geruch, der entfernt an Koriander erinnert und von zitrusartigen Noten begleitet wird. Bis heute kennt man 60 seiner Inhaltsstoffe [730], die alle der Klasse der Terpene entstammen, und zwar zu etwa 10% aus Monoterpenen und im übrigen aus Sesquiterpenen. Der typische Ingwergeruch wird von dem Kohlenwasserstoff Zingiberen (bis zu 30%) und ar-Curcumen (bis zu 20%) ausgelöst [731], die von den balsamisch-blumigen Verbindungen (E)-α-Farnesen, β-Bisabolen, Sesquiphellandren und Nerolidol (25%) begleitet sind. Auch für die Zitrusnote findet sich eine molekulare Erklärung, denn im Ingweröl befinden sich Spurenstoffe, die man schon vorher im Orangenöl entdeckt hatte.

Das ätherische Öl des chinesischen Ingwers [632], auch Galangalöl genannt, stellt ein komplexes Gemisch von Mono- und Sesquiterpenen dar und unterscheidet sich von der indischen Spezies olfaktorisch sehr stark. Als Hauptprodukte erscheinen dort nämlich das 1,8-Cineol (bis 30%) und Zimtsäuremethylester (bis 50%).

KARDAMOM: Aus den großen Samen des an der Malabarküste und auf Sri Lanka heimischen Ingwergewächses Kardamom [732] gewinnt man bis zu 7% eines ätherischen Öls, das durch seinen würzig-aromatischen Duft mit balsamisch-blumigen Nuancen besticht. Es besteht zur Hauptsache aus dem Flieder-Riechstoff α-Terpenylacetat (55%), dem würzig-balsamischen 1,8-Cineol (45%), auch Eucalyptol genannt, neben anderen monoterpenoiden Geruchskorrigentien. Eucalyptol kann in kommerziellen Eukalyptusölen bis zu 90% ausmachen [733].

MUSKATNÜSSE [734]: Muskatnüsse sind wie ihr Samenmantel sehr reich an ätherischem Öl (bis zu 16%). Aus der Muskatnuß entsteht das Muskatöl, aus dem Samenmantel das Macisöl. Beide werden sie zu über 75% von Monoterpenen beherrscht. Das Besondere an diesen Ölen ist ihr enormer Gehalt (15%) an psychoaktiven Substanzen, die hier in neun verwandten Strukturen auftreten, unter ihnen Myristicin (7%), Elemicin (2%) und Safrol (1%) [481] [735]. Myristicin kommt in erheblichen Mengen auch in Karotten, Petersilie und anderen Gemüsearten vor.

ZIMTÖL: Es stammt aus Spänen und Bruchstücken, die als Abfälle (Chips) bei der Herstellung von Stangenzimt anfallen. Die hellgelbe Flüssigkeit besitzt das starke, warme und würzig-süße Aroma des Ceylon-Zimts [603], das vom sogenannten Zimtaldehyd (83%) hervorgerufen wird. Spuren von Mono- und Sesquiterpenen sowie Eugenol (1%) vervollständigen das Geruchsbild des Zimtöls. Das wesentlich billigere Blätteröl enthält nur 6% Zimtaldehyd, dafür aber bis zu 70% Eugenol, wodurch der Nelkenton stark hervortritt.

Aus den Blättern und Zweigen von chinesischem Zimt [603] wird das Kassiaöl mit einem Gehalt von 65% Zimtaldehyd erzeugt. Außerdem enthält es zu 9% den Waldmeister-Riechstoff Kumarin, wodurch Kassiaöl von allen anderen Zimtölen unterschieden werden kann. Die Jahresproduktion von Ceylon-Zimtöl beträgt etwa 5 Tonnen, während das Blätteröl ungefähr 100 Tonnen erreicht. Chinesisches Kassiaöl jedoch wird um das Mehrfache erzeugt. Bereits 1938 erreichte die Ausfuhr aus China ein Volumen von 150 Tonnen. Synthetisch gewonnener Zimtaldehyd ist seit etwa 120 Jahren auf dem Markt und wird als solcher oder als Zwischenprodukt zur Herstellung von Riech- und Aromastoffen oder Arzneimitteln verwendet. Ähnlich wie der strukturverwandte Benzaldehyd besitzt Zimtaldehyd antimutagene Eigenschaften.

EKANGI: Die Wurzeln eines anderen Ingwergewächses [736] liefern in Indien nach Wasserdampfdestillation das Ekangiöl, das in Japan Sannaöl heißt. Das hellgelbe sehr angenehm balsamisch, zimt- und anisartig riechende Öl besitzt hohe Haftfestigkeit. Die klar identifizierbaren Geruchsnoten setzen sich in entsprechende Riechstoffe bekannter Struktur um. Der feine, balsamisch- und anisartige Ton stammt vom p-Methoxy-zimtsäureäthylester, der 70% des Sannaöls stellt. 10% bestehen aus Zimtsäureäthylester mit einer zusätzlichen Honignote und orangenartigen Untertönen. Zimtaldehyd, das Hauptprodukt im Ceylon-Zimtöl, ist nicht vorhanden. Dafür enthält es je 10% Mono- und Sesquiterpene.

PFEFFER: Schwarzer Pfeffer [713], in den feuchten Wäldern Südindiens und auf den Sundainseln heimisch, liefert in etwa 2% Ausbeute ein ätherisches Öl, das alle geruchlichen Eigenschaften der unreifen getrockneten Beerenfrüchte in sich birgt. Es besteht aus einem komplexen Gemisch von Mono- und Sesquiterpenen, in welchem der Nelkenriechstoff Caryophyllen (28%) sowie 3-Caren (20%), β-Pinen (10%) und α-Pinen (6%) den Hauptanteil ausmachen.

KUBEBENÖL: Es stammt ebenfalls von einer hauptsächlich auf Sri Lanka wachsenden Piperaceae [737]. Die chemische Zusammensetzung des dickflüssigen ätherischen Öls weicht in der Stoffklasse nicht vom Pfefferöl ab. Allerdings verschieben sich die proportionalen Anteile der Inhaltsstoffe teils erheblich, was sich in einem unterschiedlichen Geruchsbild bemerkbar macht.

NELKEN: Die Blütenknospen des Nelkenbaumes, welche heute fast ausschließlich von den Molukken, aus Sansibar, Madagaskar, Sri Lanka und der Insel Réunion stammen, liefern bis zu 15% eines ätherischen Öls. Der typische Gewürznelkengeruch dieses Myrtengewächses wird im wesentlichen von zwei chemischen

Verbindungen bestritten, dem Eugenol (70–80%) und dem Caryophyllen (10–15%). Ihre chemischen Bezeichnungen sind dem botanischen Namen des Baumes *Eugenia caryophyllata* entlehnt, der seinerseits 1729 nach dem Prinzen Eugen von Savoyen benannt wurde. Eugenol, das in vielen ätherischen Ölen aufgefunden wurde, verkörpert mit seinem scharf-würzigen Geruch das eigentliche Nelkenaroma.

PIMENT: In vergleichbaren Konzentrationen trifft man Eugenol im mittelamerikanischen Piment [738] bzw. dem botanisch nahe verwandten Baybaum [739] an. Ebenso bildet Eugenol und sein Methyläther die molekulare Grundlage (über 90%) des riechenden Prinzips der heiligen Tulsipflanze [494], einem Lippenblütler. Chemisch ist Eugenol ein Phenolderivat mit einem zusätzlichen Äther-Substituenten und einer aus drei Kohlenstoffatomen gebildeten ungesättigten Kette. Das Sesquiterpen Caryophyllen, das ebenfalls in der Natur häufig anzutreffen ist, zeichnet sich durch einen angenehm süßlich-blumigen Duft aus [731]. Sein sauerstoffhaltiges Derivat, das sogenannte Caryophyllenoxid (1–3%) besitzt einen angenehmen holzig-ambraartigen Geruch von großer Ausstrahlungskraft. Es kann auf einfache Weise aus dem Caryophyllen hergestellt werden. Alle drei chemischen Verbindungen setzt man in bedeutenden Mengen getrennt voneinander als Riech- und Aromastoffe ein. Der sensorische Wert von Eugenol wird durch seine chemische Transformation in Isoeugenol noch gesteigert. Letztere Verbindung stellt auch ein wichtiges Ausgangsmaterial zur Herstellung von Vanillin [740] dar. Als starkes Antibiotikum wird Eugenol in der Zahnmedizin verwendet.

KURKUMA: Aus der indischen Kurkumawurzel [741] lassen sich bis zu 5% eines orangegelben ätherischen Öls gewinnen, das sich durch einen würzig-fruchtigen Geruch nach Gelbwurz auszeichnet. Im Gegensatz zum Ingweröl besteht Kurkumaöl hauptsächlich aus Sesquiphellandren (über 80%), einem chemisch nahen Verwandten des Zingiberens, das sich durch ein warmes holzigwürziges Aroma von großer Haftfestigkeit und einer besonders tiefen Süße auszeichnet [731].

Ätherische Öle der Gewürze sind beliebte Ingredienzien der modernen Parfümerie, die allerdings meist in minimalen Dosen eingesetzt werden und die die Herznote (Mittelnote oder Bouquet) einer Kreation aufbauen helfen. Kombinationen davon tragen zur behaglichen Wärme orientalischer Parfüms bei. So sind Zimt und Nelke Bestandteile z.B. von *Cinnabar* (Estée Lauder 1978), *Amun* (4711 1981), *Kif* (Lamborghini 1980), *KL* (Lagerfeld 1982), *Opium* (Yves Saint Laurent 1977) und *Poison* (Dior 1985). In *Royal Secret* (Monteil 1958) kann zusätzlich ein Ingwerton entdeckt werden. Verstärkt durch Isoeugenol, prägt Nelkenöl das klassische Blütenparfüm *L'Air du Temps* (Nina Ricci 1947). Nelke, Piment und Zimt nimmt man in *Ultima* (Revlon 1967) wahr. Auch eine blumige Frische verträgt sich gut mit Gewürztönen; *Chanel No. 22* (1926) oder *Gucci No. 1* (1974) seien hier zitiert. Rassige Sportwässer und Herrenkosmetik leben geradezu von Gewürznoten. Die Mittelnote von *Nino Cerruti* (1974), *Chevalier* (D'Orsay), *Derrick* (Orlane 1978) und *Jacomo* (1980) ist auf Nelke und Zimt aufgebaut, während *Burberrys for men* (1981) noch zusätzlich mit Pfeffer und Majoran gewürzt ist. *Armani* (1984) setzt neben Nelke auf Muskatnuß und Bay. *Royall Bay Rhum* (Royal Lyme 1955) ist kurioserweise im wesentlichen aus Bayöl und Pfefferminz aufgebaut.

Würznoten können ebenfalls aus chemisch einheitlichen Riechstoffen wie Eugenol, Isoeugenol, Vanillin, Heliotropin, Anisaldehyd und Kumarin erzeugt werden. Die große Bedeutung der synthetischen Äquivalente dieser Stoffe für die Entwicklung der modernen Parfümerie soll besonders im letzten Kapitel dieses Buches zur Sprache kommen.

Damit erschöpft sich bei weitem nicht die Möglichkeit zum Aufbau von Gewürznoten. Häufigen Gebrauch macht man auch von ätherischen Ölen bekannter Küchenkräuter. Kopfnote und Bouquet praktisch jedes zweiten Herrenparfüms wird damit kreiert. Basilikumöl und Rosmarinöl liegen deutlich an der Spitze, gefolgt von Beifuß-, Koriander-, Anis-, Thymian-, Wacholderbeeren- und Majoranöl. Selbst Lorbeerblätter-, Estragon-, Origanum- und Kuminöl sind zum Einsatz gelangt, und das oft in unüberriechbaren Konzentrationen. Wesentlich sparsamer geht man mit diesen ätherischen Ölen als Ingredienz zur Komposition von Damenparfüms um, wo sie dezent kaschiert nur sehr selten hervortreten. Auch ihre Reihenfolge ändert sich deutlich. Bei den Damenwässern hält Korianderöl die einsame Spitze, gefolgt von Estragon, Beifuß, Krauseminze, Kumin und Thymian. Der Anteil an Basilikumöl ist in Damenparfüms zehnmal geringer als in Herrenserien. Über das Vorkommen von Kräuternoten in Markenparfüms ist im zweiten Teil dieses Buches ausführlich berichtet worden.

Holzgerüche

SANDEL: Sandelholzöl wird aus den Kernholzspänen und zerkleinerten Wurzeln des etwa vierzigjährigen Sandelbaumes [448] durch Wasserdampfdestillation in 6% Ausbeute gewonnen. Es ist eine blaßgelbe, ziemlich dicke Flüssigkeit von lang anhaftendem Geruch. Der Staat Mysore liefert den Hauptanteil an den 200 Tonnen jährlich produzierten ostindischen Sandelholzöls. Es besitzt eine warme, balsamisch-süße Holznote ganz eigener Prägung. Stärke und spezifischen Geruchscharakter verdankt das Öl weitgehend den beiden Santalol genannten Sesquiterpenalkoholen, die eine einzigartige chemische Struktur aufweisen, etwa 90% seiner Bestandteile ausmachen und dort im Mischungsverhältnis von 2:1 vorkommen. Der Wert des Sandelholzöls steigt mit dem Santalolgehalt. Einige der 60 Spurenstoffe führen zu einer Verstärkung und leichten Modifizierung seiner Dufteigenschaften. So wird der würzig rauchige Geruchscharakter des Sandelholzöls durch gewisse Phenole erzeugt, welche wie das Eugenol die flüchtigen Bestandteile der Gewürznelken ausmachen. Viel Beachtung wird auch dem in winzigen Spuren vorkommenden Furfurylpyrrol geschenkt, das Tadeus Reichstein [742] bereits 1930 im Kaffeeöl entdeckt hat und das seitdem eine Schlüsselverbindung im naturidentischen Kaffeearoma bildet. Die Strukturaufklärung des schwach riechenden Hauptproduktes α-Santalol im Jahre 1910 durch Friedrich Wilhelm Semmler [252] stellte einen Markstein in der Chemie der ätherischen Öle dar, denn sie war am ersten Sesquiterpenderivat gelungen. Den eigentlichen Geruchsträger des Sandelholzöls stellt ein nahe verwandtes Isomeres, das β-Santalol dar, das erst 25 Jahre später von Leopold Ruzicka [296, Teil I] in seiner Struktur aufgeklärt werden konnte. Neben dem kräftig holzigen Geruchscharakter nimmt man bei dem Sesquiterpenalkohol außerdem eine schweißig-urinartige Note wahr, die relativ schnell zu einer Fatique [743] der Riechrezeptoren führt. Außerdem ist ein beachtlicher Anteil an Personen (40%) gegen diese animalische Tonalität geruchsblind [744].

Trotz intensiver Forschung ist es bis heute jedoch nicht gelungen, Santalol preisgünstiger als das Naturprodukt synthetisch herzustellen. Allerdings hat man aufgrund eingehender Studien der Beziehungen von chemischer Konstitution, Geruchseigenschaften des Santalols und geruchsverwandter Verbindungen leicht herstellbare Strukturvarianten entdeckt, die nicht nur täuschend ähnliche Geruchsqualitäten wie β-Santalol besitzen, sondern auch eine um das Vielfache höhere Geruchsintensität aufweisen. Zur Verstärkung und qualitativen Variation des Sandelholzgeruchs werden daher in neuerer Zeit diese synthetischen Stoffe allein oder in Mischung mit Sandelholzöl in modernen Kreationen verarbeitet. Seit kurzem übersteigt der Verbrauch an synthetischen, dem Sandelholz ähnelnden Produkten bei weitem denjenigen des ätherischen Öls.

PATCHOULI: Ursprünglich auf dem indischen Subkontinent beheimatet, wird die Patchouli-Pflanze [745] heute hauptsächlich auf den Philippinen, Sumatra und Java angebaut. Ihre fermentierten Blätter liefern bei der Wasserdampfdestillation bis zu 5% eines orangebraunen, dickflüssigen ätherischen Öls, das ein außerordentlich reiches Geruchsprofil besitzt. Sein stark krautig-holziger Grundcharakter wird von aromatisch-würzigen, erdig-kampferartigen, balsamischen und süßlich-blumigen Tönen begleitet. Die Jahresweltproduktion des ätherischen Öls lag 1984 bei 750 Tonnen.

Patchouliöl besteht praktisch ausschließlich aus Sesquiterpenderivaten mit spezifischen chemischen Strukturen. Bis zu 60% des Öls wird von einer einzigen Verbindung, dem Patchoulialkohol beherrscht. Erst 1963 gelang es George Büchi [746], seine relativ komplizierte Struktur, die in keinem anderen Naturstoff in auch nur annähernd so hoher Konzentration vorkommt, aufzuklären. Wie die meisten natürlichen Riechstoffe, ist auch der Patchoulialkohol eine chirale Verbindung, die in zwei optischen Antipoden existieren kann [747]. Ausschließlich der (-)-Antipode konnte als der Geruchsträger des ätherischen Öls erkannt werden, während man bei dem sehr schwach riechenden (+)-Antipoden den Patchouliduft vermißt [748]. Ein synthetisches Substitut für Patchouliöl existiert bis heute nicht.

AGARO: Aloe oder Agarholz ist das durch Pilze infizierte Kernholz von Aquilaria-Arten, die hauptsächlich in Assam, Kambodscha und Indonesien geerntet und durch Wasserdampfdestillation zu Agaroöl verarbeitet werden. Das sehr dicke, goldgelbe ätherische Öl besitzt einen charakteristischen balsamischen Geruch von edelholz- und ambraartiger Tonalität [749]. Unter seinen Inhaltsstoffen wurde eine Reihe neuer Sesquiterpenderivate entdeckt, deren Vorsilben aus dem Namen des Öls stammen wie Agarofuran und Agarospirol. Die elegante orientalische Note jedoch mit stark holzigen, balsamischen, leicht kampfrigen und würzig-rauchigen Tönen ist auf die ausgewogene Anwesenheit von drei weiteren Agaro-Sesquiterpenderivaten als Hauptkomponenten zurückzuführen. Der einzigartige Geruchseindruck des Agaroöls ist wie beim Sandelholzöl auf die einmalige chemische Zusammensetzung seiner Inhaltsstoffe zurückzuführen. Ihre chemischen Strukturen sind derart kompliziert, daß an eine synthetische Rekonstitution des natürlichen Öls im Augenblick nicht zu denken ist.

VETIVER: Die Wurzeln des Vetivergrases [455] liefern bis zu 3% eines gelben Wasserdampfdestillats von warmer, holzig-erdiger und balsamischer Grundtonalität sehr eigener exotischer Prägung sowie hoher Haftfestigkeit. Vetiveröl besteht aus einem komplexen Gemisch von über 150 chemischen Verbindungen, die alle der Sesquiterpenreihe angehören. Die beiden Hauptprodukte α- und β-Vetivon tragen zwar den Namen des ätherischen Öles, kommen aber als die eigentlichen Geruchsträger nicht in Frage. Demgegenüber wurden in neuerer Zeit vier Nebenprodukte identifiziert, die einen wesentlichen Anteil am Geruchsprofil des Öls besitzen [748]. Nahe Verwandte dieses riechenden Prinzips erwiesen sich auch als Insekten abwehrende Stoffe. Die in der Parfümerie am häufigsten verwendeten Qualitäten von Vetiveröl stammen traditionsgemäß aus Indien, Java, von der Insel Réunion und den Seychellen sowie neuerdings aus Haiti, Angola, Brasilien und Japan. Man schätzte die Welterzeugung an Vetiveröl im Jahre 1984 auf 260 Tonnen. Angesichts der molekularen Komplexität der Vetiver-Inhaltsstoffe sowie ihrer synthetischen Unzugänglichkeit wird es in naher Zukunft zu keiner preiswerten Rekonstitution des ätherischen Öls kommen.

KOSTUS: Aus wildwachsenden Kostuswurzeln [455] vom Fuße des Himalaja wird in etwa 1% Ausbeute ein dickflüssiges, gelbbraunes ätherisches Öl gewonnen, das einen schweren, holzig-erdigen Geruch animalischer Prägung mit irisartigem Unterton besitzt. Kostusöl besteht aus einem komplexen Gemisch sauerstoffhaltiger Sesquiterpenderivate von teils origineller chemischer Struktur wie etwa Costol, Costal oder der beiden holz- und ambraartig riechenden Verbindungen Bergamottadienal und Caryophyllenoxid [751]. Die Veilchen-Komponente erwies sich als ein naher Verwandter der Irone [752], die das riechende Prinzip der Iriswurzeln darstellen. Hauptprodukte jedoch sind die sogenannten Kostuslaktone, die als photoaktive Substanzen schwere Hautallergien auslösen können und daher für kosmetische Anwendungen vorher aus dem Öl chemisch entfernt werden müssen. Auf der andern Seite weisen diese Costunolide auf Grund einer sogenannten α-Methylenbutyrolakton-Struktur einen antimutagenen Effekt auf und wirken zytotoxisch und antitumoral.

Eine synthetische Rekonstitution des Kostuswurzelöls fehlt bis heute, da man weder alle seine Riechstoffe kennt noch in der Lage ist, die komplizierten Strukturen der bisherigen Verbindungen technisch herzustellen.

SPIKENARDE: Die Wurzeln der Spikenarde, ein Baldriangewächs [753], das im indischen Himalaya-Gebiet in Höhen zwischen 3000 und 5000 Metern geerntet wird, liefern ein wohlriechendes ätherisches Öl. Seine ungewöhnlichen Inhaltsstoffe, die alle der Sesquiterpenreihe angehören, haben besonders während der 60er und 70er Jahre die Phantasie der Chemiker in hohem Maße angeregt. Drei strukturverschiedene Ketone des Aristolans, des Nardostachons und die Baldriankomponente Valeranon markieren dieses ungewöhnliche Öl. Sein Veilchenton ist auf 2% β-Jonon zurückzuführen, und der Patchouligeruch wird vom Patchoulialkohol (6%) erzeugt, der in dieser hohen Konzentration bisher in keinem anderen als im Patchouliöl selbst anzutreffen war.

Chinesische Spikenarde [754] hat eine ähnliche Zusammensetzung wie die indische Spezies. Die olfaktorischen Differenzen liegen in dem unterschiedlichen Mengenverhältnis der gleichen oder ähnlich gebauter Inhaltsstoffe.

Indische und chinesische Spikenardewurzeln besitzen eine breite medizinische Indikation und werden ebenfalls in buddhistischen Tempeln als Räucherwerk geschätzt. Ihr ätherisches Öl regt zu einer Vielzahl parfümistischer Kreationen an.

Holznoten in der Parfümerie

Ostindisches Sandelholzöl ist ein ideales Ingredienz der modernen Parfümerie. Geruchsqualität und Schwerflüchtigkeit prädestinieren es als Basiskomponente für viele Kreationen unterschiedlicher Duftfamilien. So besteht *Bois des Iles* (Chanel 1926) aus der Rekordmenge von 50% Sandelholzöl. Als vorteilhaft erweisen sich auch die exaltierenden Eigenschaften des ätherischen Öls, sowie sein Harmonisieren mit den meisten Riechstoffen. Es bildet die Grundlage schwerer orientalischer Kompositionen. So wird in *Salvatore Dali* (1983) besonders die Rosennote durch Sandel hervorgehoben. Aber auch der leichte Duft «weißer» Blütenöle wie Maiglöckchen, Jasmin, Narzisse und Jonquille werden wie im zart-frischen *Diorissimo* (1956), im anspruchsvolleren *Dior-Dior* (1976) oder im exotisch-fruchtigen *Jean Louis Scherrer* (1980) auf einem Fond von Sandelholz getragen. Selbst in frischen, jugendlichen Parfüms wie *Charlie* von Revlon (1973) oder *Janine D* von 4711 (1976) schafft Sandelholz Ausgewogenheit. Auch in den jüngsten Kreationen wie *Samsara* (Guerlain 1989) und *Egoiste* (Chanel 1990) findet man bis zu 25% Sandelholzöl, verstärkt durch dem Sandelholz ähnelnde synthetische Duftstoffe. Nicht nur in *Sandalwood* von Arden for men ist die typische Holznote angereichert, sondern auch in einer Vielzahl anderer Herrenparfüms.

Der außergewöhnlich hohe Preis des Agaroöls läßt seinen Einsatz nur in den kostspieligsten Extrait-Parfüms zu, wo es als Spurenstoff zur Unterstützung der verführerischen orientalischen Note einen entscheidenden Beitrag leisten kann. In Indien wird Agaroöl teilweise mit Sandelholz gemischt auf den Markt gebracht und besonders im arabischen Raum abgesetzt. Ersatzprodukte existieren nicht.

Vetiveröl gehört zu den holzartig riechenden Bausteinen anspruchsvoller Parfüms. So bildet es gemeinsam mit Patchouli und Sandel in Kombination mit einem Jasmin- und Gardenia-Komplex die Basis für *Crêpe de Chine* von Millot (1925), ein Chypre-Typ, der einen großen Einfluß auf moderne Kreationen ausgeübt hat. So unterschiedliche Duftkomplexe wie *First* (Van Cleef & Arpels 1976), *Chanel No. 19* (1970), *Madame Jovan* (1975) oder *L'Interdit* von Givenchy (1957) besitzen Vetiver und Sandel als Holzbasis. In Kombination mit Patchouli erscheinen die beiden Holznoten in *Mille = 1000* von Patou (1972). Aus modernen Herrenparfüms und Rasierwässern ist Vetiveröl nicht wegzudenken. Allein über 10 Kreationen herb-warmer Tonalität tragen in mehr oder weniger abgewandelter Form seinen Namen, unter ihnen *Vetiver de Puig* (1978), *Vetiver* von Guerlain (1959) oder *Vetyver* von Roger & Gallet (1975) bzw. von Lanvin (1965). Guerlains *Vetiver* von 1961 enthält 20% seines ätherischen Öls.

Der unverkennbar eigene Geruchscharakter und die stark fixierenden Eigenschaften prädestinieren Kostuswurzelöl zum Einsatz in der Parfümerie hoher Preisklassen. Allerdings ist seine Verwendung wegen der phototoxischen Eigenschaften stark eingeschränkt worden.

Während man in Indien Patchouli seit alters her schätzt, wurde Europa erst seit Mitte des vorigen Jahrhunderts mit seinem exotischen Duft von unverwechselbarer Originalität bekannt gemacht. Es waren die damals beliebten Schals, die man damit parfümierte [309]. Das Bedürfnis nach diesem extravaganten Duft hat zu unzähligen Kreationen animiert, von denen nur einige stellvertretend beschrieben werden können. So erscheint Patchouli meist im Fond von Chypre-Parfüms wie etwa *Coriandre* von Couturier (1973), *Cabochard* von Grès (1958) und

Miss Dior (1947). Für orientalische Parfüms schafft das substantive ätherische Öl eine ideale Basis, und es erscheint daher u.a. in *Eau des Caron* (1980), in *Shocking* von Schiaparelli (1935), in *Magie noire* von Lancôme (1978) oder *Shalimar* von Guerlain (1925). Zu den ersten Kreationen im Patchouliton jedoch gehörte *Jicky* von Guerlain (1889). Es gilt gleichzeitig als das erste Unisex-Parfüm und ist heute noch im Handel zu finden.

Patchouliöl harmonisiert besonders gut mit Lavendel-, Tabak-, Leder-, Moos- oder auch frischen Zitrusnoten, so daß es sich zum Aufbau von Herrenparfüms eignet und unter vielen anderen in den folgenden Kreationen erscheint: *Aramis 900* (1970), *Capucci pour homme* (1967), *Eau de Patou* (1980), *Armani Eau pour homme* (1982), *Azzaro pour homme* (1978), *Oleg Cassini for men* von Jovan (1979), *Quorum* von Puig (1981) oder *Habit Rouge* von Guerlain (1965). Die höchste Dosis von Patchouli findet man mit 40% in *Gentleman de Givenchy* (1972) [432].

Blütendüfte

JASMIN: Spanischer Jasmin [541] stammt aus den unteren Tälern des indischen Himalaya-Gebietes. Mauren brachten diese Pflanze nach Spanien; von dort breitete sich der unscheinbare Zierstrauch im 16.Jh. über die gesamte Mittelmeerküste aus. Seine groß angelegte Kultivierung zur Gewinnung seines Blütenduftes setzte jedoch erst 1860 in der südfranzösischen Parfümerie-Stadt Grasse ein.

Ein ätherisches Öl läßt sich aus den Blüten nicht gewinnen. Man muß ihre Duftstoffe durch Enfleurage extrahieren, was ein äußerst arbeitsintensives und kostspieliges Unternehmen darstellt. Aus 1000 kg handgepflückten Blüten, das sind etwa 8 Millionen Stück, gewinnt man 2,3 kg konkreten Jasmin, der durch Extraktion mit Alkohol 1 kg absolutes Öl liefert. Für 80 Tonnen im Esterel geerntete Jasminblüten zahlte man im Jahre 1980 bis zu DM 20000.– pro kg, für italienische, ägyptische und marokkanische Qualitäten allerdings wesentlich weniger. Die Weltjahresproduktion von Jasmin absolue wird auf 5–6 Tonnen geschätzt.

Das Interesse der Chemiker an der Zusammensetzung des kostbaren Jasminöls war bereits Ende des vorigen Jahrhunderts sehr groß. Mit der Isolierung des schwach süßlich und undefinierbar blumig riechenden Benzylalkohols (5%) und seiner beiden Ester, dem kräftigen Benzylacetat (34%) und dem als Fixateur bekannten Benzylbenzoat oder dem Lavendelriechstoff Linalool (8%) hatte man zwar über 70% seiner Inhaltsstoffe aufgeklärt, war jedoch noch nicht ins Zentrum der geruchsaktiven Stoffe vorgestoßen. Erst mit der Entdeckung von Jasmon (3%) und Indol (2,5%) kam man der Lösung ein Stück näher. Das Stickstoffderivat Indol mit seinem äußerst widerlichen Gestank nach menschlichen Exkrementen entpuppte sich in hoher Verdünnung als eine kräftig blumige Komponente von ungewöhnlich interessanten Riechstoff-Qualitäten. Man mußte jedoch noch 60 Jahre warten, bis Edouard Demole und Edgar Lederer [757] im Jahre 1962 die entscheidende Entdeckung der dritten charakterprägenden Verbindung gelang, nämlich die Isolierung und Identifizierung des sogenannten Methyljasmonats (1%). Nach dem neusten Stand unserer Kenntnisse setzt sich Jasminöl aus etwa 100 chemischen Verbindungen zusammen, von denen nur der kleinere Teil einen Beitrag zu seinem Duft leistet.

Das Vorkommen jasmonoider Riechstoffe ist in einer Reihe anderer ätherischer Öle beobachtet worden. Jasmon wurde u. a. im Neroliöl, in einer Narzissenart, im Bergamottöl, im Lavendelöl (0,02%) und sogar im Pfefferminzöl nachgewiesen. Rosmarinöl sowie die Blütenöle von Tuberose und Gardenia enthalten Methyljasmonat. Seine sensorische Bedeutung ist auch im Zitronenschalenöl erkannt worden.

Da alle wichtigen Jasminriechstoffe in industriellem Maßstab synthetisiert werden können, gelingt es heute, eine relativ getreue Kopie des Naturstoffs anzufertigen. Außerdem konnten neue Erkenntnisse über die Beziehungen zwischen Struktur und Geruch gewonnen werden, was wiederum zur Erfindung einer bedeutenden Anzahl nicht natürlicher Riechstoffe vom Jasmin-Typ geführt hat. Der bedeutendste Riechstoff dieser Kategorie stellt ein HEDION ® [758] genanntes Derivat des Methyljasmonats dar, das heute bereits zu den bedeutendsten Riechstoffen der Gegenwart zählt und in großen Mengen produziert wird.

Jasminöl beansprucht auch vom biogenetischen Standpunkt aus

ein besonderes Interesse, weil seine Inhaltsstoffe durch parallel ablaufende Stoffwechselprozesse in der Pflanze synthetisiert werden. Benzylalkohol und seine Ester als Phenylderivate entstehen auf dem Acetat-Malonat-Weg, Linalool und die übrigen Terpenderivate durch den Isopren-Stoffwechsel, während Indol ein Sekundärmetabolit von Pflanzenproteinen darstellt. Jasmon und Methyljasmonat werden schließlich durch enzymatische Oxydationsprozesse aus hochungesättigten Fettsäuren gebildet, die auch in der menschlichen Diät als essentielle Fettsäuren vorkommen. Reaktionsweg und Vorläufer entsprechen dem Vorbild der Prostaglandin-Synthese im menschlichen Körper. Die Pflanze ist in der Lage, einen Abbau-Mechanismus dieser physiologischen Wirkstoffe zu kleineren Bruchstücken folgen zu lassen.

Jasmonoide Naturstoffe entwickeln für Insekten und selbst für Pflanzen bemerkenswerte physiologische Aktivitäten. Im aphrodisischen Pheromon-Cocktail spielt Jasmon als interspezfisicher Signalstoff des Schmetterlings *Amaurin ochlea* eine Rolle, während Methyljasmonat als Komponente im Lockstoffgemisch der orientalischen Fruchtfliege, einem weitverbreiteten Schädling, vorkommt. In Stengeln und Blättern der Wermutpflanze [759] ist die Verbindung als ein den Alterungsprozeß fördernder Faktor erkannt worden. Die in einer Reihe von Samen sowie in Kulturfiltraten des Pilzes *Lasiodiplodia theobromal* entdeckte Jasmonsäure stellt einen neuen Typ wachstumshemmender Hormone dar.

KEWDA: Kewda-Blüten [760] liefern bei der Wasserdampfdestillation nur sehr geringe Mengen eines ätherischen Öls. Deshalb fängt man seinen Wohlgeruch nach alten Rezepturen in beigemischten Sesamsamen auf, die man nach längerer Mazeration auspreßt und dadurch ein wohlriechendes, fettes Öl gewinnt. Über Sandelholzöl destilliert, erhält man das wertvolle Kewda-*attar*, während *Otto of Kewda* ein in Palmarosaöl verschnittenes Kewdaöl darstellt. Allerdings kennt man auch konkretes Pandanusöl, das nach neuzeitlichen Methoden durch Extraktion mit Lösungsmitteln wie Butan und Pentan gewonnen wird. Alle Verfahren verlangen viel Erfahrung und ein enormes Geschick, um den subtilen Duft der Kewdablüten unbeschadet einfangen zu können.

Für das ätherische Öl sind im wesentlichen drei chemische Verbindungen verantwortlich, nämlich das honigartig riechende

Phenyläthylacetat (4%), der zur Frische beitragende Zitronenriechstoff Citral (2%) und als Hauptprodukt der Methyläther des Rosenalkohols β-Phenyläthylalkohol (80%), der einen sehr kräftigen exotisch-blumigen Geruch von hoher Diffusion ausstrahlt. Mit steigender Verdünnung erkennt man dort die Aspekte des Jasmin-, Tuberosen- und Rosenduftes. Der Rosenäther kommt selten in der Natur vor und wenn, dann in sehr niedrigen Konzentrationen.

YLANG-YLANG: Der 20 m hohe Ylang-Ylang-Baum ist über das gesamte tropische Ostasien verbreitet [634]. Seine sorgfältig gepflückten Blüten liefern durch Wasserdampfdestillation in bis zu 1% Ausbeute ein ätherisches Öl, das in zwei Qualitäten gehandelt wird, nämlich dem geruchlich feineren Ylang-Ylang-Öl und dem aus einer Subspezies gewonnenen Canangaöl.

Die Parfümerie ist erst durch die Pariser Weltausstellung im Jahre 1878 auf diese Öle aufmerksam gemacht worden, die heute in bedeutenden Mengen als Rohstoff dienen. So werden allein jährlich 100 Tonnen Ylang-Ylang-Öl in die USA eingeführt [330]. Als Hauptproduktionsstätten gelten die Inseln Réunion, Noss-Bé und Madagaskar. Canangaöl stammt hauptsächlich aus Java.

Der außerordentlich feine Blütengeruch, sowie die unterschiedlichen Qualitäten des Ylang-Ylang-Öls erklären sich aus dessen chemischer Zusammensetzung. Die besten Öle enthalten bis zu 40% eines Gemisches von hauptsächlich Benzylbenzoat und Benzylsalizylat im Verhältnis von etwa 4:1, das mit seinem schwach balsamisch-blumigen Geruch als klassischer Fixateur die Basis vieler Parfüme darstellt. Das mit gewissen Aspekten des Maiglöckchengeruchs behaftete Farnesol und sein Ester (7%) sind ebenso wichtig wie die mengenmäßig bedeutende Anwesenheit der leichten Blütenriechstoffe Linalool (28%), Geraniol (2,5%), Geranylacetat (10%), Benzylacetat (7%) und Methylbenzoat (5,5%). Markiert wird das Ylang-Ylang-Öl durch den typischen Duft des sogenannten 4-Methylanisols (13%), das ebenfalls im Blütenöl der Champaca als Kopfnote eine wichtige Rolle spielt. Da alle Inhaltsstoffe des Öls durch Synthese zugänglich sind, ist eine chemische Rekonstruktion des Ylang-Ylang-Typs oder die Anwendung seiner Einzelkomponenten in unbeschränkter Menge ohne weiteres möglich.

Jasminöl harmonisiert praktisch mit allen bekannten Duftstoffen, besonders mit anderen Blütenölen und Gewürzen. Am Anfang der modernen Parfümerie dominierte Jasmin in Kreationen wie *Jasmin* von Molinard (1860) oder *Jasmin de Corse* von Coty (1906). Später findet man Jasmin absolue als essentiellen Baustein in weltbekannten Damenparfüms, die eine exotische Blütennote zum Thema haben wie *Arpège* von Lanvin (1927), *Joy* von Patou (1935) oder *Miss Dior* (1947). Die alte Parfümerie-Regel «keine Komposition ohne Jasmin» hat sich in den letzten 30 Jahren zu etwa 80% erfüllt. Allerdings mußte in den meisten Produkten der unerschwinglich teure Naturstoff durch kunstvoll angefertigte Kopien ersetzt werden, oder es wurde auf jasminähnliche Riechstoffe ausgewichen. Eine wichtige Rolle unter den synthetischen Stoffen spielen Jasmon, Jasminlakton und besonders HEDION ® [441]. Letzteres bildet die Grundlage für *Eau Sauvage* von Dior (1966), *Calandre* und *Métal* von Paco Rabanne (1969 bzw. 1977) sowie Yves Saint Laurents *Rive Gauche* (1971), um nur die Pioniere der Hedion-Anwendung in der Parfümerie zu nennen. *Channel No. 19* (1971) enthält bereits 13% Hedion und *First* von Van Cleef & Arpels (1976) sowie *Beautiful* (Estée Lauder 1986) sogar 22%. Jasminnoten in Kombination zu gleichen Teilen (von je 25%) mit Sandelholz finden sich in *Samsara*, der jüngsten Kreation von Jean-Paul Guerlain (1990).

Pandanusöl liefert einen Parfümtyp, der sich in Indien seit alters her größter Beliebtheit erfreut. Da die den Geruch prägenden Verbindungen technisch in unbeschränkter Menge zur Verfügung stehen, ist die Herstellung eines synthetischen Äquivalents von Pandanusöl kein Problem. Allerdings wird in der westlichen Kompositionstechnik wesentlich mehr von den Einzelkomponenten des Öls Gebrauch gemacht. So trägt der Methyläther des β-Phenyläthylalkohols in exotischen Blütenparfüms durch seinen starken «lifting»-Effekt zur Kopfnote bei.

In der feinen Parfümerie sind die besten Sorten des ätherischen Öls beim Aufbau komplexer Blütennoten hochgeschätzt. Ylang-Ylang-Öl, kombiniert mit Jasmin, Iris, Rose, Nelke und

Narzisse, findet sich in *Shocking you* (Schiaparelli 1976), Jonquile und Flieder anstelle von Narzisse und Maiglöckchen in *Fleurs de Rocaille* (Caron 1933) oder dem noch früher kreierten *Quelques Fleurs* (Houbigant 1912). Die klassisch-elegante Herznote von *Tosca* (4711 1921) wird ebenso von Ylang-Ylang beherrscht wie *Detchema* (Revillon 1953). Bei Chypre-Noten darf das kostbare Öl ebensowenig fehlen wie bei schweren orientalischen Düften. In Herrenparfüms hat Ylang-Ylang bisher kaum Eingang gefunden. Dagegen werden billige Öle sowie Imitationen oder Canangaöl vielfach in der funktionellen Parfümerie und besonders zur Seifenparfümierung verwendet.

Zitrusfrüchte

Zitrusfrüchte als Rohstoffe zur Herstellung für Agrumenöle [585], die man auch Hesperidenöle nennt, gehören zur Familie der Rautengewächse und stammen von ursprünglich in Zentralasien beheimateten Wildpflanzen ab. Abendländische Völker lernten Zitrusbäume erstmals durch die indischen Kriegszüge Alexanders des Großen kennen. Über Persien und Medien verbreitete sich die Kultur dieser Bäume langsam westwärts und erreichte durch die Araber im 10.Jh. die Mittelmeerländer. Gegenwärtig findet man Zitruskulturen in fast allen warmen Klimazonen.

Die weitaus am meisten gehandelten Agrumenöle stammen aus den Fruchtschalen. Mechanisches Zerreißen der äußeren Schalenanteile führt zur Freilegung der Ölzellen, worauf durch kaltes hydraulisches Pressen das wohlriechende Öl von den übrigen organischen Bestandteilen getrennt wird. Es entsteht dabei eine wäßrige Emulsion, die allein durch Zentrifugieren unter Vermeidung organischer Lösungsmittel und Wärme die reinen Agrumenöle liefert. Je nach Varietät läßt sich aus frischen Zitrusfruchtschalen zwischen 0,5 und 5% ätherisches Öl gewinnen. Die wesentlichen Produktionsstätten liegen im Mittelmeerraum, in Florida und Kalifornien sowie in Südamerika. Das wirtschaftliche Potential der Agrumenöle von etwa 20000 Tonnen pro Jahr ist beträchtlich, gemessen am Handelsvolumen der übrigen ätherischen Öle.

Die Jahreswelt-Produktion von Zitrusölen beläuft sich auf:

Orangenöl, süß	15000 t
Orangenöl, bitter	30 t
Mandarinenöl	120 t
Zitronenöl	2500 t
Grapefruitöl	30 t
Bergamottöl	250 t
Limettenöl	1000 t

In keinem Fall prägt eine einzelne Verbindung den charakteristischen Geruch der Zitrusöle. Vielmehr ist daran ein komplexes Gemisch strukturell ähnlicher Stoffwechselprodukte beteiligt, das meist der Terpenbiogenese [756] entstammt und sekundäre Metabolite höherer ungesättigter Fettsäuren darstellt. Die Einzigartigkeit des Geruchs der Arten und Typen von Zitrusölen kommt somit weniger durch eine individuelle chemische Zusammensetzung als durch die unterschiedlichen Mengenverhältnisse ihrer Komponenten zustande [748]. Daher ist die Genauigkeit der Analyse eines Argumenöls von gleich großer Wichtigkeit wie die Kenntnis des Aromawertes seiner Komponenten. Dem sensorischen Beitrag von Spurenkomponenten kann für einen spezifischen Aromatyp eine ausschlaggebende Bedeutung zukommen.

Einige Verbindungen sind allerdings unerläßlich zur organoleptischen Identifikation des Agrumentyps, andere leisten einen spezifischen Beitrag zum riechenden Prinzip einer Varietät. Als gemeinsames Merkmal der Agrumenöle ist das (+)-Limonen [747] anzusehen, das je nach Art bis zu 97% ihrer chemischen Bestandteile ausmachen kann. Dieses Monoterpen liefert den sensorischen Grundcharakter für alle Agrumenöle. Sein Antipode besitzt unterschiedliche Geruchseigenschaften und ist für den sensorischen Charakter von Edelterpentinölen, Pfefferminz und Eukalyptusöl verantwortlich. Geradzahlige Fettaldehyde zwischen 8 und 12 Kohlenstoffatomen prägen als Spurenstoffe das Aroma aller Agrumenöle und werden als innerer Standard angesehen. Octanal und Decanal scheinen den wichtigsten sensorischen Beitrag unter den Aldehyden zu liefern. Das zum riechenden Prinzip gehörende Citral hat seinen Namen dem Zitrusbegriff entlehnt. In allen Schalenölen findet man das Sesquiterpenketon (+)-Nootkaton [747] mit seiner typischen Agrumennote und dem bitteren Geschmack.

Sein niedriger Geruchsschwellenwert von 1 ppb verleiht dem Keton selbst in Konzentrationen unter 0,001% (10 ppm) einen hohen Aromawert. Die stereoisomeren Farnesene als lineare Sesquiterpene sind ständige Begleiter von Agrumenölen. Zuerst im Hopfenöl entdeckt, konnten sie in einer Reihe anderer Aromen identifiziert werden. Eine besonders wichtige Rolle spielen sie im Apfelaroma. Die von den Farnesenen abgeleiteten Sinensale sind in allen Zitrusölen gefunden worden. Selbst in Spuren besitzen diese Sesquiterpenaldehyde wegen ihrer enormen Geruchsstärke bei typischem Agrumencharakter einen hohen Aromawert.

Schwerflüchtige Bestandteile in kaltgepreßten Zitrusölen können in Konzentrationen bis zu 4% auftreten. Unter ihnen befinden sich das Naringin und Limonin, zwei stark sauerstoffhaltige polare Verbindungen unterschiedlicher Stoffklassen, die das bittere Prinzip der Zitrusöle verkörpern. Außerdem trifft man dort bis zu 1,5% sogenannte Furocumarine an, die phototoxische Reaktionen auf der Haut auslösen können und daher in Zusammenhang mit Licht für eine erhöhtes Krebsrisiko verantwortlich gemacht werden. In Sonnenschutzmitteln verwendete Zitrusöle sollten daher vor ihrem Einsatz von Furocumarinen durch physikalische Methoden befreit und unter den toxischen Gehalt von 1 mg/kg Öl gebracht werden.

Ätherische Öle, die nicht aus den Früchten, sondern von anderen Teilen der Zitrusbäume stammen, rechnet man im allgemeinen nicht zur Familie der Argrumenöle. Einige unter ihnen, wie die Neroli- und die Petitgrainöle, haben dennoch eine außergewöhnliche Bedeutung für die Parfümerie erlangt, so daß sie im Anschluß an die Schalenöle behandelt werden müssen.

ZITRONE: Das Schalenöl der Zitrone [587], meist sizilianischer und südamerikanischer Provenienz, ist eine Quelle für die Parfümindustrie wie auch für die Lebensmittellindustrie. (+)-Limonen stellt das Hauptprodukt (60–80%) der etwa 300 chemischen Inhaltsstoffe dar. Auffallend ist der hohe Gehalt an β-Pinen (14%), das gemeinsam mit Terpinenol-4 den grünen Schalengeschmack induziert. Der ausgeprägte Pfeffergeruch das α-Bergamotens scheint seinen organoleptischen Beitrag zum Grundgeruch nicht zu verfehlen. Die sauerstoffhaltigen Verbindungen unterscheiden sich quantitativ merklich von den übrigen Agrumenölen. Citral, besonders in Konzentrationen zwischen 4 und 5%, stellt in Verbindung mit den Fettaldehyden zwischen 7 und 13 Kohlenstoffatomen das geruchsprägende Element dar. Die Esterfraktion und besonders Geranylacetat (2%) verleihen dem Zitronenöl die volle Fruchtnote. Einmalig unter den Agrumenölen ist wohl der Jasminriechstoff Methyljasmonat, der im Extraktöl der Zitronenschale entdeckt worden ist.

Wesentlich komplizierter ist das ätherische Öl von frischem Zitronensaft aufgebaut. 300 chemisch unterschiedliche Substanzen konnten daraus identifiziert werden. Viele davon haben unter dem Einfluß der Zitronensäure tiefgreifende chemische Veränderungen erfahren, was sich im zum Schalenöl unterschiedlichen organoleptischen Verhalten ausdrückt.

ORANGE: Süßes Orangenschalenöl [761] ist mengenmäßig das bedeutendste und gleichzeitig das preiswerteste aller Agrumenöle. Es wird durch kaltes Pressen der Schalen in bis zu 5% Ausbeute gewonnen. Die Produktionsgebiete liegen in Süditalien, Spanien, Portugal sowie in Florida und Brasilien. (+)-Limonen ist auch hier das Hauptprodukt (88–97%) des Apfelsinenöls. Der Aldehydgehalt wird als Gradmesser für seine Qualität angesehen, wobei die kommerziell bevorzugten Valenciaöle eine höhere Konzentration (bis zu 3%) als die übrigen Varietäten aufweisen. Geradzahlige Fettaldehyde sind stärker vertreten als ungeradzahlige. n-Octanal tritt mengenmäßig am stärksten auf. Einen extrem hohen Aromawert besitzt das 2,4-Decadienal, das mit einer im Valenciaöl gemessenen Konzentration von 255 ppm seinen Geruchsschwellenwert um mehr als das Millionenfache übertrifft. Noch bedeutender ist der Beitrag der Sinensale (0,1%) zum kaltgepreßten Orangenöl. α-Sinensal mit seinem ausgeprägten Apfelsinencharakter weist den außergewöhnlich niedrigen Geruchsschwellenwert von 0,05 ppb auf [226]. β-Sinensal wird von einem stark metallischfischigen Unterton begleitet, der in höheren Konzentrationen zu einer unangenehmen Geruchswahrnehmung im Öl führen und als Fehlaroma auftreten kann. Durch die Anwesenheit von Valencen als wichtigstem Sesquiterpen unterscheiden Orangen- und Grapefruitöle sich von den übrigen Zitrusölen. Caryophyllen (0,1%) mit seiner würzig trockenen Note und besonders sein stark holzig riechendes Epoxyderivat (0,02%) muß man zusätzlich als wertvolle Bestandteile ansehen. α-Terpineol, Terpinenol-4 und Linalool sind die wichtigsten Alkohole im Orangenöl, die in überhöhter Konzentration zum Fehlaroma beitragen. Der Fliederriechstoff α-Terpineol, der durch mikrobiologische Transformation von Limonen entsteht, tritt relativ schnell als Alterungskomponente im Orangenöl auf.

Alle oberirdischen Teile des Bitterorangenbaumes [588] dienen der Parfümerie als Rohstofflieferanten. Aus den Blüten wird das kostbare Neroliöl gewonnen, aus den Zweigen und Blättern das Petitgrainöl Bigarade, und die Fruchtschalen werden zum kaltgepreßten Sevillaöl verarbeitet. Dieses Pomeranzenöl unterscheidet sich von der «süßen» Varietät weniger durch die chemische Zusammensetzung seiner flüchtigen Anteile als durch seinen bitteren Geschmack, der von polaren, nichtflüchtigen Verbindungen herrührt.

Aus den Schalen der in Japan als *yuzu* bekannten sauren Orange [762] wird ein ätherisches Öl gepreßt, das sich aus über 170 chemischen Verbindungen zusammensetzt und organoleptisch vom Pomeranzenöl relativ stark abweicht. Das frische, aber sehr spezielle Zitrusaroma des Yuzu-Öls wird von einem an Leinsamen erinnernden ölig-fettigen Geruch begleitet. Außerdem nimmt man eine Note nach schwarzen Johannisbeeren sowie einen typischen Algengeruch wahr. Letzterer wird von Spuren des sensorisch hochaktiven Galbanolens und anderen verwandten hochungesättigten Kohlenwasserstoffen erzeugt. Allein 25 Aldehyde wurden unter den Spurenstoffen entdeckt, die geruchsstärksten unter ihnen erstmals in der Natur. Die chemische Markierung des Yuzu-Öls erfolgt durch ein makrozyklisches Lakton mit 12 Kohlenstoffatomen und einer Doppelbindung in der Ringstruktur. Es wurde bisher in keinem anderen ätherischen Öl angetroffen. Ansonsten spiegelt das japanische Öl in seiner chemischen Zusammensetzung ungefähr das allgemeine Bild der Orangenöle wieder, einschließlich seines hohen Gehalts (75%) an (+)-Limonen.

MANDARINEN: Mandarinenöl [763] sowie die kaltgepreßten Schalenöle der sich steigender Beliebtheit erfreuenden Sorten Tangerine und Klementine enthalten im Gegensatz zu allen anderen Agrumenölen eine beträchtliche Menge an N-Methylanthranylsäuremethylester (0,85%), der in hoher Konzentration einen muffigfruchtigen und trocken-blumigen Geruch besitzt und stark an das Aroma der amerikanischen Concordtraube erinnert. Sein ausgeprägter Orangenblütenduft erscheint mit der Verdünnung stärker und süßer. Im geeigneten Verhältnis mit Thymol gemischt, soll die Base Nuancen erzielen, die an den Geruch der Mandarine erinnern. γ-Terpinen und β-Pinen, diesem Gemisch hinzugefügt, bringen es dem natürlichen Geruch noch näher. Außerdem scheint die Anwesenheit von α-Thujen (0,5%) in diesem Öl typisch zu sein. Man findet im Mandarinenöl den höchsten Gehalt an α-Sinensal (0,2%9).

GRAPEFRUIT: Die Schalen der Grapefruit [764] liefern durch kaltes Pressen ein ätherisches Öl, das in der Getränkeindustrie begrenzte Anwendung gefunden hat und in der Parfümerie nur eine untergeordnete Rolle spielt. Daher ist auch wenig über seine chemische Zusammensetzung bekannt.

Allerdings erfreut sich Grapefruitsaft einer steigenden Beliebtheit. Seine frisch-fruchtige Kopfnote verdankt der Saft einer in keinem anderen Naturprodukt vorkommenden Schwefelverbindung des Limonens, die dort in einer Konzentration unterhalb von 1 ppb vorkommt. Dieses Monoterpenmerkaptan besitzt mit 0,004 ppb den niedrigsten Geruchsschwellenwert, der jemals von einem Aromastoff gemessen wurde; dies entspricht einer Verdünnung von 1 g der Substanz in 10 Millionen Tonnen Wasser [266].

Das Fruchtöl (0,1%), dessen 11 Hauptkomponenten mehr als 90% ausmachen, hat einen für Agrumenöle außergewöhnlich hohen Gehalt an Sesquiterpenen, die in einer enormen strukturellen Vielfalt auftreten. Nootkaton ist im wesentlichen für den vollen Geruch der Grapefruit verantwortlich, der bei einer Konzentration von über 7 ppm auftritt. Bemerkenswerterweise hat das Sesquiterpenketon ebenfalls an dem bitteren Geschmack des Saftes einen wesentlichen Anteil. Beachtliche Mengen des Saftöls enthalten das Nelken-Sesquiterpen Caryophyllen (6,8%) mit seiner niedrigen Geruchsschwellenkonzentration von 64 ppb. Ein Ätherderivat davon, das ursprünglich im Verbenaöl entdeckt wurde, fällt durch einen angenehmen, holzig-balsamischen Geruch auf. Überhaupt ist der hohe Beitrag cyclischer Äther zum Grapefruitaroma unbestritten. Die Linalooloxide, als Begleiter von Linalool in vielen ätherischen Ölen zu finden, werden mit 12,6% mengenmäßig zur zweitwichtigsten Verbindungsgruppe. Nur noch im Lavendelöl ist ihr Anteil höher.

BERGAMOTTE: Das ätherische Öl der Bergamotte [591] wird durch kaltes Pressen unreifer Schalen der für den Menschen ungenießbaren Frucht in 0,5% Ausbeute gewonnen. Sie stammt von einem 5 m hohen Zitrusbaum, der hauptsächlich in der Provinz Kalabrien wächst und wie der Zitronenbaum durch Pfropfung auf Stecklingen der äußerst resistenten bitteren Orange gezüchtet wird. Es ist das einzige Agrumenöl, in dem nicht (+)-Limonen (26%), sondern eine Kombination des Lavendelriechstoffs Linalool und seines Acetats (50%) dominiert. Daneben konnten weitere 175 Verbindungen nachgewiesen werden, von denen 26 in einer Konzentration von mehr als 0,1% vorkommen und 96% des Öles ausmachen. Wie üblich stellen die Spurenkomponenten auch im Bergamottöl den zahlenmäßig größeren Anteil dar. Über 120 davon gehören der Mono- und Sesquiterpenreihe an. α-Bergamoten (0,31%) ist mengenmäßig das bedeutendste Sesquiterpen, gefolgt von Caryophyllen (0,2%). Ihre sauerstoffhaltigen Derivate tragen zum Geruchsprinzip der typischen Bergamottenote bei, so das erstmals im Pfefferöl entdeckte Guajenol oder β-Sinensal und das holzig-ambraartig riechende Bergamotenal. Letzterer Aldehyd wurde auch im ätherischen Öl der Kostuswurzel entdeckt. Jasmon gehört ebenso zu den Kuriosa des Bergamottöls wie der Waldmeisterduft Kumarin, Indol oder N-Methylanthranilat.

LIMETTE: Unter den beiden wichtigsten Handelsformen nimmt das sogenannte destillierte Limettenöl [592], das auf traditionelle westindische Art durch Wasserdampfdestillation der ganzen Frucht gewonnen wird, in der funktionellen Parfümerie einen höheren Stellenwert ein als das kaltgepreßte Schalenöl. Das durch Pressen gewonnene teurere Öl ähnelt in Zusammensetzung und Organoleptik eher dem Zitronenöl, während sich die destillierte Qualität mit den durch Einwirkung von Säuren gebildeten Artefakten anreichert. Dem destillierten Öl fehlt das natürliche Bouquet des kaltgepreßten. Es besitzt jedoch den gewünschten terpenigen Charakter.

PETIGRAIN: Ätherische Öle unter der Bezeichnung Petigrain werden durch Wasserdampfdestillation der Blätter und Zweige von Zitrusbäumen in 0,25–0,5% Ausbeute gewonnen. Das wichtigste Handelsprodukt stammt vom bitteren Orangenbaum. Paraguay als größter Produzent stellt den Hauptanteil des Weltbedarfs von etwa 360 Tonnen her. Petitgrainöl von feinerer Qualität kommt aus Frankreich, Süditalien und Nordafrika.

Das stark bitter-süße und holzig-blumige ätherische Öl setzt sich aus einer komplexen Mischung von mehr als 400 chemischen Verbindungen zusammen, von denen 25 (Konzentration von mehr als 0,1%) den Anteil von 95% ausmachen. Bis zu 80% des Öls können aus einem Gemisch Linalylacetat und Linalool im Verhältnis von etwa 2:1 bestehen. Unter den Kohlenwasserstoffen (12,4%) sind als wichtigste die Monoterpene Ocimen, Myrcen und β-Pinen zu nennen, während Limonen mit 1,7% eine für Öle der Zitrus-Spezies untergeordnete Rolle spielt.

Die beiden acyclischen Verbindungen werden von ihren Epoxyderivaten (3 ppm) begleitet, die einen stark krautigen Geruch entwickeln und deren synthetische Äquivalente unter dem Namen MYROXID ® im Handel zu finden sind. Unter den Sesquiterpenen sind Caryophyllen (0,76%) und Bicyclogermacren (0,19%) erwähnenswert. Neben Linalool (25%) zählen Geraniol (3%), α-Terpineol (5,6%), Nerolidol (0,05%) sowie die stark holzig riechenden tricyclischen Sesquiterpenalkohole Spathulenol und Isospathulenol (jeweils 0,03%) zu den wichtigsten Alkoholen (34%). Die beiden letzten Verbindungen wurden als bedeutende Bestandteile des Muskateller Salbeiöls beschrieben. Die über 100 identifizierten Carbonylverbindungen machen nur 0,37% des Öls aus. Dennoch ist ihr Einfluß auf die Geruchsqualität unbestritten, liegen doch die äußerst geringen Mengen von β-Damascenon (2 ppm) und β-Jonon (5 ppm) noch millionenfach oberhalb ihrer Geruchsschwellenkonzentration, die bei 0,009 bzw. 0,007 ppb gemessen wurde.

Es hat sich herausgestellt, daß genuine Inhaltsstoffe in den intakten Ölzellen untereinander chemische Verbindungen eingegangen sind, deren Geruch das Petitgrainöl unverkennbar markiert. Manche dieser aldehydischen Kondensationsprodukte besitzen einen stark exotisch-würzigen Geruch, andere eine Mandelnote oder mimosaähnliche Tonalitäten. Auch die frische

Schalennote wird von citralähnlichen Stoffen simuliert. Der Peperoni-Aromastoff 2-Isopropyl-3-methoxypyrazin mit seiner galbanumartigen Grünnote besitzt mit zehn anderen hochaktiven Vertretern dieser Verbindungsklasse eine große Wirkung auf den Gesamtgeruchseindruck, liegt doch ihre Konzentration im Petitgrainöl (1 ppm) millionenfach über dem Geruchsschwellenwert. Linalylacetat (46%) wird von Geranylacetat (8%) und 135 weiteren Estern begleitet, die zusammen lediglich 0,3% des Öls ausmachen. Petitgrainöl zeigt exemplarisch die Bedeutung der Spurenstoffe an. Eine Mischung ihrer in diesem Kapitel genannten Hauptkomponenten war nämlich organoleptisch weit entfernt von einer naturgetreuen Rekonstitution des ätherischen Öls.

NEROLI: Aus 850 kg sorgfältig gepflückten Orangenblüten wird durch Wasserdampfdestillation 1 kg Neroliöl gewonnen. Die Erzeugerländer der 2–3 Tonnen ätherischen Öls liegen größtenteils in Nordafrika. Neroliöl, das eine kraftvolle, frische, blumige Note mit einem warmen Unterton nach getrocknetem Heu besitzt, erinnert in Geruch und Zusammensetzung an das Petitgrainöl. Lediglich der Gehalt an Ocimen und β-Pinen (6,5 bzw. 11%) ist höher. (+)-Limonen erscheint in der beträchtlichen Menge von über 17%. Linalool (36%), und sein Acetat (6%) kommen dort in umgekehrtem Verhältnis vor. Bereits 1902 entdeckten A. Hesse und O. Zeitschel im Neroliöl den tertiären Sesquiterpenalkohol (+)-Nerolidol (3%). M. Kerschbaum gelang 1913 der Nachweis des primären Alkohols Farnesol (1%), einem nahen Verwandten von Nerolidol. Nicht nur der hohe Gehalt an den beiden Alkoholen, sondern auch beträchtliche Mengen der Stickstoffderivate Methylanthranilat (0,1%) und Indol (0,1%) entscheiden über die Geruchsqualität von Neroliöl. Wichtig erscheint auch das Auftreten des Aromastoffs der Peperoni, das sogenannte 2-Isobutyl-3-methoxypyrazin (1 ppm), das mit seiner ausgefallenen Grünnote und dem extrem niedrigen Geruchsschwellenwert von 0,002 ppb [266] ebenfalls einen bedeutenden Beitrag leistet. Jasmon (0,02%) als Inhaltsstoff im Neroli wurde bereits im Jahre 1899 von O. Hesse erkannt. Nootkaton und andere typische Verbindungen von Agrumenölen wurden weder im Petitgrainöl noch im Neroliöl nachgewiesen.

Agrumenöle sind Parfümgrundstoffe, die in bedeutender Menge verwendet werden und einer Komposition die frische und spritzige Kopfnote verleihen, ohne dabei in den Vordergrund zu treten. Sie liefern in Konzentrationen bis zu 25% die Basis für die klassischen *Eaux de Cologne* vom Typ Maria Farina und 4711 (1792) ebenso wie für die modernen Eaux Fraîches vom Genre *Eau Sauvage* (Dior 1966) oder *Eau de Guerlain* (1974).

Agrumenöle harmonisieren mit einer Vielzahl ätherischer Öle und synthetischer Riechstoffe, so daß sie in den meisten Duftschöpfungen der Neuzeit in wechselnden Mengen anzutreffen sind. Bergamott- und Zitronenöl findet man statistisch in 12%, Orangenöl sogar in 20% aller Kreationen. Mit Lavendelöl kombiniert, lieferten Agrumenöle die Basis von *English Lavender*, das 1826 von Atkinson kreiert wurde. In *Jicky* (Guerlain 1889) ebenso wie in *Shalimar* (Guerlain 1925) wird die Kopfnote aus Zitronen- und Mandarinennoten sowie Bergamottöl in einer Überdosis vo 30% gebildet und mit einem Rosenholzton abgerundet. Die gleiche Kombination, verstärkt durch Orangen- und Neroliöl, findet man in *Vol de Nuit* (Guerlain 1932) und *Chanel No. 22* (1926) oder aldehydisch betont in *Fashion* (Leonard 1970) oder *Baghari* (Piguet 1950). Im Austausch von Orange durch Petitgrain erzielt man den blumig-zitrusartigen «Lifting-Effekt» in *Narcisse noir* (Caron 1912) oder *Bois des Iles* (Chanel 1926). Sie sollen bei allen und besonders den orientalischen Parfümen Frische suggerieren. Limette im Akkord mit Hesperiden-Tönen von Bergamotte, Zitrone und Mandarine wählte Myrurgia für *Joya* (1940) und *Alda* (1940).

Undenkbar wären die Geruchstypen Chypre und Fougère ohne Bergamottöl. *Crêpe de Chine* (Millot 1925), *Femme* (Rochas 1942) und *Moustache* (Rochas 1949) stehen für die Chypre-Duftfamilie, *Nueva Maja* (Myrurgia 1960) und *Azzaro pour homme* (1978) repräsentieren den Fougère-Typ mit seiner Kopfnote aus Bergamotte, Zitrone und Petitgrain. Hohe Dosen der synthetisch erzeugten «Citrusaldehyde» führten zu dem bis heute anhaltenden Welterfolg von *Chanel No. 5* (1921). Die sich steigernder Beliebtheit erfreuenden Herrenparfüms basieren auf Limettenöl, so *Royal Lime* (1955), *Monsieur de Givenchy* (1959) oder *Aqua Velva Frost Lime* (Williams 1966).

Große Bedeutung haben Agrumenöle in der funktionellen Parfümerie erlangt. Bergamottöl erzeugt strahlende Frische in Hautcremes, während sich Orangenöl besonders zur Parfümierung von Haarwässern eignet. Der fast vergessene Portugal-Typ, der zu Beginn dieses Jahrhunderts den Geruch eines jeden Herren-Friseursalons prägte, war auf speziellen Orangennoten aufgebaut. Ihren großen Erfolg verdanken die Schaumbadparfümerien dem hohen Anteil an Agrumenölen. «Die wilde Frische der Limonen» ist ein beliebter Werbeslogan, denn sie bildet den Duftcharakter unserer Geschirr-, Putz- und Reinigungsmittel und soll Sauberkeit suggerieren.

Den Agrumenölen am nächsten stehen die duftverwandten ätherischen Öle von Lemongras, *Litsea cubeba*, Verbena und Melisse. Sie alle werden wie eine bedeutende Anzahl synthetischer Produkte zur Erzeugung von Zitrusnoten in Parfümerie, Kosmetik und Pharmazie eingesetzt. Terpentinöl oder einige seiner Inhaltsstoffe lassen sich chemisch leicht in Stoffe mit zitrusähnlichen Geruchseigenschaften umwandeln.

Neben ihrer wachsenden Bedeutung in der Parfümerie werden Agrumenöle zur Erzeugung von Zitrusnoten in der Nahrungsmittelindustrie, besonders für kohlesäurehaltige Fruchtgetränke verwendet. Den Cola-Typ beherrscht eine Limettennote, während das Aroma im Tee der Sorte *Earl Grey* durch Zugabe von Bergamottöl erzeugt wird.

FÜNFTER TEIL

Vom Eau de Chypre zum Eau de Cologne

Das Duftverständnis des Abendlandes

Erste Anzeichen für den Umgang mit exotischen Duftstoffen im Abendland gehen bis ins früheste Mittelalter der Merowingerzeit zurück. Lange bevor der Handel mit Venedig über die Alpen florierte, passierten Gewürzschiffe die Rhônemündung in Richtung Norden. Aus dem karolingischen Zeitalter kennen wir eine Verordnung, nach der sich jeder Bote einer königlichen Mission in den Nahen Osten dort mit Pfeffer, Zimt, Gewürznelken und anderen Spezereien einzudecken hatte. Küchenrezepte der damaligen Zeit weisen auf eine vielseitige Verwendung dieser Stoffe hin [765].

In den *Kapitularien* Karls des Großen am Ende des 8. Jh. finden wir die von dem Benediktinermönch Ansegis verfaßten Anweisungen [230] für den Anbau von aromatischen Pflanzen zur Verwendung in Gewürzen und Arzneimitteln. Rosmarin, Thymian, Salbei, Dill, Petersilie, Majoran, Minze und Raute tauchen daraufhin bald in den Kräutergärten der bekanntesten Klöster auf. Beschreibungen über Kultivierung und Verwendung dieser Pflanzen verdanken wir den minuziösen Aufzeichnungen von Nonnen und Mönchen. So hat sich die erste deutsche Mystikerin, die Äbtissin Hildegard von Bingen (1098–1179), ihr Leben lang mit den Volksheilmitteln und medizinischen Behandlungsmethoden auseinandergesetzt. Dem Lavendel widmete die heilige Hildegard sogar eine eigene Schrift, *De Lavandula.*

Obwohl das einfache Lavendelwasser bereits vor dem 11. Jh. bekannt war [248], wurde das Abendland mit den raffinierten Wohlgerüchen des Orients erst durch die Kreuzzüge vertraut. *Eau de Chypre* [274] und Rosenwasser werden die ersten duftenden Souvenirs gewesen sein, welche die rauhen Ritter ihren Burgfrauen aus der Levante mitbrachten. In den Liedern der provenzalischen Troubadoure und deutschen Minnesänger konnte man nicht genug die wohlriechenden Mittel aus Arabia Felix preisen, die von den Angebeteten in kostbaren Glasbehältern oder Schachteln aus Zedernholz empfangen wurden.

Das Handelszentrum Venedig erfuhr nach dem Fall von Akkon und Tyros im Jahre 1124 eine außerordentlich starke Belebung. Unter den verschiedenen Spezereien führte man Rosenwasser, Veilchenöl, wohlriechende Seifenkugeln aus Damaskus, Theriak aus Alexandria oder Galgant und Lakritze ein. Exotische Gewürze wie Safran, Muskatnuß, Zimt, Kubeben und Ingwer erfreuten sich großer Beliebtheit. Zu den wichtigsten Aromen zählten Gewürznelken, deren Hauptumschlagsort Akkon war. Diese wurden dem Pfeffer zum Würzen von Fleischspeisen sogar vorgezogen [766] und besaßen damals den zwei- bis dreifachen Handelswert.

Am Hofe des französischen Königs Ludwig VII., der gemeinsam mit seiner Gattin Eleonore von Aquitanien am zweiten Kreuzzug teilgenommen hatte, nimmt man bereits Moschus- und Sandelholzgeruch wahr. Artischocken, Kaviar und griechischen Wein lernt das französische Königspaar am prunkvollen byzantinischen Kaiserhof kennen. Die Saucen der Speisen waren dort mit Koriander und Zimt gewürzt. Konfekt aus Rosen und Ingwer bot man zum Reinhalten des Atems dar [767].

Später mit Heinrich II. von England verheiratet (1153), verfeinerte Eleonore getreu ihren eindrucksvollen Erfahrungen aus Konstantinopel die englische Küche durch orientalische Gewürze wie Pfeffer, Kümmel und Zimt. Unter den Spezereien werden besonders Mandeln erwähnt, aus denen wohlschmeckende Konditorwaren ebenso wie das Schönheitsmittel Mandelmilch hergestellt wurden. Mit Eleonore zog auch der kultivierte Bordeaux-Wein auf die Britische Insel und verdrängte das von ihr verschmähte Bier. «Man hat ausgerechnet, daß in England im dreizehnten Jahrhundert pro Kopf der Bevölkerung mehr Wein getrunken wurde als heutzutage» [768]. «Auch Weihrauch für den Gottesdienst in der Palastkapelle wurde eingeführt; er war in London sehr wichtig wegen der üblen Gerüche, die der Nebel mit sich brachte» [769].

Venedig und Florenz galten im Mittelalter als die wichtigsten

Zentren für die Versorgung Mitteleuropas mit Exotika und Luxusgütern. Diese wurden teilweise aus den Rohstoffen des Orients in eigener Manufaktur hergestellt. Für ihre wertvollen Parfüms entwickelte man seit Anfang des 13. Jh. besonders in Murano prunkvolle Flakons, die mit Gold, Silber und Perlen ausgestattet waren. Die wohlriechende venezianische Seife genoß über Jahrhunderte eine Monopolstellung [770]. Sie tauchte in den sehr freizügigen Badehäusern der Noblen auf, in denen man Gelage abhielt und erotische Zerstreuung suchte. Von Bocaccio (1348) erfahren wir, daß Madonna Jancofiore ihren Liebhaber Salabaetto «(...) mit einer von Bisam (Moschus) und Gewürznelken duftenden Seife wusch». Man ließ sich nieder auf «zwei schneeweißen dünnen Laken, die einen solchen Rosenduft ausströmten, daß die ganze Kammer voll Rosen zu sein schien». Das Paar wurde zuguterletzt aus «(...) prächtigen Fläschchen voll Rosenwasser, Orangenblütenwasser, Jasminblütenwasser und Lavendelwasser besprengt», bevor sich die Mägde diskret zurückzogen. Im Gemach seiner Angebeteten «(...) fühlte er einen wundersamen Geruch von Aloeholz» [771].

Als eine wichtige Etappe in der Entwicklung der Parfümerie ist das *Aqua Regina Hungarica* anzusehen. Diesem einfachen Rosmarinwasser schrieb man im Mittelalter wunderwirksame Eigenschaften zu. Geheimnisvolle Mönche sollen im Jahre 1335 das Rezept dafür der siebzigjährigen, schwer rheumakranken Königin Elisabeth von Ungarn vermacht haben, die dank regelmäßiger Anwendung einen derart juvenilen Zustand erreicht haben soll, daß der polnische König in die Versuchung kam, ihr einen Heiratsantrag zu machen. *Ungarisches Wasser* als Vorläufer des *Eau de Cologne* [772] trat einen stürmischen Siegeszug durch Europa an. 1370 wurde das Wunderwasser bereits am französischen Hof Karls V. erwähnt, und am Ende des 17. Jh. taucht es dann in den einschlägigen Apothekertaxen auf.

Auf der Basis von Rosen- und Orangenblütenwasser, versetzt mit Sandel, Storax und Kalmus, verbreitet sich etwa zur gleichen Zeit das *Eau d'Ange.* Einen mit Hilfe von Rotweinessig hergestellter Auszug von Rosmarin, Salbei, Absinth, Minze, Raute, Lavendel, Rotangpalme, Zimt, Gewürznelken, Muskat, Knoblauch und Kampfer nannte man *Vinaigre des Quatre Voleurs* [274].

Liber de arte Distil landi de Compositis.

Das bůch der waren kunst zů distillieren die

Composita vñ simplicia/vnd dz Bůch thesaurus pauperū/Ein schatz d' armē ge/
nāt Micariū/die brösamlin gefallen vō dē bůchern d' Artzny/vnd durch Experimēt
vō mir Jheronimo brūschwick vff geclubt vñ geoffenbart zů trost denē die es begerē.

getruckt un gendigt in die keisserliche krye statt Strassburg
uff sanct Mathis abent in dem jar 1507.

<
Im Titelbild zum ersten Band seines *De arte destillandi* (1507) definierte der Straßburger Arzt und Alchimist Hieronymus Brunschwig die Destillationsmethode wie folgt:
Das Destillieren ist nichts anderes, als das Subtile vom Groben und das Grobe vom Subtilen zu scheiden, das Gebrechliche oder Zerstörbare unzerstörbar, das Materielle immateriell, das Leibliche geistig, das Unschöne schöner zu machen.

Titelbild zum zweiten Band von Hieronymus Brunschwigs *De arte destillandi* aus dem Jahre 1507, das eine Anlage zur Gewinnung von Weingeist (*aqua vitae*) darstellt.
Die Quintessenz der Trennmethode lautet:
(...) diweil die Geister, so über sich getrieben werden, vil reyner und subtiler seind, denn in solchem aufsteigen alles, so schwer, irdisch oder flegmatisch ist, nit hinauf kommen mag. Darumb die Geyster des weins am flüchtigsten über sich, aber anderer materi, so mehr mit flegmatischer feucht behafft, under sich getrieben werden.

Die Herstellung «gebrannter Wässer», d.h. der durch Wasserdampfdestillation aus Pflanzenteilen gewonnenen ätherischen Öle, wurde im 15.Jh. professioneller, indem man sie in die Apothekerlaboratorien verlagerte. Das Destillierbuch des Straßburger Arztes Hieronymus Brunschwig [773] aus dem Jahre 1500 beschreibt die Gewinnung «gebrannter Wässer» aus Terpentinharz, Wacholderholz, Spiklavendel, Rosmarin, Salbei, Kalmuswurzeln, Benzoeharz, Weihrauch und Zimt. Nur wenig später konnte man aus den Wasserdampfdestillaten die entsprechenden ätherischen Öle abscheiden, die man in reiner Form als «gebrannte Öle» in den Handel brachte [774]. Bis Ende des 16. Jh. waren bereits über hundert ätherische Öle bekannt, deren Zahl sich bis heute auf 1500 erhöht hat.

Mit dem Erscheinen von Katharina von Medici (1519–1589) am französischen Hofe Heinrichs II. setzte in Frankreich die Parfümerie ein, die in Florenz bereits zu hoher Blüte gelangt war. Neben den bezaubernden Düften der Toskana, die Katharinas Parfümeur René le Florentin in seiner neueröffneten Boutique am Pont-aux-Changes in kostbare Florentiner Flakons bannte, führte die Königin auch parfümierte Lederhandschuhe ein. Diese bereits in Italien und Spanien zu großer Mode gekommenen Accessoires der Noblen waren mit Zibet, Moschus und Ambra imprägniert. Später folgten die *guanti di Neroli* sowie die Jasmin- und Lavendelhandschuhe.

Das südfranzösische Städtchen Grasse im Departement Alpes-Maritimes entwickelte sich zum Zentrum der Parfümherstellung, nachdem die Florentinerin 1580 den Alchimisten und Apotheker Tombarelli dazu bewog, dort ein Laboratorium einzurichten. Außerdem beauftragte sie die Universität von Montpellier, neue Methoden zur Gewinnung von Riechstoffen aus Duftpflanzen zu entwickeln.

Frangipani, ein Mitglied des berühmtesten Adelsgeschlechtes in Rom, erfand ein Puder mit den damals bekanntesten Geruchsnuancen. Es bestand aus Irispulver, das mit 1% Moschus und Zibet versetzt war. Ein weingeistiger Auszug dieser Mischung lieferte das Parfüm *Frangipani,* das als das haftfesteste seiner Zeit galt. Ein Enkel von Frangipani, Marschall Ludwigs XIII., wurde durch parfümierte Handschuhe, die *gants à la frangipani,* bekannt [775].

Der Wohlgeruch am englischen Hof hatte sich nach der kurzen Periode von Eleonore v. Aquitanien bald verflüchtigt und wurde erst wieder von Elisabeth I. (1533–1607), der großen Rivalin von Maria Stuart, belebt. Die Königin soll einen derart feinen Geruchssinn entwickelt haben, daß sie sich von unangenehmen Odeurs geradezu verletzt fühlte [776]. Neben kostbarsten Parfüms und Kosmetika aus Italien und Frankreich entdeckte sie für sich die parfümierten Handschuhe. Auch ihr spanischer Ledermantel und ihre Schuhe strömten Wohlgeruch aus. Die Empfangshalle des königlichen Palais, einschließlich der Tapeten und Stühle, war von edlen Düften erfüllt. Selbst ihre Lieblingstiere ließ die Monarchin parfümieren [777]. Alle Toilettenutensilien wurden in Holzkästchen *(sweet coffers)* aufbewahrt, die mit ihrem Lieblingsduft imprägniert waren. Die Pomander, ursprünglich zur Vorbeugung von Infektionskrankheiten aufgehängt, füllte man nun mit ausgewählten Duftstoffen. Diese oft kunstvoll verzierten Gefäße trug Elisabeth I. ebenso wie Maria Stuart um den Hals. Sie enthielten den mit Fetten ausgezogenen Duft faulender Äpfel, die mit Zimt und Nelken gewürzt waren. Daraus entwickelte sich in Frankreich die Pomade.

Mit Windeseile verbreitete sich der luxuriöse Stil des Hofes über ganz London, wo er besonders viele Nachahmer fand. Allerdings vertrugen sich die Duftexzesse kaum mit der Sittenstrenge des herrschenden Protestantismus, denn die maßlose Lust am Duft war angeblich verderblich für die Seele. Die entsprechenden Reaktionen ließen nicht lange auf sich warten. Zunächst begnügten sich zeitgenössische Schriftsteller damit, die wohlriechende Gesellschaft mit Spottgedichten zu bedenken. Später jedoch versuchte das Parlament die Verbreitung verführerischer Düfte einzudämmen. In einer Verordnung aus dem Jahre 1770 wurden Jungfrauen, Mädchen oder Witwen der Hexerei bezichtigt, sobald sie jemanden mit Hilfe von Par-

Gildewappen der Parfümeure (gantiers-parfumeurs) im 18. Jh.

füms, falschen Haaren oder anderen «unfairen» Mitteln zur Ehe überlisteten. Die Sittenwächter von Westminster hatten schon damals klar die aphrodisierende Wirkung von Riechstoffen erkannt. In viktorianischer Zeit mündete dann die bigotte Prüderie in einen strengen Sittenkodex der Wohlgerüche. Eine anständige Frau durfte nur sehr diskret einfache Wässerchen benutzen, denn Parfüms waren der Halbwelt vorbehalten.

Die französische Gesellschaft wollte diese englischen Attitüden nicht nachvollziehen, und so konnte der Siegeszug der schönen Düfte seit Katharina von Medici auf dem Festland ungehemmt fortschreiten. Am Anfang des 18.Jh. ging man nicht nur zum *Maître gantier parfumeur*, um sich sein individuelles Parfüm anfertigen zu lassen, so wie man seine Kleider und Schuhe in Auftrag gab, sondern es gehörte in Kreisen der hohen Gesellschaft zum guten Ton, seine Gäste mit eigenen Duftmischungen zu überraschen. In *pots-pourris* [750] genannten, meist künstlerisch gestalteten Keramikgefäßen, wurde duftendes Pflanzenmaterial einer Mazeration mit «gebranntem Wasser» unterzogen. Dabei konnte man auf ein großes Sortiment wohlriechender Blüten, Blätter, Pflanzen, Früchte, Hölzer, Harze, Wachse, Wurzeln und Gewürze zurückgreifen und mit diesen Ingredienzien entsprechend seiner Kenntnisse und Fähigkeiten Kompositionen eigenen Geschmacks kreieren. «Eines der berühmtesten ist zweifellos jenes von Madame Menjaud, der Gattin des Haushofmeisters von Ludwig XV.:

Etikett für Pot-Pourri, Pomade von Jobert, 1760.

Veilchen, Thymian, Rosmarin, Honigklee, Nelke, Muskatrose und wilde Heckenrose werden mit Pulver aus Iris, Zeder und Chypre vermischt und dann unter Zugabe von viel grobgestoßenem Salz in Rosenwasser, *Eau de la Reine de Hongrie,* Myrten- und Orangenblütenwasser mit Benzoe und Storax aufgelöst. Nach all diesen Vorbereitungen setzt dann eine wochenlange Mazeration ein, bis sich der subtilste aller Düfte entfaltete!» [778].

Zu unsterblicher Berühmtheit gelangte auch das *Bouquet à la Maréchale,* das Marschall Richelieu als Hochzeitsüberraschung für seine Sophie de Guise, Prinzessin von Lothringen, 1734 selbst komponiert hatte. Der Herzog, der in zahlreiche galante Abenteuer verstrickt war und als Inbegriff eines aristokratischen Libertins des 18.Jh. galt, gehörte zu den bedeutendsten Duftexperten seiner Zeit. Seine Kreation soll von einer solchen Ausgewogenheit gewesen sein, daß sie zu einer der führenden Duftnoten avancierte und sich bis zum Ende des vorigen Jahrhunderts größter Beliebtheit erfreute. Als Pensionär verbrachte der Marschall seinen Lebensabend in luxuriösem Wohlgeruch, den er mit einem Blasebalg in seine Gemächer einschleusen ließ [775].

Firmenschild von Parfümeuren in Grasse, 1760.

So wie René le Florentin an der Wiege der französischen Parfümerie stand, war es auch in Köln ein Italiener, der diese Branche in Deutschland begründete. Diesmal ist es Paul Feminis, der unter dem Namen Giovanni Paolo de Feminis aus der Provinz Novara um 1690 einwanderte und nach heimatlichen Rezepturen sein Wunderwasser *Aqua mirabilis* herstellte. Um sich von der Konkurrenz des damals in hohem Ansehen stehenden *Eau de la Reine de Hongrie* besser unterscheiden zu können, erwirkte er von der medizinischen Fakultät der Universität Köln ein Zertifikat für sein *Eau admirabilis Cologne,* das ihm unter dem Datum vom 13. Januar 1727 mit dem folgenden Wortlaut ausgehändigt wurde: «Weil dieses Wasser ein aus den kostbarsten Kräutern ausgezogener

Kupferstich *Der Duft* von Le Bas, 1736.

Geist ist, so übertritt man keineswegs die Schranken der Wahrheit, wenn man sagt, daß es die ächte Quint Essenz aus dem edlen Kräuterreiche ist, welche diese vortrefflichen Eigenschaften hat, die Lebensgeister des Menschen zu erquicken, anzufrischen und lebendig zu machen» [772]. In der genannten medizinischen Beurteilung der Kölner Universität ist interessanterweise auch eine Vorschrift für die Dosierung und Anwendungsweise des Elixiers beigefügt: «Man bedient sich dieses Wassers innerlich und äußerlich, innerlich nimmt man 50, 60 bis 80 Tropfen in weißen Wein, frisch Brunnenwasser oder kalter Fleischbrühe ein. Äußerlich waschet damit das Haupt, den Wirbel, die Schläfe, die Pulsadern, die Gelenke und die schmerzhaften Glieder.» Bemerkenswert sind die alchimistischen Formulierungen in diesem Gutachten, denn unter «Quintessenz» verstand man bei den Alten den lebenserhaltenden *spiritus vini.* Diesem Weingeist wurden, sobald er in Gegenwart von wohlriechenden Pflanzen destilliert war, besonders konservierende und stärkende Eigenschaften zugesprochen.

Als Lebenselixier ist das «Wasser des Lebens» das wahre Heilmittel. Aus Rosmarin hergestelltes *Aqua vitae* nannte man, wie bereits mehrfach erwähnt, ungarisches Wasser. Den Karmelitergeist, von Mönchen dieses Ordens im 17. Jh. erfunden, entzieht man der Melisse, welche mit Gewürznelken, Muskat und Zimt angereichert, in den einschlägigen Pharmakopöen als *Spiritus Melissae compositus* aufgeführt wird. *Eau de Cologne* ist eher mit einem komplexer aufgebauten *Ungarischen Wasser* vergleichbar. Seine Basis bildet ein Gemisch aus Agrumenölen wie Bergamotte, bittere Orange (Pomeranze), Mandarine, Grapefruit und Zitrone. Bouquettiert wird diese Mischung oft durch Orangenblütenöl (Neroli) oder Petitgrain. Rosmarin-, Lavendel- oder andere Kräuteröle setzt man meist nur in geringen Konzentrationen als Geruchskorrigens zu.

Als Erfinder des *Kölnisch Wasser* gilt der aus Mailand stammende Maria Farina, der 1709 die Herstellung des «gebrannten Wassers» in der Stadt am Rhein aufnahm. Dabei war ihm sicherlich die Kenntnis der Rezeptur von Feminis «Wunderwasser» behilflich, dessen Zusammensetzung der Nachwelt leider nicht erhalten geblieben ist. Köln wurde in der Folge zum Zentrum der Produktion von *Aqua mirabilis.* Nach dem Siebenjährigen Krieg war die Zahl seiner Fabrikanten bereits auf 114 angewachsen, die meisten von ihnen firmierten unter dem reklameträchtigen Namen Farina. Französische Söldner aus dieser Zeit (1763), entzückt von diesem Duftwasser, prägten den Begriff *Eau de Cologne.* Auf diesem Wege erreichte das Wunderwasser Paris.

Unter den zahlreichen Produzenten für *Kölnisch Wasser* ragte die Firma mit dem umständlichen Namen «Eau de Cologne & Parfümerie-Fabrik Glockengasse No.4711 gegenüber der Pferdepost von Ferdinand Mülhens» hervor. Der Gründer des Unternehmens soll an seinem Hochzeitstag, dem 8. Oktober 1797, das Rezept für das Duftwasser *4711* von einem Kartäusermönch aus der Familie der Feminis als Geschenk erhalten haben. Das eigentlich phantasielose Markenzeichen stammt aus der französischen Besatzungszeit. Nach einem Erlaß aus dem Jahre 1794 mußten nämlich die 7440 Häuser der Stadt Köln durchnumeriert werden. Die Zahl 4711 fiel auf das Haus der Mülhens in der Glockengasse.

Das industriell hergestellte Produkt hatte von Anfang an einen enormen Erfolg. Unter den illustren Kunden befanden sich Napoleon und Johann Wolfgang von Goethe. Der Geheime Rat erwähnt die Bestellung des Lebenselixiers in einem Brief:

> *Bey dieser Gelegenheit wollte ich Sie ersuchen, mir ein Kästchen mit sechs Gläsern Eau de Cologne zu überschicken, wofür ich den Betrag mit dem übrigen gern erstatten werde. Es ist dieses wohlriechende Wasser seit den Verwirrungen der Zeit schwer bey uns zu haben.*
>
> *Der ich recht wohl zu leben wünsche,*
> *Weimar am 9. May 1802, gez. Goethe*
> *Mit dem Pferdewagen zu überschicken.*

Der Monarch, der verschwenderisch mit dem *Eau de Cologne* umzugehen pflegte und stets große Mengen auch während seiner Feldzüge mit sich führte, sollte noch in anderer Weise mit dem Produkt verbunden werden. Nach einem «Kaiserlich Napoleonischen Dekret über die Ankündigung und den Verkauf der geheimen Mittel» aus dem Jahre 1810 wurde nämlich *Eau de Cologne* aus der Arzneimittelliste gestrichen. Allen Befürchtungen des Niedergangs zum Trotz begründete diese Verordnung den unaufhaltsamen Aufstieg des Hauses 4711 zu dem heutigen Weltunternehmen. Dazu kam, daß seit etwa 1780 hochprozentiger Alkohol zugänglich war, der die umständliche Duftstoffgewinnung mittels Mazeration erübrigte. Durch rationelles Mischen reiner ätherischer Öle wurde nun die hochkonzentrierte Duftmischung hergestellt. Damit waren die Voraussetzungen für die heutige industrielle Parfümerie gegeben, die Mülhens konsequent und profitabel zu nutzen wußte. Nach einer Rezeptur des vorigen Jahrhunderts wird ein *Eau de Cologne* aus den folgenden ätherischen Ölen aufgebaut [779]:

Orangenschalenöl	141 g
Zitronenöl	141 g
Orangenblütenöl (Neroli)	87 g
Rosmarinöl	56 g
Bergamottöl	56 g
Alkohol 96%	27,26 l

Danach macht das riechende Prinzip des «leichten Wassers» 1,5% aus, was die niedrigste Konzentration von Duftstoffen in einem Parfüm darstellt [780].

Für die Pharmazie hatte das Napoleonische Dekret eine ordnende Funktion, denn erstmals in der Geschichte wohlriechender Stoffe mußten Parfümerie- und Kosmetikartikel strikt von den Arzneistoffen auseinandergehalten werden. Die einen durften ausschließlich äußerlich, die als Pharmazeutika deklarierten Präparate auch innerlich angewendet werden.

In der Parfümstadt Grasse erreichte die Herstellung ätherischer Öle ein immer höheres Niveau und ging sukzessive vom Laboratoriumsmaßstab in industrielle Dimensionen über. Antoine Chiris gründete dort 1868 die erste Fabrik, deren Riechstoffproduktion seitdem Weltruf erlangte. Seit Katharina von Medici waren es die französischen Königshäuser, die mit immer neuen und raffinierteren Duftkreationen verwöhnt werden wollten. Damit beeinflußten sie unbewußt den Fortschritt in der Entwicklung der Parfümerie, die sich allmählich von den Essenzen über die alkoholischen Toilettewässer zu den Kompositionen in der Art unserer heutigen Extrait-Parfüms bewegte. Der Weg dazu war noch weit und durch einige wichtige Etappen gekennzeichnet.

So kam während der Renaissance die zur Haarpflege benutzte Pomade [781] auf, eine feste, salbenartige Mischung aus Fetten, Wachsen und Harzen, deren Riechstoffe aus gekochten Äpfeln, Gewürznelken und Zimt bereitet wurden. Ein erster Vorläufer ist schon in der Bibel belegt: «Es ist wie das feine Salböl auf dem Haupte Aarons, das herabfließt zum Saum seines Kleides» [782]. Ägypterinnen schmückten sich mit wohlriechenden Fettkapseln, die auf dem Kopf schmolzen und langsam den Körper heruntertropften. Die Schmelzwärme verschaffte ihnen Kühlung und ein ständiges Dufterlebnis. Eine spezielle Pomade hieß nach der Gattin Neros *Pasta Poppaeana* und wurde aus Mehl verschiedener Sorten, Stutenmilch, Honig und Riechstoffen bereitet [783].

Ludwig XIII. übernahm die Vorliebe seiner Mutter Katharina von Medici für Wohlgerüche, unterstützt von seiner charmanten Gattin Anna von Österreich, die einen ausgiebigen Gebrauch von Duftstoffen aller Art machte. Der König anerkannte 1614 den Berufsstand der Parfümeure, indem er diesen kraft eines Patentes den Titel *maître gantier* oder *maître parfumeur* verlieh [784]. Handschuhe waren das Emblem dieser elitären Zunft.

Unter dem Sonnenkönig, der zwar Wohlgerüche verabscheute, aber dennoch in seiner Umgebung tolerierte, wurde die Sitte des Puderns eingeführt. Der auf Reismehl basierende *poudre à la maréchale* – gemeint war die Marschallin von Aumont –, dessen Parfüm aus Iris, Gewürznelken, Majoran, Rosen, Lavendel und Orangen komponiert war, gehörte zu den bekanntesten. Auch von anderen Kosmetika wurde ausgiebig Gebrauch gemacht. Beliebt war eine aus Spanien stammende Creme auf Kakaobutter-Basis, die mit Vanille parfümiert war und zum Bleichen von Händen und Schultern benutzt wurde.

Um 1680 machte das «gebrannte» Orangenblütenwasser unter dem Namen *Neroli* Furore. Dieses Modeparfüm wurde nämlich von der Herzogin Flavia Orsini, Prinzessin von Neroli lanciert. Neroliöl ist auch heute noch eines der wichtigsten ätherischen Öle in der Parfümerie und gehört zu den charakteristischen Komponenten von *Kölnisch Wasser 4711*.

Madame de Pompadour wußte die Sinnenlust von Ludwig XVI. immer wieder aufs neue zu steigern, sei es durch ausgeklügelte

Accessoires oder die Inszenierung einer abwechslungsreichen Geruchsatmosphäre. Die Dubarry als ihre Nachfolgerin an der *cour parfumée* stand dem exzessiven Duftverständnis ihrer Vorgängerin kaum nach. Es war diese Mätresse, die das *Eau de Cologne* am Hofe einführte.

Duftwasser war eines der wenigen Hilfsmittel bei der Toilette (Eau de Toilette!), denn Reinlichkeit gehörte nicht gerade zu den Tugenden jener Zeit. So soll man im Schloß Versailles knöcheltief im Unrat gewatet sein, und wegen der fehlenden sanitären Einrichtungen muß der Gestank dort bestialisch gewesen sein. Nur starke externe Geruchsreize konnten die eigenen Vapeurs und die Miasmen der Umwelt übertönen. Mit fortschreitender Hygiene veränderte sich auch das Geruchsbild der Zeitgenossen.

Noch zwanzig Jahre nach dem Tode der Pompadour hatten die schweren Volants ihres Boudoirs den Moschusduft konserviert. Natürliche Düfte gewannen allmählich die Oberhand gegenüber den Moschus- und Zibetdüften der Kurtisanen. Gefördert wurde dieser neue Trend durch das um die Mitte des 18. Jh. entwickelte neue Naturverständnis im Sinne Jean-Jacques Rousseaus. «Die süßen Düfte, die lebhaften Farben, die zierlichen Formen scheinen um die Wette unsere Aufmerksamkeit auf sich ziehen zu wollen», schreibt der Philosoph in seinen *Rêveries du promeneur solitaire* (*Träumereien des einsamen Spaziergängers*). Blütendüfte und leichte Wässer beherrschten nunmehr die Gesellschaft. Marie Antoinette bevorzugte Rosen- und Veilchenparfüms, Essenzen aus Koriander und Orangenblüten oder das erfrischende *Eau de Cologne*, und zwar in immensen Mengen. Der Rechnungshof Ludwigs XVI. quittierte dies oft nur mit Murren, was die lebenslustige Königin jedoch wenig beeindruckte. In den Kleidersäumen ihrer Roben ließ sie sich Duftkissen aus den Blütenblättern von Rosen, Veilchen und Lavendel, Sandelholzspänen und Gewürznelken einnähen. Die *sachets* wurden schnell kopiert und gelangten zu großer Mode. Das Lieblingsparfüm der Monarchin, wofür unzählige Blüten geopfert werden mußten, hieß ironischerweise *A la mort de la Reine des Fleurs.*

Von der Vielfalt der verarbeiteten Geruchsstoffe in Grasse und Paris erfahren wir von Patrick Süskind, der in seinem Roman *Das Parfüm* die Kulturgeschichte der Düfte im 18. Jh. kunstvoll verarbeitet hat. Die Kehrseite der Medaille schildert Alain Corbin in *Pesthauch und Blütenduft,* wo die hygienischen Verhältnisse und der unbeschreibliche Gestank in der Parfüm-Metropole jener Zeit mit einer die Ekelschwelle fast überschreitenden Detailfreude beschrieben werden.

Das Geschäft mit dem Duft blühte in Paris, und immer mehr Boutiquen öffneten ihre Tore. Unter ihnen waren die Parfümeure Jean François Houbigant (1775) und Michael Adam. Letzterer nannte sein Etablissement in Anspielung auf den in Mode stehenden Rosenduft *La Reine de Fleur.* Nachfolger von Adam wurde das berühmte Haus Piver. Mit Pierre François Lubin trat 1774 einer der begabtesten Parfümeure seiner Zeit auf den Plan. Sein unsterbliches *Eau de Lubin,* von Guy de Maupassant im Roman *Bel Ami* gelobt, war ein stark parfümiertes Toilettewasser von erstaunlich hoher Haftfestigkeit. Um 1800 erschien sein *Ambre Royal,* dessen wichtigste Bestandteile Ambra, Moschus, Zibet, Rosen- und Bergamottöl waren, wunderbar abgerundet durch Gewürznelken und Vanille. Kurz vor der Revolution ließ sich auch der Hofparfümeur von Marie Antoinette, der Maître Parfumeur Fargeon dort nieder. Außerdem erschien Marie Antoine Caron auf dem Plan, der das Geschäft des Parfümeurs Descambres mit dem Namen *A la Reine des Roses* in der Rue du Four übernommen hatte. Als *agent des princes* geriet der Royalist und Partisan der Bourbonen in den Strudel der napoleonischen Ära. Dieser Parfümeur in turbulenter Zeit hat keinerlei Beziehungen zu dem 1904 gegründeten Haus Caron [785].

Die Revolutionäre von 1789 konnten dem Duftrausch nur sehr kurze Zeit Einhalt gebieten, strebten doch die neuen Mätressen nach *égalité* in den Sitten wie den Unsitten des *Ancien Régime.* Auch die Parfümsucht des Marquis de Sade ist hinreichend belegt, obwohl er selber in jeder parfümierten Person einen Feind der Republik witterte. Findige Parfümeure stellten denn auch lediglich das Marketing um. Die «neuen» Kreationen erschienen unter bizarr klingenden Namen wie *Habits à la Guillotine* oder *Pomade de Sanson.*

Mit dem französischen *Directoire* waren auch die olfaktorisch-semantischen Auswüchse verflogen. Napoleons Vorliebe für Wohlgerüche beschränkte sich nicht nur auf *Eau de Cologne*, sondern er liebte auch den Veilchenduft und die exotisch-schwere Aloe. Seine Joséphine de Beauharnais, die schon wegen ihres kreolischen Naturells zu Moschus, Zibet und Ambra neigte, hatte auf schwere Düfte wie die in Mode stehenden *muscadins* [786] zu verzichten, sobald sich Napoleon in Paris aufhielt. *Eau admirabile* und leichte Blütendüfte waren dann angezeigt. Um sich bei ihrem Gatten in gute Erinnerung zu rufen, ließ sie vor einer Reise alle von ihr bewohnten Räume mit Rosenduft parfümieren. In der Verbannung auf St. Helena gab sich Napoleon Bonaparte ganz dem schweren Geruch von Tuberosen hin, eines der wertvollsten Parfüms aller Zeiten. In seinem Sterbezimmer ließ er ständig zwei Duftkerzen von Houbigant, Joséphines Hoflieferanten, brennen. Im Jahrhundert der Psychoanalyse ist man versucht, diese schizoide sensorische Verhaltensweise des Kaisers mit einer unterschwelligen Ablehnung seiner Partnerin zu begründen, was sich denn auch im Abbruch der ehelichen Beziehungen zu Joséphine manifestierte.

1801 wurde das Haus Yardley gegründet, das seinen Einstand mit dem epochalen *Lavender* gab. Atkinson startete bereits zwei Jahre früher mit *Chypre, White Rose* und *Jockey Club*. Die beiden englischen Unternehmen florieren heute noch. Für eine Nachbildung des *Jockey Club* wurde später folgende Formel angegeben [787]:

Iriswurzel-Infusion	1,13 l
Rose Concrête (2% in Alkohol)	0,56 l
Rose Concrête (Pomade)	0,56 l
Kassis Concrête (Pomade)	0,56 l
Tuberose Concrête (Pomade)	0,28 l
Orangenschalen Absolue (2% in Alkohol)	0,20 l
Bergamottöl	56,00 g

In Frankreich ging unterdessen die stürmische Entwicklung der Parfümeriebranche weiter. Roger & Gallet erwarb 1806 alle Rechte von Jean Maria Farina. Seit 1828 hatte es sich in Paris schnell herumgesprochen, daß sich der in England promovierte Apotheker und Chemiker Pierre François Guerlain als *parfumeur-vinaigrier* an der Rue de Rivoli niedergelassen hatte und Parfümerie-Artikel von besonderer Originalität und *de bon ton* kreierte [257].

Leicht parfümierte Toilettewässer auf der Basis von Weinessig waren der «letzte Schrei», so daß der Berufsstand des *vinaigrier* zu besonderer Geltung kam und sich im Titel der Experten niederschlug. Seine ersten Kompositionen wie *Senteur de Champs* und *Esprits de Fleurs* waren eine Huldigung Guerlains an die Natur, die man bei vergnüglichem Picknick im Bois de Boulogne genoß. Animalische Riechstoffe ebenso wie das betäubende Neroli und die schwere Tuberose hatte man damals von der Palette der Parfümerie-Ingredienzien verbannt. Die elegante Dame sollte in leichtem Blütenduft aufgehen, denn die auffallenderen Geruchstöne waren den Künstlern, Poeten und Kurtisanen vorbehalten. Das Tragen von Ambra, Moschus und Zibet galt schlicht als unmoralisch. So führte Guerlain englische Produkte ein, die damals einen reißenden Absatz fanden, etwa das *Prince of Wales Bouquet,* der *Royal Extract of Flowers* oder die *Esterhazy Mixture.* Letzteres Duftwasser, auch *Spirit of Reseda* genannt, war ein einfacher alkoholischer Auszug dieser Pflanze mit einer eigenwillig blumigen Grundtonalität, die heute praktisch in Vergessenheit geraten ist.

Englands Parfüm- und Kosmetikindustrie hatte nämlich während Napoleons Kontinentalsperre einen enormen Aufschwung mit eigenständigen Produkten genommen. Davon zeugen so wichtige Unternehmen wie Yardley und Atkinson, die diesem Umstand ihre Entstehung verdanken. Von den neuen Wohlgerüchen machten Holunder, Eisenkraut, Zedratblüten und das Aroma der Gurken ein *Eau de la Reine* genanntes Toilettewasser aus, das mit Erdbeerextrakten kunstvoll verarbeitet wurde. Auch die zarten Töne von Geißblatt, Wicke und Lavendel waren gefragt. In den leichten Wässern nimmt man bereits eine Ledernote wahr.

Als eine herausragende Leistung ist die Kreation des *Eau de Cologne impériale* anzusehen, das Guerlain 1853 der Kaiserin Eugénie widmete und das sich heute noch als eines der ältesten Toilettewässer der Welt im Handel befindet. Sein *Bouquet de l'Impatrice* trug Königin Viktoria während ihres offiziellen Besuchs von Paris im Jahre 1855. Es wurde ausdrücklich betont, daß sich darin nicht ein Quentchen Moschus befand. Die olfaktorische Ehrerbietung gegenüber den Königshäusern von England und Frankreich drückte Guerlain bereits in seinen ersten Kompositionen aus, die unter den Namen *Bouquet du Roi d'Angleterre, Bouquet du Jardin du Roi* und *Parfum des Rois* erschienen.

Der ungewöhnlich erfolgreiche Parfumeur Houbigant machte noch in hohem Alter von sich reden. 1829 ernannte ihn die russische Prinzessin Adelaide zum Hofparfumeur, was ihn zu Schöpfungen wie *Bouquet de la Tsarine* oder *Eau de Cologne Impériale Russe* inspirierte. Zehn Jahre später wurde er zum königlichen Parfumeur Ihrer Majestät, der englischen Königin Viktoria, ernannt, die er schon lange mit Windsorseife und einer nach Hyazinthen duftenden Mandelpaste versorgt hatte.

Obwohl Pierre François Pascal Guerlain als Begründer der heute noch bestehenden Familiendynastie die französische Parfümerie des 19. Jh. entscheidend geprägt hat, etablierten sich auch andere bedeutende Häuser wie Molinard 1849 und etwa zehn Jahre später Worth, letzteres zunächst als Modehaus.

Aufbruch zur Moderne

Das Ende des 18. Jh. war nicht nur durch die von der Aufklärung beeinflußten gesellschaftlichen Veränderungen geprägt, sondern auch durch einen wissenschaftlichen Umbruch. Die Geheimlehre der Alchimie wich den mechanistischen Naturwissenschaften, was den Beginn der Strukturlehre in der Chemie zur Folge hatte. Zu den Meilensteinen in der Geschichte der Chemie zählte die 1828 von Friedrich Wöhler in Frankfurt entdeckte Harnstoffherstellung aus anorganischem Ammoniumcyanat, und Hermann Kolbe gelang 1845 die Darstellung der Essigsäure aus den Elementen Kohlenstoff, Wasserstoff und Sauerstoff. Damit war das Zeitalter der organischen Synthese eingeläutet. 1837 publizierte Wöhler gemeinsam mit Justus Liebig [789] die denkwürdige Arbeit über das Bittermandelöl. Durch Einwirkung von Emulsin auf den Amygdalin genannten Inhaltsstoff der bitteren Mandel beobachteten die genialen Forscher dessen enzymatische Spaltung in den Aromastoff Benzaldehyd, Blausäure und Zucker. In ähnlicher Weise postulierten sie die Bildung des ätherischen Senföls aus Senfsamen. In dieser Zeit entwickelte der französische Chemiker und spätere Landwirtschaftsminister J. B. Dumas Analysemethoden zur systematischen Untersuchung von Bestandteilen der ätherischen Öle, nach denen man diese in Kohlenwasserstoffe sowie ihre sauerstoff-, stickstoff- und schwefelhaltigen Derivate einteilen konnte. Terpentinöl besteht danach fast ausschließlich aus Kohlenwasserstoffen, was dieser Gruppe von organischen Molekülen den Namen Terpene einbrachte [756].

Was hat nun diese Exkursion in die molekulare Welt der Düfte mit der Entwicklung der modernen Parfümerie zu tun? Die Antwort ist naheliegend: erstaunlich viel! Nachdem man, entsprechend dem technischen Fortschritt, Einzelbestandteile eines ätherischen Öles isolieren, seine genaue Struktur erkennen oder sogar den Stoff durch chemische Synthese in hoher Reinheit und unbeschränkter Menge herstellen konnte, tat sich eine neue Dimension für die kreative Parfümerie auf. Diesen dramatischen Wendepunkt leitete Aimé Guerlain 1889 mit *Jicky* ein

Eau de Cologne impériale (Guerlain 1853).

Jicky (Guerlain 1889).

[257], in dem erstmals synthetisch hergestelltes Vanillin [804], Heliotropin [475] und Kumarin [790] verwendet wurden. Zum besseren Verständnis dieses Ereignisses wollen wir uns die damalige Situation der Parfümerie vergegenwärtigen. Ihr Vorbild war ganz die Natur. Die Mode verlangte von einem Parfüm eine Art olfaktorische Photographie einer Blüte. Dementsprechend bestand eine Komposition [815] aus wenigen Elementen, denn außer den ätherischen Ölen zur «Darstellung» des jeweiligen Themas hatte man kaum andere Möglichkeiten. Um einen Hauch von Originalität zu erzeugen, fügte man geringe Mengen anderer Naturprodukte hinzu, manchmal sogar Einzelstoffe, die man bereits aus verschiedenen Ölen mit Hilfe chemischer Methoden isolieren konnte. Dennoch drehte sich die Parfümerie jener Jahre im Kreis und verlor immer mehr an Kreativität. *Jicky* war somit ein Aufschrei gegen die Stagnation, der nicht immer positiv verstanden wurde. Diese Situation hatte eine Parallele in der impressionistischen Malerei, die mehr auf die

sinnliche Wiedergabe eines optischen Eindrucks als auf eine photographische Momentaufnahme bedacht war. Ihre vehementen Kritiker führten denn auch sehr ähnliche Argumente ins Feld wie die Duft-Puristen der damaligen Zeit [248]. *Jicky* mußte sich bis zum Ende des Jahrhunderts gedulden, um akzeptiert zu werden.

Vanillin [804] war schon lange als das aromatische Prinzip der Vanilleschoten [788] bekannt, in denen es mit bis zu 2% enthalten ist. Eine Isolierung des reinen Stoffes aus dem Naturprodukt war illusorisch, kostete doch bereits sein Ausgangsprodukt wesentlich mehr als die gleiche Menge synthetisch erzeugten Vanillins. Ähnlich stellte sich das Kumarin-Problem [790] dar. Als Geruchsträger des Waldmeisters tritt dieser angenehm an frisches Heu erinnernde Stoff häufig nur als Spurenkomponente in der Natur auf.

Bereits vor *Jicky* kennen wir den massiven Einsatz von Kumarin in dem 1882 von Houbigant kreierten *Fougère Royal.* Es stellt den Archetyp für eine neue Klasse von Duftwässern dar, die auf Lavendel- und Holzgerüchen basieren und meist von Kumarin und Eichenmoos geprägt sind. Fougère-Noten dominieren heute die Männerparfümerie. Kumarin selbst wird in 68% aller neuen Parfümerieprodukte in Konzentrationen von über 1% inkorporiert [791].

Zwei praktisch gleichzeitige Zufallsentdeckungen in der Chemie sollten den Umbruch der Parfümerie in Richtung «Moderne» enorm beschleunigen. Unter den hochnitrierten Benzolderivaten, die das Gebiet der Sprengstoffe revolutionierten, fand der französische Chemiker Albert Baur in den Jahren von 1888–91 eine Gruppe von Verbindungen mit Moschusgeruch. Je nach Struktur unterschied er Xylol-, Keton- und Ambrettemoschus. Der um diese Zeit in Berlin lehrende Ferdinand Tiemann [792], der bereits den synthetischen Zugang zum Vanillin und Heliotropin gefunden hatte, glaubte mit seinem Schüler Krüger die Duftstoffe der Iriswurzel hergestellt zu haben. Dabei stießen sie ungewollt auf die ähnlich riechenden Jonone als erste Vertreter aus der bedeutenden Gruppe der Veilchenriechstoffe. Bereits vor der Bekanntgabe dieser wissenschaftlichen Glanzleistung verstärkten die künstlichen Jonone den natürlichen Veilchenduft in *Vera Violetta* von Roger & Gallet (1892). Gleich mit vier Neuheiten wartete Houbigant 1896 in seinem *Ideal* auf, in welchem Ketonmoschus, Methyljonon [793], Eugenol und Isoeugenol [794] die dominierenden Duftträger waren.

Isoeugenol ist auch in dem großen Klassiker *L'Origan* von Coty (1905) mit dem neu erschienenen IRALIA ® [795] vereint. Seinen fulminanten Einstand in die Pariser Parfümerie-Szene gab der Selfmademan François Coty ein Jahr zuvor mit *Rose Jacqueminot,* in dem erstmals der Veilchenton der Jonone mit Rosenöl kunstvoll vereinigt wurde. Das stark exotisch würzige Eugenol wird als kompositorisches Element in Parfüms orientalischer Prägung, in gewissen Fougère-Typen oder in der Gruppe der Kreationen vom Genre *Blue Grass* (Elisabeth Arden 1935) verwendet.

Um die Jahrhundertwende überraschte die chemische Gruppe der Salicylate, die man als stark riechende Derivate des geruchlosen ASPIRINS ® ansehen kann. Der Duft des damals in der Natur unbekannten Isoamylsalicylats erinnert stark an blühenden Klee. Er gab dem *Trèfle Incarnat* (Piver 1889) seine typische Note.

Nicht alle Blütendüfte ließen sich in ätherischen Ölen oder durch Enfleurage einfangen. So gelang es zu keiner Zeit, dem begehrten Wohlgeruch des Flieders oder Maiglöckchens habhaft zu werden. Durch Mischen natürlicher ätherischer Öle war das duftende Naturvorbild nur schemenhaft zu ahnen. Das änderte sich jedoch schlagartig, nachdem der Genfer Chemiker Philippe Chuit 1907 das aus dem indischen Citronellöl [456] gewonnene zitronenartig riechende Citronellal durch formale Anlagerung von Wasser in ein Hydroxyderivat von strahlendem Maiglöckchenduft verwandeln konnte [796]. Als erster verwendete Houbigant die neue Entdeckung 1912 für sein *Quelques Fleurs,* ein Trendsetter, der in verschiedensten Variationen modifiziert wurde. Zur Komposition von Blütendüften unentbehrlich ist CYCLOSIA ®, das heute noch in 21% aller neuartigen Parfüm-Formelierungen zu finden ist [796].

Als für den blumigen Akkord wichtig erwies sich auch das Methylanthranylat, das in der Mandarine, im Neroli- und im Jasminöl als Spurenstoff olfaktorisch wirksam ist. Außerdem prägt dieser stickstoffhaltige Ester das Aroma der amerikanischen Concordtraube. Guerlain fand als erster das synthetische Äquivalent dieses Naturstoffes und kreierte damit das große Blumenparfüm *L'Heure Blue* (1912). Eine glückliche Hand hatte dieses Haus bereits vorher mit dem Anisaldehyd [797] bewiesen, dessen Einsatz zum *Après l'Ondée* (1906) führte.

Pompeia (Piver 1907) enthielt neben Amylsalicylat gleich drei synthetische Weltneuheiten, die aus der Parfümerie unserer Tage nicht mehr wegzudenken sind, nämlich den Aldehyd MNA [798], ein Chinolinderivat [799] sowie den aus der Gruppe der Rosenalkohole stammenden β-Phenyläthanol [800]. Letzterer geht auf die Entdeckung einer neuen Reaktion von Bouveault und Blanc [801] zurück. Der Akkord aus MNA und Amysalicylat hatte sich bereits vorher in *Floramyne* (Piver 1903) bewährt.

Der moderne Begriff *Chypre* wurde von Coty geprägt. Sein Geruchstyp manifestiert sich in der 1917 geschaffenen Komposition gleichen Namens. Im *Eau de Chypre*, das aus der Zeit der Kreuzritter stammt und eine Mischung aus verdünnten Auszügen von Labdanumharz und Eichenmoos darstellte, wurden hier erstmals Derivate der in der Natur nicht vorhandenen und von Georges Darzenz kurz vorher entdeckten Gruppe der Chinoline eingesetzt. Besonders Isobutylchinolin verstärkt die rauchige Ledernote eines Chypre-Akkords und verträgt sich ausgezeichnet mit dem klassischen Ledergeruch von Castoreum. Ein anderes Derivat von Chinolin, das Tetrahydro-p-methylchinolin bildet die Basis für künstliches Zibet. Die den Alkaloiden nahestehende Verbindungsklasse der Chinoline kennzeichnet neben vielen andere Parfüms *Tabac Blond* (Caron 1919), *Cuir de Russie* (Chanel 1924), *Bandit* (Piguet 1944), *Cabochard* (Grès 1959) und *Aramis* (Estée Lauder). Im *Macassar* (Rochas 1980) nimmt man davon eine massive Dosis wahr.

Guerlain modifizierte den Chypre-Typ durch Einführung fruchtiger Töne. So entstand 1919 das legendäre *Mitsouko*, das seine Originalität einer Pfirsichnote verdankt, die erstmals durch den Einsatz von «Aldehyd C 14» erzeugt werden konnte [802]. Sein fruchtiger Ton wird von dem in der Natur nicht vorkommenden Allyljonon verstärkt, das eine durch holzige und rindenartige Grüntöne modifizierte Veilchennote von außergewöhnlicher Haftfestigkeit besitzt. *Mitsouko* «weckt die Erinnerung an die Haut einer geliebten Frau oder gar ihrer Achselhöhlen» [803]. In *Femme* (Rochas 1944) wird bereits die doppelte Dosis (0,3%) von «Aldehyd C 14» eingesetzt, und in *Anne Klein* (1984) finden wir von einem niederen Homologen eine Überdosis von etwa 1%. Edmond Roudnitska, dem wir eine Anzahl bedeutender neuzeitlicher Kreationen zu verdanken haben, setzte den Pfirsichkörper oft und meisterhaft verarbeitet ein, so daß er sich den Spitznamen «Monsieur Pêche» gefallen lassen mußte.

Künstliche Duftstoffe, die man bisher meist zögernd und als unterschwelllig agierende Ingredienzien gebraucht hatte, wurden nun von mutigen Parfümeuren als dominierende Komponenten eingesetzt. Der Vanillegeruch ist dafür ein markantes Beispiel. Guerlain gelang es nämlich in *Shalimar* (1925), 30% Äthylvanillin [804] zu inkorporieren und damit den Prototyp des warmen, sensualistischen Parfüms orientalischer Prägung zu kreieren. *Obsession* (Calvin Klein 1985) kann als eine der modernsten Interpretationen von *Shalimar* angesehen werden.

Bedeutung hat auch der «Aldehyd C 18» [806] erlangt, der eher eine kokosartige Note von blumig-fruchtiger Tonalität besitzt. Seine Kombination mit orientalischen Ingredienzien wie Heliotorpin, Vanillin oder Moschus und Sandelholz erweist sich als besonders vorteilhaft. Für schwere Blütenöle ist «Aldehyd C 18» unentbehrlich. So dominiert die Verbindung den künstlichen Tuberosenduft in *Fracas* (Piquet 1948) mit dem Gehalt von 3,5% [807].

In der jüngeren Geschichte der Parfümerie ragen die an ranzige Butter und Kerzengeruch erinnernden Fettaldehyde [808] hervor. Dem begnadeten Parfümeur Ernest Beaux gelang es, diese stinkenden Substanzen in bis dahin unbekannt hoher Konzentration mit exotischen Blütendüften wie Ylang-Ylang in harmonischer Weise zu kombinieren, wobei auch noch Zibet, Moschus und Vanillin als Vehikel dienten. Mit sicherem Instinkt für das Außergewöhnliche wählte Coco Chanel gerade diese eigensinnige Komposition von bis dahin unbekannten Geruchseigenschaften und lancierte damit 1921 das unsterbliche *Chanel No. 5*. Mit dieser Pionierleistung begann der Siegeszug der aldehydischen Chypredüfte. Sie manifestierten sich 1925 in Millots *Crêpe de Chine* über das meisterhaft komponierte *Arpège* (Lanvin 1927) bis zum stärksten der Aldehyd-Parfüms, nämlich Fabergés *Aphrodisia* (1938) [809].

Mit *Chanel No. 5* war der Bann für synthetische Duftstoffe endgültig gebrochen. Die Patchouli-Periode der Belle Epoque, die mit dem Ersten Weltkrieg ihr Ende fand, machte nun den expressiven und surrealen Kreationen Platz. Ein Zurück zur Natur war nicht mehr möglich. Damit war die Parfümerie der damaligen Zeit kongruent mit den Tendenzen der Malerei. Wie weit man damals bereits gehen konnte, zeigt das klassischste aller Blütenparfüms, das *Fleurs de Rocaille* (Caron 1933), dessen Duftillusion sich ganz auf künstlichen Geruchsstoffen aufbaute.

Zur Bereicherung von langhaftenden Blütentönen trug Ruzickas geglückte Synthese von Nerolidol und Farnesol bei [810]. *Je reviens* (Worth 1932) und *Fleurs de Rocaille* hätten ohne die synthetisch erzeugten Sesquiterpenalkohole nicht in dieser Vollendung kreiert werden können.

Riechstofforgel zum Komponieren von Parfüms. Ihre Klaviatur besteht aus mehreren hundert Riechstoff-Fläschchen, deren Geruchsqualität (Töne) nach einem individuellen System geordnet sind. Der von Parfümeuren vorgenommene Mischvorgang wird auf einer Waage ausgeführt.

In die 20er Jahre fällt die Entdeckung des in der Natur nicht vorkommenden Cyclamenaldehyds [811] mit seinem betörenden Duft nach Alpenveilchen, der sein Debüt in *Zebeline* (Weil 1928) hatte.

Unter den verschiedenen Chypredüften beansprucht der «grüne» Typus vom Standpunkt der Chemie ein besonderes Interesse, denn ohne synthetische Stoffe dieser Art wäre er in der vorliegenden Vielfalt nicht möglich gewesen. Bei «grünen» Chypre-Parfüms ist die Kopfnote [815] durch eine frische, an grüne Blätter erinnernde Nuance gekennzeichnet. Sie tritt erstmals in *Vent Vert* (Balmain 1945) in Erscheinung und wird durch eine Kombination von Galbanumöl und synthetisch erzeugtem Veilchenblätteralkohol hervorgerufen. Diese außergewöhnliche Kreation wurde von Germaine Cellier, einer der wenigen weiblichen Parfümeure, geschaffen.

Auch gewisse Acetylencarbonester, die in der Natur nicht anzutreffen sind, erinnern an den Duft zerriebener Veilchenblätter. In vielen Kompositionen als Spurenstoff seit langem eingesetzt, findet man Octincarbonsäure-methylester in *Fahrenheit* (Dior 1988) in einer Überdosis von 0,7%. Der sogenannte Blätteralkohol [812] als niederes Homologes des Veilchenblätteralkohols gehört zu den ältesten natürlichen Grünnoten. Allerdings war seine Anwendung in der Parfümerie erst nach Auffinden einer wirksamen Synthese in den 50er Jahren möglich. Massiv wurde der Blätteralkohol (1,3%) von Edmond Roudnitska in *Diorissimo* (Dior 1956) eingesetzt. Es folgten *Capricci* (Nina Ricci 1960), *Fidji* (Guy Laroche 1966), *Alliage* oder *Eaux de Givenchy* (1988), um nur einige wenige zu nennen. *Alliage*, der erste große Wurf von Estée Lauder (1972), enthält außerdem eine «grüne» Zufallsentdeckung mit einem fruchtigen Ananaston [813]. Im *Drakkar Noir* (Guy Laroche 1982) und besonders in Davidoffs *Cool Water* ist davon eine Überdosis von 1,6 bzw. 3% [807] enthalten.

Große Fortschritte der organischen Chemie nach dem Zweiten Weltkrieg und besonders der hohe Stand der Methodik und Technologie seit den 60er Jahren hat die Synthese neuer Riechstoffe stark beschleunigt, was indirekt an der hohen Frequenz der Einführung origineller Parfümkreationen abgelesen werden kann. Einige Etappen dieser rasanten Entwicklung haben wir bereits in anderen Kapiteln kennengelernt. So wurde über den unbeschränkten Zugang zu moschusartigen Riechstoffen, den Duftstoffen vom Sandeltyp oder Verbindungen mit Jasmin- und Rosencharakter berichtet.

Insgesamt stehen dem kreativen Parfümeur heute mehr als 3000 synthetische Duftstoffe und 150 natürliche ätherische Öle zur Verfügung; das ist mehr, als er in seinem Gedächtnis speichern kann. Von Jacques Guerlain (1874–1963), genannt Jicky, einem Enkel des Gründers, wird behauptet, daß er 3000 Geruchsqualitäten absolut unterscheiden konnte [814], eine olfaktorische Leistung, die nur durch ein intensives tägliches Training zu erreichen ist. Dieser Lernprozeß ist ohne Ende, denn jährlich werden viele neue Geruchsstoffe entdeckt, was den Parfümeur in die Lage versetzt, immer wieder unerwartete Effekte zu erzielen. Man wird wohl also auch in Zukunft die Freunde des Wohlgeruchs mit neuen Kreationen begeistern können. Wie sagte doch Paul Valery?: «Eine Frau, die sich nicht parfümiert, hat keine Zukunft.»

ANHANG

Anmerkungen

1 Albert Wasselski: *Der Sinn der Sinne,* Prag **1934**.
2 1. Mose **2**, 7.
3 *Das Gilgamesch-Epos,* Reclam Universal-Bibliothek Nr. 7235, Stuttgart **1988**, Elfte Tafel, Verse 156–161.
4 Ref. [3], Fünfte Tafel, Vers 33.
5 Ref. [3], Fünfte Tafel, Verse 25, 26.
6 Ref. [3], Sechste Tafel, Verse 7, 13.
7 Ref. [3], Achte Tafel, Vers 14.
8 Ref. [3], Fünfte Tafel, Vers 10.
9 W. Pilz, H & R Contact **46**, *3.*
10 Ref. [3], 6. Tafel, Verse 173, 174.
11 Ref. [3], 6. Tafel, Vers 25.
12 Ref. [3], 2. Tafel, Vers 104.
13 Ref. [3], 12. Tafel, Verse 32–36.
14 E. Ebeling, Orientalia **1948**, *17,* 131.
15 Herodot: *Historien III.*
16 2. Könige **23**, 4–5.
17 E. Paszthory, Antike Welt **1990**, *21* (Sondernummer), 28–30.
18 Ref. [9], **47**, 18.
19 Ref. [15], S. 195.
20 1. Samuel **8**, 13.
21 Enfleurage ist ein Verfahren zur Gewinnung natürlicher Blütenriechstoffe durch Extraktion mit hochgereinigten tierischen Fetten. Frisch gepflückte Blüten werden auf Rahmen (*châssis*) mit einem Gemisch aus 1 Teil Rindertalg und 2 Teilen Schweineschmalz bestrichen, wobei ihre Duftstoffe in das Fett übergehen. Dieser Vorgang wird solange wiederholt, bis eine Sättigung der Fettschicht eingetreten ist. Dem als Pomade bezeichneten Extrakt werden die absorbierten Duftstoffe durch hochkonzentrierten Alkohol (96 %) ausgezogen (*lavage*), was nach Abdampfen des Lösungsmittels zum Absolue führt. Die industrielle Enfleurage wurde in der südfranzösischen Parfümstadt Grasse seit Ende des 18. Jahrhunderts betrieben. Heute wird die Enfleurage wegen der außergewöhnlich hohen Kosten nur noch selten betrieben, wie etwa zur Herstellung der Absolues von Jasmin, Gardenia, Tuberose, Narzisse und Jonquille. Für die Entwicklung des «Über-Parfüms» gewinnt das Scheusal Grenouille in Patrick Süskinds Roman *Das Parfüm* seine Rohstoffe durch Enfleurage von erdrosselten Jungfrauen, die am Anfang ihrer Blütezeit stehen.
Verbreiteter ist die Extraktion von Blüten und anderen Pflanzenteilen durch hydrophobe Lösungsmittel wie Butan, Pentan, Petroläther, Benzol, Toluol oder Äther bei erhöhter Temperatur. Nach Abdampfen des Lösungsmittels entsteht das Concrête. Die Extraktion von getrockneten Pflanzenteilen liefert das Résinoid. Die Alkoholauszüge beider Produktarten führen wiederum zum Absolue.

Die Mazeration (lat. *macere* = einweichen, mürbe machen) stellt die älteste Gewinnungsmethode wohlriechender Extrakte durch Behandlung von Pflanzen oder Pflanzenteilen mit erhitzten Ölen oder Fetten dar.

22 Ref. [9], **45**, 8.

23 N. Flüeler, Tagesanzeiger-Magazin, Zürich, Nr. *16*, S. 20, April **1976**.

24 W..Wolf: Kulturgeschichte des alten Ägypten, Alfred Kröner Verlag, Stuttgart 1962, S. 51: Schminkpaletten zu kultischen Handlungen an Götterbildern oder Opfertieren sind bereits seit der ersten Dynastie bekannt. S. 378: Götterbilder wurden beim Toilettenritual von Priestern gewaschen, die Kleider in Form von feinem Linnen gewechselt, Schminken aufgetragen und die Stirn mit kostbarem Salböl eingerieben.

25 S..Schoske, A..Grimm, B..Kreißl: *Schönheit – Abglanz der Göttlichkeit*, Heft. *5* der Schriften aus der ägyptischen Sammlung (SAS), Karl M..Lipp Verlag, München **1990**, S..6.

26 Ref. [25], S. 39.

27 Ref. [25], S. 82.

28 Ref. [25], S. 36.

29 Ref. [24], S. 173.

30 W. Wagenführ, Dragoco Berichte **1956**, *3*, 182.

31 Ref. [25], S. 32.

32 S. Schott: *Altägyptische Liebeslieder,* Artemis Verlag Zürich, S. 90.

33 Paidanios Dioskurides aus Anazarbos (Kulikien): *Arzneimittellehre in 5 Büchern*, übersetzt und bearbeitet von J. Berendes, Ferdinand Enke Verlag, Stuttgart **1902**. 1. Buch, Kap. 24, S. 52.

34 *Lexikon der Ägyptologie*, herausgegeben von W. Helck und E. Otto, Band 3, S. 903. Otto Harassowitz Verlag, Wiesbaden **1975**.

35 Plinius der Ältere (23–79 n. Chr.): *Naturgeschichte (Naturalis historia)* in 37 Büchern; 12–19 Botanik und 20–32 Heilmittel. Bd. 12, 69.

36 2. Mose **7–11**.

37 H. Levinson, A. Levinson, Anzeiger für Schädlingskunde, Pflanzenschutz, Umweltschutz **1990**, *63*, 81.

38 1. Mose **37**, 25; **43**, 11. Unter Harz wird der Tragacanth-Gummi (*Astragalus tragacantha* L.), unter Balsam der Jericho-Balsam (*Balanites aegyptica* L. Delile) und unter Myrrhe Labdanum-Harz oder ein Gemisch der beiden verstanden (Refr. [49], S. 51, 77).

39 Ref. [49], S. 41.

40 Ref. [25], S. 35.

41 Ref. [32], S. 136.

42 Das nahezu unberührte Grab des jungen Pharao wurde im Tal der Könige auf der Westseite von Theben von H. Carter entdeckt und am 26. 11. 1922 von dem Ägyptologen Lord Carnarvon geöffnet.

43 M. Behnam, Parf. Cosm. Arômes **1979**, Nr. *29* (Sept./Oct.), S. 33.

44 E. Paszthory, Antike Welt **1988**, *19,* 17.

45 Ref. [25], S. 11.

46 *Moringa peregrina* Fiori, Moringaceen.

47 Ref. [33], 1. Buch, S. 59; 4. Buch, S. 160.

48 *Balanites aegyptica* L.

49 H. N. Moldenke, A. L. Moldenke: *Plants of the Bible,* The Ronald Press Comp., New York **1952**, S. 55.

50 *Olea europea.*

51 Ref. [49], S. 157.

52 1. Mose **8**,11.

53 *Alkanna tinctoria* Tausch.

54 Ref. [25], Abb. 31–33.

55 Ref. [17], S. 7.

56 Ref. [17], S. 10.
57 *Cedrus libani* Barr., Pinaceae, gelegentlich auch «Kilikische Fichte» *(Abies cilicica)* genannt. Die Zeder (gr. *kedros*), von der etwa 70 Arten existieren, ist eine immergrüne Konifere aus der Familie der Pinazeen.
58 Hesekiel **31**, 2, 8.
59 Ref. [49], S. 209. Unter den im westlichen Mittelmeer weitverbreiteten Nutzhölzern handelt es sich wahrscheinlich u. a. um den Zedern-Wacholder [74], den Sadebaum [76] und die Aleppokiefer (*Pinus halepensis* Mill), die heute das griechische Terpentinöl liefert.
60 Ref. [49], S. 66.
61 Neue Zürcher Zeitung (NZZ) Nr. 82, S. 69 v. 10. 4. 1991.
62 Ref. [24], S. 140, 141.
63 R. Sigismund: *Die Aromata,* C. F. Wintersche Verlagsbuchhandlung **1884**, S. 5.
64 Die Sprüche Salomos **27**, 9.
65 Ätherische Öle sind die flüchtigen Bestandteile von Pflanzen oder Pflanzenteilen, die durch Destillation mit Wasserdampf von dem übrigen biologischen Material getrennt worden sind. Zitrus-Öle werden durch kaltes Pressen der Fruchtschalen hergestellt. Im Gegensatz zu fetten Ölen verflüchtigen sich ätherische Öle vollständig und hinterlassen auf Papier keinen Fettfleck.
Gegenwärtig sind 3 000 ätherische Öle bekannt, von denen 150 bis 200 produziert werden, 50 davon regelmäßig (L. Unger), Perf. Flav. **1989,** *14,* 57). Die Weltjahresproduktion für die Riechstoff- und Aromenindustrie lag 1984 bei 36 500 Tonnen (B. M. Lawrence, Perf. Flav. **1985,** *10,* 1). Nicht einbegriffen ist die Produktion des Terpentinöls von etwa 260 000 Jahrestonnen (E. A. Morris, Trop. Sci. **1979,** *229,* 197). Nur ein bescheidener Anteil davon (schätzungsweise 40–50 000 Tonnen) wird zur Herstellung halbsynthetischer Riechstoffe verwendet. Der Rest dient als Ausgangsmaterial zur Herstellung von Kampfer, Spezialklebstoffen, Pestiziden, Insektiziden, Desinfektions- und Arzneimitteln.
66 *Cedrus atlantica* Manetti. Die Atlas-Zeder ist nach ihrem Hauptvorkommen im nordafrikanischen Atlas-Gebirge benannt. Sie wächst dort in Höhe von 1 300 bis 2 000 m.
67 *Cedrus deodora* Lond. Die Himalaya-Zeder bildet große Wälder in Afghanistan, Beludschistan und in den nordwestlichen Himalayas, wo sie in Höhen von 1 800 bis 4 000 m vorkommt.
68 E. Gildemeister, Fr. Hoffmann: *Die Ätherischen Öle,* Vierte Auflage herausgegeben von W. Treibs und K. Bournot, Band IV, S. 223, Akademie Verlag, Berlin **1956**.
69 *Chamoecyparis Lawsoniana* Parl.
70 *Thuja plicata* Lamb.
71 *Juniperus virginiana* L.
72 *Thuja occidentalis* L.
73 *Cedrela odorata* L. Die Zedrele gehört zur Gattung der tropischen Zedrachgewächse. Ihr Holz wird wegen ihres typischen Geruchs häufig mit Zedernholz verwechselt. Das Material verwendet man zum Möbel- und Bootsbau oder für Tee-, Tabak- und Zigarrenkisten. Zedrelaöl ist ein in der Parfümerie beliebtes ätherisches Öl, das aus den Spänen des Zedrelaholzes durch Wasserdampfdestillation gewonnen wird. Einige Zedracharten des Subhimalayagebietes liefern Mahagoni (*Cedrela toona* Roxb.).
74 *Juniperus oxycedrus* L., auch unter dem Namen Stachelwacholder bekannt.
75 R. Germer: *Flora des pharaonischen Ägyptens,* Sonderschrift des DAJ **1985**, 6.
76 *Juniperus phoenicea* L.
77 *Juniperus thurifera* L.
78 *Juniperus communis* L. (Machandelbaum). Wacholderbeeren liefern das riechende Prinzip für Wacholderbranntweine wie z. B. Steinhäger, Genever und Gin.

79 Ebensowenig kannte man in Ägypten den von den Römern geschätzten Sadebaum (*Juniperus sabina* L.), dessen ätherisches Öl neben dem an die übrigen Juniperus-Öle erinnernden Geruch eine starke narkotische Nuance aufweist, die von seinem Hauptbestandteil, dem bicyclischen Monoterpenalkohol Sabinol ausgeht. Sadebaumöl ist ein starkes Abortivum. Seine giftigen Eigenschaften können eine akute Nephritis, Urämie und sogar den Tod herbeiführen.
80 *Cupressus sempervirens* L.
81 Ref. [49], S. 90.
82 Ref. [68], S. 255.
83 Ref. [24], S. 135.
84 Ref. [24], S. 115, 117.
85 Ref. [24], S. 127
86 Ref. [24], S. 19.
87 Ref. [24], S. 138, 253.
88 Ref. [24], S. 194.
89 Ref. [34], Bd. 1, S. 836.
90 Ref. [24], S. 138.
91 Ref. [25], S. 43.
92 Ref. [68], S. 441.
93 *Nymphea caerulea* Sav. Nymphea, die Jungfrau, stammt aus der griechischen Mythologie, wo die Seerose einer verzauberten Jungfrau entspringt.
94 *Nelumbo nucifera.* Indischer Lotos kam erst im späten Altertum nach Ägypten. Seine eßbaren Früchte wurden wegen ihrer Form und Farbe die «ägyptischen Bohnen» genannt.
95 Ref. [25], Abb. 1 bzw. 176.
96 Ref. [34], Bd. 3, S. 1091.
97 E. T. Morris: *Fragrace,* Charles Scribner's Sons, New York **1984**, S. 65.
98 R. E. Schultes, A. Hofmann: *Pflanzen der Götter,* Hallwag A. G., Bern **1980**, S. 67.
99 G. Pierrat: *Les parfums de l'Egypte ancienne*, Catalogue du Muséum National D'Histoire Naturelle, Paris **1987/88**, S. 79.
100 W. Emboden: *The sacred Journey in Dynastic Egypt: Shamanistic Trance in the Context of the Narcotic Water Lily and the Mandrake,* J. Psychoactive Drugs **1989**, *21,* 61.
101 *Nymphea lotus.*
102 *Mandragora officinarum* L. Die Mandrake (s. auch Ref. [100]) entspricht dem biblischen Liebesapfel (1. Mose **30**, 14–16). Im Hohelied Salomos **7**, 14 wird der verführerische Duft der Liebesäpfel gepriesen. Sein Aroma besteht aus 55 chemischen Verbindungen. Als Hauptkomponenten wurden der kräftig fruchtig riechende Äthylester der Buttersäure (21,6 %), das fettig-fruchtige Hexanol (14 %) sowie eine ungewöhnlich hohe Konzentration an Schwefelverbindungen identifiziert. Letztere tragen ganz besonders zum spezifischen Geruch der Mandrake bei. (Zhenia Fleisher, Alexander Fleisher, J. Ess. Oil Res. **1992**, *4,* 187).
103 *Cyperus rotundus* L.
104 *Cyperus pertenuis* Roxb.
105 Ref. [68], Bd. VII, S. 449.
106 Ref. [68], Bd. IV, S. 426.
107 *Cyperus papyrus* L.
108 *Cyperus esculentus* L.
109 Ref. [34], Band VI, 1152.
110 2. Mose **30**,1.
111 2. Mose **30**,7.

112 2. Mose **30**, 34,35.
113 Exodus **30**, 36.
114 2. Mose **30**, 22–25.
115 2. Mose **30**, 37,38.
116 2. Mose **30**, 30–33.
117 Numeri **16**, 32–35.
118 1. Johannes **2**, 20.
119 2. Korinther **2**, 14–16.
120 Esther **2**, 12,17.
121 Judith **10**, 3,4.
122 Sprüche Salomos **7**, 17.
123 1. Könige **10**, 1,2
124 1. Könige **10**, 10.
125 1. Könige **10**, 11.
126 Mathäus **2**, 11.
127 Hohelied Salomos **4**, 10,11.
128 Hohelied Salomos **4**, 13,14.
129 *Commiphora opobalsanum* (L.), Engl.
130 Ref. [33], S. 45.
131 Ref. [25], S. 15.
132 Theophrastos aus Eresos: *Historia plantarum*, Lib. IX.
133 Michal Dayagi-Mendels, Katalog der Ausstellung: Perfumes and Cosmetics in the Ancient World, The Israel Museum Jerusalem **1989**.
134 Hesekiel **27**, 23.
135 W. Heyd: *Geschichte des Levantehandels im Mittelalter*, 2. Band, S. 567. Verlag der J. G. Cotta'schen Buchhandlung **1879**.
136 Lukas **7**, 36–50.
137 Luise Rinser: *Mirjam*, S. Fischer Verlag 1983.
138 Harmony Nr. 65, S. 17 (**1989**), Givaudan S. A.
139 *Commiphora afrikana* Engl.
140 *Commiphora Mukul* Engl.
141 Ref. [144], Fußnote 7, 10.
142 Ref. [63], S. 18.
143 C. H. Brieskorn, P. Noble, Medica **1982** *44*, 87.
144 D. Martinetz, K. Lohs, J. Janzen: *Weihrauch und Myrrhe*, Wissenschaftliche Verlagsgesellschaft Stuttgart **1989**.
145 Ref. [68], Bd. V, S. 648.
146 *Mommiphora myrrhe* Engl., auch als Somalia-Myrrhe bezeichnet. In Indien wird sie *hirabol* genannt, was ihr den Namen Heerabol-Myrrhe eingetragen hat.
147 *Commiphora erythrea* Engl.
148 Ref. [68], Bd. V, S. 650.
149 Ref. [144], S. 93.
150 *Commiphora abyssinica* Engl.
151 Ref. [49], S. 82.
152 Ref. [33], S. 79.
153 Echtes Opopanax soll das harzige Sekret einer in den Mittelmeerländern und im Nahen Osten wachsende Umbellifere (*Opopanax chironium* Koch.) sein, das im Altertum geschätzt wurde, sich aber heute nicht mehr im Handel befindet [154].
154 Ref. [68], VI, S. 492.
155 F. Delay, G. Ohloff, Helv. chim. Acta **1979**, *62*, 369.
156 Ref. [144], S. 73.
157 *Liquidambar orientalis* Mill., Hamamelidaceae.
158 Genesis **37**, 25.

159 Ref. [25], S. 49.
160 2. Mose **30**, 34–38.
161 Ref. [49], S. 57. Weihrauch ist gleichbedeutend mit Wohlgeruch, der auch mit anderen Harzen und Hölzern erzeugt werden konnte, so vom Zedern-Wacholder [74], dem Sadebaum [76] und der Aleppokiefer. Sie alle stammten zu biblischen Zeiten aus dem Libanon, und Weihrauch heißt auf hebräisch vielsagend *lebonah*.
162 *Styrax tonkinensis*.
163 *Styrax benzoin* Dryand.
164 Styraceae.
165 *Acacia arabica*, Legominosae.
166 *Pistatia lentiscus* L., Anacariaceae.
167 Hesekiel **27**, 17.
168 Ref. [68], V, S. 706.
169 *Pistacia terebinthus* L.
170 Der heute gültige Begriff Terpentin, der den Harzsaft verschiedener Pinus-Arten umfaßt, geht auf Chios-Terpentin zurück. Ref. [171].
171 Ref. [68], V, S. 709.
172 *Myrthus communis* L.
173 Nehemia **8**, 15.
174 Jesaja **41**, 19, 20; **55**, 13.
175 Ref. [285], Bd. 13. 139.
176 *Anastica hierochuntica* L.
177 Ref. [49], S. 38.
178 *Astericus pygmaeus*.
179 *Gundelia touneforti*i L.
180 Hohelied **2**, 1,2.
181 *Narzissus tazetta* L.
182 *Hyacinthus orientalis* L.
183 Ref. [49], S. 114, 147.
184 *Hibiscus syriacus* L.
185 Ref. [49], S. 234.
186 *Nerum oleander* L.
187 Ref. [49], S. 161.
188 *Rosa phoenicia* Boiss.
189 Hohelied **4**, 13, 14.
190 *Cistus ladaniferus* L. Die strauchartige Zistrose liefert das Labdanum-Harz, das vornehmlich aus Südspanien und dem Esterel Südfrankreichs stammt. *Cistus creticus* L. und die qualitativ mindere *Cistus monspeliensis* L. sind Varietäten, die man noch heute auf Kreta und Zypern findet (Ref. [68], Bd. 6, 34), woraus die Parfümindustrie Nutzen gezogen hat.
191 *Coriandrum sativum* L.
192 *Origanum majorana* L.
193 *Pimpinella anisum* L.
194 Ref. [49], S. 77.
195 *Pirus cydonia* L. Kydonia ist eine Stadt auf Kreta mit dem heutigen Namen Chania.
196 *Spartium junceum* L.
197 Albert H. Rausch: *Die Welt der Rose*, herausgegeben und verlegt von der Rosenfirma Gebrüder Schultheiß in Steinfurt (Oberhessen).
198 Charles Joret: *La Rose dans L'Antiquité au Moyen Age*, **1892**. Slatkine Reprints, Genève **1970**, S. 17.
199 *Hysoppus officinalis* L.
200 *Origanum creticum* L. Die ätherischen Öle von in Mittelmeerländern heimischen Origanum-Arten kommen auch als Spanisch Hopfenöl oder Kretisch Dostenöl in

den Handel. *Origanum smyrnaeum* wächst in Kleinasien und auf Zypern, *Origanum virens* in Marokko, Sizilien und Portugal, während die italienischen und griechischen Arten von *Origanum creticum* abstammen.

201 *Origanum vulgare* L.

202 *Thymus serpyllum* L., der als Quendel bezeichnete wildwachsende Thymian. Die bei uns als Küchengewürz angepflanzte Varietät stellt den echten Thymian, nämlich *Thymian vulgaris* L. dar. Beim *thymos* der Antike handelt es sich nach dem Handbuch von Tschirsch um *Thymus capitatus* S. *Thymus vulgaris* existiert nicht im östlichen Mittelmeerraum, sondern erst in Italien.

203 *Ocimum basilicum* L.

204 *Rosmarinus officinalis* L.

205 *Salvia officinalis* L.

206 *Saliva sclarea* L.

207 *Mentha pulegium* L.

208 *Origanum dictamus* L.

209 *Foeniculum vulgare* Miller.

210 *Cuminum cyminum* L., auch römischer oder Mutterkümmel.

211 *Anethum graveolens* L.

212 *Apium graveolens* L., im Volksmund auch Eppich genannt.

213 *Coriandrum sativum* L.

214 Paul Faure: Kreta – *Das Leben im Reich des Minos,* übersetzt von Isolde und Karl Friedrich Espen, Phillip Reclam jun., Stuttgart **1976**, S. 131.

215 Ref. [17], S. 34.

216 Paul Faure: *Magie der Düfte,* Artemis Verlag, München und Zürich **1990**, S. 105.

217 Otto Wallach (1847–1931) spezialisierte sich in Bonn auf dem Gebiet der ätherischen Öle und Kampfer. 1889–1915 war er Ordinarius am Chemischen Institut der Universität Göttingen. Für seine Pionierarbeiten auf dem Terpengebiet erhielt er 1910 den Nobelpreis. Das außergewöhnlich feine Geruchsvermögen half Wallach bei der Analyse von ätherischen Ölen. Er war dafür bekannt, daß er Gemische durch «fraktioniertes Riechen» in seine Stoffklassen aufteilen konnte. Wallach war sich allerdings über die Schwierigkeiten einer Klassifizierung von Gerüchen voll bewußt: «Der Umstand, daß die Geruchsempfindung etwas sehr Subjektives ist und bleiben wird, dürfte eine wissenschaftliche Erforschung dieses Gebietes auch weiterhin sehr erschweren. Für den Geruch kann man eben nicht, wie für Farben und Töne, Konstanten festlegen.» O. Wallach, Schimmel Ber. **1923**, 1.

218 *Thymus mastichina* L., auch Waldmajoran genannt.

219 Thymian heißt auf griechisch *thymiama,* das Räucherwerk.

220 K. Merkes, pta-repetitorium **1982**, Nr. 11.

221 Ref. [33], 289.

222 Als Basis des angeblich von Mithridates VI. stammenden *mithridaticum* diente das Blut pontischer Enten, die im Altertum als «giftfest» galten. Unter seinen 43 Bestandteilen befand sich auch Opium. Um 20 Stoffe reicher war der noch beliebtere Theriak, dessen Erfindung ebenfalls dem König von Pontus zugeschrieben wurde. Als wichtigsten Zusatz sah man hier Vipernfleisch an. Man glaubte nämlich, daß Reptilien gegen ihr eigenes Gift ein Antidot besitzen müßten. Zur speziellen Zubereitung wurde Schlangenfleisch mit Fenchel gewürzt, in Wein gelegt, danach mit Brot vermischt und zu Kügelchen geformt. Die am weitesten verbreitete Vorschrift ging auf den Leibarzt Neros, Andromachus (um 60 n. Chr.), zurück. Unter den Aromatika befanden sich u. a. Ingwer, Zimt, Minze, Safran, Myrrhe, Pfeffer, Süßholz, Mastix, Harze sowie Bibergeil.
Während fast zweier Jahrtausende galt das Wundermittel als Volksdroge. Avicenna führte Theriak im 10. Jh. in die arabische Medizin ein. Im Mittelalter galt Kairo als Zentrum seiner Herstellung. Obwohl bereits im 18. Jh. die Wirksamkeit der Droge

bestritten wurde, verschwand Theriak erst zu Beginn dieses Jahrhunderts aus den einschlägigen Pharmakopöen.
223 K. Merkes, pta-repetitorium **1982**, Nr. 2.
224 Naturstoffe, die sich aus ätherischen Ölen in kristalliner Form abschieden, bezeichnete man im allgemeinen als Kampfer, ohne daß eine chemische Verwandtschaft vorhanden ist. Dafür setzte man den Namen der Ursprungs-Pflanze voraus.
225 G. Wiedenfeld, pta-repetitorium **1982**, Nr. 9.
226 Ref. [33], S. 229.
227 Ref. [68], Bd. VII, 2.
228 G. Wiedenfeld, pta-repetitorium **1982**, Nr. 9.
229 *Salvia judaica* Boiss.
230 *Capitulare de villis et cortis imperialibus,* Anno 812. Übersetzung A. Thaer, Frühlings Landwirtschaftliche Zeitung. April-Heft **1878**, S. 241–260.
231 *Salvia triloba* L.
232 *Salvia lavandulaefolia.*
233 J. Jemenez, S. Risco, T. Ruiz, A. Zarzuelo, Planta Medica **1986**, 260.
234 G. Ohloff: Riechstoffe und Geruchsinn, Springer-Verlag **1990**, 147.
235 Ref. [33], S. 229.
236 *Artemisia dracunculus* L., Korbblütler.
237 W. S. Bowers, R. Nishida, Science **1980**, *209,* 1030.
238 Ref. [49], S. 160.
239 Psalm **51**, 9.
240 2. Mose **12**, 22.
241 Ref. [33], S. 284.
242 *Origanum dictamus* L.
243 Ref. [33], S. 302.
244 R. H. McClanahan, A. C. Huitric, P. G. Pearson, J. C. Desper, S. D. Nelson, J. Am. Chem. Soc. **1988**, *110,* 1979.
245 *Lavandula stoechas* L.
246 M. H. Boelens, Perfumer & Flavorist Oct./Nov. **1986**, 43.
247 Ref. [68], Bd. VII, S. 79.
248 William I. Kaufman: *Le Grand Livre des Parfums,* Editions Vilo, Paris **1974**, S. 110.
249 *Lavandula latifolia VIII.*
250 A. Chiris, Parfumes de France **1926**, *4,* 319.
251 Ref. [234], S. 142.
252 F. W. Semmler (1860–1931), der in Berlin und Breslau lehrte, ist durch seine Pionierleistungen bei der Erforschung der ätherischen Öle bekannt geworden.
253 K. Knobloch, A. Pauli, B. Iberl, H. Weigand, N. Weis, J. Ess. Oil Res. **1989**, *1,* 119.
254 Matthäus **23**, 23.
255 *Anethum sowa* Roxb.
256 S. K. Mukerjee, S. Walla, V. S. Saxena, S. S. Tomar, Agric. Biol. Chem. **1982**, *46* (5), 1277.
257 Colette Fellous: *Guerlain,* Edditions Denoël **1987**.
258 Jesaja **28**, 27. Mit Kümmel ist hier Kumin gemeint.
259 Ref. [68], Bd. VI, 374.
260 K. Merkes, pta-repetitorium **1980**, Nr. 12.
261 Hippokrates (460–375 v. Chr.) war griechischer Arzt, der hohe ethische Ansprüche an den Heilberuf stellte. Der Eid des Hippokrates gilt heute noch als Arztgelöbnis. In der von seiner Schule herausgegebenen medizinischen Schriftensammlung befindet sich bemerkenswerterweise das erste ökologische Buch: *Über den Einfluß der Umwelt (Luft, Wasser, Örtlichkeiten) auf die Gesundheit.*
262 Ref. [33], S. 321.
263 *Petroselinum sativum* Hoffm.

264 *Ferula galbaniflua* Boissier et Buhse, *Ferula rubicaulis* Boissier und eventuell *Ferula Schaïr* Borszczow.
265 Im Grundgerüst des Pyrazins sind zwei gegenüberliegende (sog. 1,4-Position) Kohlenstoff-Atome des Benzols durch Stickstoff ersetzt. Das Erbsen-Pyrazin ist chemisch ein 2-Methoxy-3-isobutylpyrazin, während es sich beim Peperoni-Pyrazin um das 2-Methoxy-3-secbutylpyrazin handelt. Beide Verbindungen sind synthetisch zugänglich und werden sowohl in der Lebensmitteltechnologie als auch in der Parfümerie als Spurenstoffe verwendet.
266 Unter dem Geruchsschwellenwert versteht man die schwächste noch wahrnehmbare Geruchskonzentration eines Stoffes. Der meßbare Konzentrationsunterschied eines gelösten Stoffes gegenüber seinem reinen Lösungsmittel wird als Entdeckungsschwellenwert bezeichnet, während beim Erkennungsschwellenwert die Geruchsqualität erkannt werden muß. Beide Werte sind stark vom Lösungsmittel abhängig und gelten als Maß für die Geruchsstärke einer Verbindung. In Luft werden gewöhnlich um mehrere Zehnerpotenzen niedrigere Schwellenkonzentrationen als in Wasser gefunden.
Gemessen werden die Konzentrationen in ppm (part per million = ein Teil von einer Million Teile) bzw. ppb (part per billion, entsprechend Milligramm in Kilogramm = 10^{-6}). 0.05 ppb entspricht demnach einer Konzentration von 5×10^{-8} Prozent = 0,000005, d.h. 5 Gramm des Stoffes in 100 Million Liter Wasser gelöst, werden vom menschlichen Geruchsorgan gerade noch wahrgenommen.
267 *Ferula Asa fetida* L.
268 Alle cyclischen Verbindungen, deren Ringglieder mehr als 6 Kohlenstoff-Atome aufweisen, bezeichnet man als mittlere Ringe (Makrozyklen). Enthält der Ring eine Lakton-Funktion, dann spricht man von Makroliden.
269 EXALTOLID ® ist der Markenname für Cyclopentadecanolid der Firma Firmenich S.A., Genf, damals Chuit, Naef & Cie.
270 Labdanum stammt von mehreren Arten der Gattung Cistus (Familie der Cistaceen) ab [190].
271 1. Mose **37**, 25.
272 Ref. [216], S. 110.
273 Ref. [33], S. 113.
274 Jean Hadorn: *Erzählungen aus der Welt der Parfümerie,* Broschüre der Givaudan S.A., Genève-Vernier und Dübendorf. *Calamus Rotang* ist eine Rohrpalme (Lilienart), die auch als gemeiner Rotang bezeichnet wird.
275 Déjeau: *Traité des Odeurs,* Paris **1764**.
276 Ref. [248], S. 110.
277 Ref. [33], S. 113.
278 Ref. [35], XII, 74.
279 Ref. [234], S. 177.
280 *Ledum palustre* L.
281 Ref. [68], Bd. VI, 533.
282 H. Schmitz, (NZZ) **1978**, Nr. 70, S. 51.
283 Homer: *Ilias*, 14. Gesang, 170. Übersetzung von Roland Hampe, Reclam Universal-Bibliothek Nr. 249, Stuttgart **1979**.
284 Ref. [283], 23. Gesang, 185.
285 Brockhaus Enzyclopädie, 17. Aufl. **1971**, Bd. 13, S. 202.
286 *Heliotropium europaeum.* Wegen seines Heliotrop-Geruchs wird eine im Pfefferöl entdeckte Verbindung Heliotropin genannt. Dieser aromatische Aldehyd mit seinem warmen blumig-narkotischen und würzigen Duft wird in allen Sparten der modernen Parfümerie zur Erzeugung blumiger Tonalitäten angewendet.
287 Ref. [285], Bd. 1, S. 794.
288 E.-N. Santinide Riols: *Les Parfums magique*, **1903**.

289 Plutarch: *Alexander und Caesar,* übersetzt von K. Ziegler und W. Wuhrmann, Artemis Verlag Zürich – München **1986**, 20, 13.
290 Ref. [289], 25, 6.
291 Homer: *Odyssee,* 4. Gesang, 49. Übersetzung von Roland Hampe, Reclam Universal-Bibliothek Nr. 280, Stuttgart **1979**.
292 Athenaeus: *Deipnosophistei,* Buch 15, Kap. 36.
293 Xenophon: *Symposion, ein sokratisches Gastmahl.*
294 Platon: *Die Republik,* 2, 373.
295 Ref. [33], S. 75.
296 Ref. [33], S. 69.
297 Ref. [33], S. 290.
298 Ref. [33], S. 72.
299 Eugene Rimmel: *Das Buch des Parfüms,* herausgegeben und übersetzt von Karin-Beate Vögt-Karben, Hesse & Becker, Dreieich **1985**, S. 125.
300 Ovid: *Fastor* 3, 337.
301 Nigel Groom: *Frankinense and Myrrh,* Longman, London, New York **1981**, S. 233.
302 Ref. [97], S. 78.
303 *Eledona moschata.*
304 Suetonius, Buch IV.
305 Ref. [299], S. 139.
306 Ref. [304], Buch VIII.
307 Martin Henglein: *Die heilende Kraft der Wohlgerüche und Essenzen,* Oesch Verlag **1985**, S. 43.
308 Ref. [30], S. 34.
309 Ref. [152], S. 69.
310 Ref. [198], S. 242.
311 Ref. [310], S. 249.
312 *Rosa rubiginosa.*
313 *Rosa canina.*
314 *Rosa arvensis.*
315 *Rosa gallica provincalis.*
316 *Rosa gallica* L.
317 *Rosa damascena* Mill., var. *trigintipetala* Dieck.
318 Ref. [68], Bd. V, 228.
319 Für bulgarisches Rosenöl bester Qualität zahlt man bis zu 15 000 DM/kg. Das ätherische Öl aus «Rose de Mai» kann mehr als das Doppelte kosten.
320 Ref. [234], S. 152.
321 Muhamad Schams ad-din Hafis: *Gedichte aus dem Diwan,* Reclam Universal-Bibliothek Nr. 4920.
322 Ref. [234], S. 159.
323 Ref. [234], S. 159–160
324 Die Gestehungskosten zur Bereitung von einem Kilogramm Veilchenblütenöl beliefen sich im Jahre 1904 auf 80 000 Goldmark [322], so daß seine Produktion zu keiner Zeit von Bedeutung war.
325 Die geschälten und gebeizten Wurzelknollen werden heute noch unter dem Namen Veilchenwurzeln Kleinkindern als Beißmittel gegeben, um den ersten Zähnen zum Durchbruch zu verhelfen.
326 Zur kommerziellen Gewinnung des ätherischen Öls werden die während drei Jahren gelagerten Rhizome der blaublühenden *Iris pallida* L. und violetten *Iris germanica* L. verwendet, die um Florenz bzw. in Marokko angebaut werden.
327 D. Kastner, B. Maurer, Parf. Kosm **1990**, *71,* 411. 1989 zahlte man für 1 kg Irisöl 100 000 DM, was eine explosionsartige Verteuerung der Preise seit den 70er Jahren bedeutet.

328 α-Jonon ausgezeichneter Qualität findet man bereits für 50 DM/kg, während α-Iron etwa das Zwanzigfache kostet. β-Jonon ist ein wichtiges Ausgangsmaterial zur Synthese von Vitamin A und daher der billigste aller Veilchenriechstoffe.
329 Ref. [35], Buch XXI, Kap. 18.
330 *Crocus sativus* L.
331 griech. *krokos;* ind. *kurkum* = gelb.
332 NZZ Nr. 264 v. 13. 11. **1990**.
333 Ref. [35], Buch 12, Kap. 32, Abschnitt 43–44.
334 Harald Vocke: *Im Duft der Zeit,* Ullstein 1988, S. 71.
335 Ref. [299], S. 157.
336 Ref. [135], Bd. 2, S. 619.
337 Koran, Sure **76**, Vers 5.
338 Koran, Sure **83**, Verse 25–26.
339 *Die Erzählungen aus den Tausendundein Nächten,* übertragen von Enno Littmann, Buchclub Ex Libris Zürich 1984, Copyright Insel Verlag, Wiesbaden 1953. Es handelt sich um die vollständige deutsche Ausgabe in 6 Bänden nach dem arabischen Urtext der Kalkuttaer Ausgabe von 1839 mit einem Vorwort von Hugo v. Hofmannsthal. *Die Geschichte der Jungfrau, Stellvertreterin der Vögel* ist in die Ex Libris Ausgabe nicht aufgenommen worden. Da mir die Originalausgabe (Inselverlag, Leipzig 1923–1928) nicht zugänglich ist, habe ich diese aus dem französischen Text von J. C. Mardrus, Vol. 2, S. 822 zurückübersetzt, die im Verlag Bouquins Robert Laffont-Poche erschienen ist.
340 F.-C. Czygan, Ärztezeitschr. f. Naturheilverf. **1984**, *25*, 500.
341 Ref. [339], 866. Nacht V, 637.
342 A.-M. Saget, Parfums, Cosmétiques, Arômes **1983**, *49*, 67.
343 Saadi: *Aus dem Diwan,* Aus dem Persischen übertragen von Friedrich Rückert, herausgegeben von Annemarie Schimmel, Reclam Universal-Bibliothek Nr. 7944.
344 Annemarie Schimmel: *Nimm eine Rose und nenne sie Lieder,* Eugen Diedrichs Verlag, Köln **1987**.
345 G.-K. Kaltenbrunner, NZZ **1988**, Nr. 295, S. 70.
346 Farid ud-din Attar: *Vogelgespräche,* Ansata-Verlag, Interlaken 1988, S. 26.
347 Johann Wolfgang Goethe: *West-östlicher Divan,* Insel Taschenbuch 75, Insel Verlag **1974**.
348 P. Rovesti, Parfumes, Cosmétiques, Arômes **1981**, *40*, 53 fand im Museum von Taxila, Pakistan, einen Destillationsapparat aus Terrakotta, welcher die Zivilisation des Indus-Tals 3000 v. Chr. zugerechnet wird. Eine Abbildung davon befindet sich bei F.-C. Czygan, Pharmazie in unserer Zeit **1981**, *10*, 109.
349 E. T. Morris, Dragoco Report **1982**, *28*, 106.
350 M. Plessner, in Encyclop. of Islam **1965**, *2*, 357.
351 Brockhaus Encyclopädie **6**, 818. Geber bzw. seine Schule hinterließ das Werk *Summa perfectionis magisterii,* in dem der Destillationsvorgang beschrieben wurde.
352 K. Haas, Ztschr. Morgenländ. Ges. **1876**, *30*, 617.
353 Die Perser kannten auch bereits Essenzen, die durch Kodestillation von Pflanzenteilen mit Weingeist gewonnen werden. Heute noch wird diese Methode angewendet; allerdings nicht mehr für die Parfümerie, sondern ausschließlich zur Gewinnung von Aromen der Getränkeindustrie wie etwa Essenzen von Wacholderbeeren, Kümmel oder Orangenschalen.
354 Ref. [68], Bd. V, 228.
355 Kalender Haribs aus dem Jahre 961.
356 Brockhaus **2**, 167.
357 Kindlers Literaturlexikon **VI**, 316.
358 Heute wissen wir, daß die Einwirkung von Hitze auf aromatische Pflanzen auch in Gegenwart des schonenden Wasserdampfes zu vielfältigen Veränderungen ihrer flüch-

tigen Bestandteile führen kann und ein ätherisches Öl nur dann die gleiche Qualität aufweist, wenn es unter streng kontrollierten Bedingungen hergestellt wird. Die Bildung der Artefakte auch aus höhermolekularen geruchlosen Stoffwechselprodukten des Naturproduktes muß also qualitativ und quantitativ gleichgehalten werden.

359 Leopold Ruzicka (1887–1976) forschte und lehrte von 1912 bis 1956 (mit kurzen Unterbrechungen in Genf und Utrecht) an der Eidgenössischen Technischen Hochschule in Zürich. Für die Entdeckung der Makrozyklen erhielt er 1939 den Nobelpreis.

360 *Hibiscus abelmoschus* L. ist eine in Indonesien wildwachsende Malvenart. Aus ihren Samen wird durch Wasserdampfdestillation ein stark moschusartig riechendes ätherisches Öl gewonnen, das einen Handelswert von etwa SFr. 20 000.- pro kg besitzt.

361 Das erste Exalton kostete SFr. 50 000.-, Exaltolid 20 000.- pro kg. Gegenwärtig bezahlt man für Exalton etwa SFr. 600.- und für technische Qualitäten von Exaltolid sogar unter 100.- pro kg. Für Muskon und Ambrettolid muß man mehr als SFr. 2 000.- pro kg ausgeben, während Zibeton auf dem Markt kaum als reine Substanz zu finden ist, sondern nur vereinzelt in Form von Spezialitäten auftritt.

362 Ref. [234], S. 200.

363 Sie werden als osmophore Gruppen bezeichnet in Anlehnung an die pharmakophoren Gruppen von medizinischen Wirkstoffen.

364 Mit 3 000 Tonnen Jahresweltproduktion gehören die künstlichen Moschusriechstoffe zur bedeutendsten Gruppe von Duftstoffen. Xylol-Moschus allein wird in Mengen von 800 Tonnen hergestellt und das holzig-moschusartige GALAXOLID ® (Markenname der International Flavors & Fragrances, New York) erreicht sogar 1 000 Tonnen. Allerdings ist diese Riechstoff-Klasse ökologisch nicht ganz unbedenklich. So sind sie im allgemeinen biologisch schwer abbaubar und besitzen außerdem eine gewisse Fototoxizität. Die Zukunft liegt daher bei den synthetischen Äquivalenten natürlicher Moschus-Riechstoffe, die als vollständig unbedenklich angesehen werden.

365 *Viverra zibetha.*

366 Jean-Pierre Petitdidier, Parf., Cosm., Arômes **1985**, *63*, 65. Äthiopien als alleiniges Produktionsland exportiert etwa 2 Tonnen Zibet, dessen Preis zwischen 400 und 600 Dollar variiert.
Chao Yingkang, Perfumer & Flavorist March/April **1991**, *16*, 15.
Eine Farm mit indischen Zibetkatzen *(Viverricula indica)* hat man im Zoo von Hangzhou aufgebaut, um von Importen unabhängig zu werden. Die in Halbfreiheit lebenden Tiere produzieren lediglich 32–35 g Zibet pro Jahr.
Bis zu 65 % von rohem Zibet lösen sich in kaltem 96prozentigem Alkohol. Verdünnung auf 3 % liefert daraus die Zibet-Tinktur, die nach einer gewissen Reifezeit für parfümistische Zwecke verwendet wird.

367 *Physeter macrocephalus* L.

368 Graue Ambra hat ein spezifisches Gewicht unter 0.9 und ist daher leichter als Wasser.

369 Robert Clarke, Nature **1954**, *174*, 155.

370 Auch Bernstein, der mit dem Wort Ambra oder Amber belegt worden ist, kann nicht gemeint sein. Zwar kannten die Griechen bereits das über die Bernsteinstraße aus dem Samland in den Mittelmeerraum gelangende «elektrische» fossile Harz (griech. *electron*), welches mythologisch als Tränen der um ihren Bruder Phaeton weinenden und in Bäume verwandelten Heliaden angesehen wurde, doch ist kaum anzunehmen, daß die zu Sparsamkeit neigenden Juden ein gegen Gold aufzuwiegendes Räucherharz verwendet haben.

371 Markenname der Firmenich S. A. in Genf, der sich auch in der Fachsprache eingebürgert hat.

372 Für beste Stücke der grauen Ambra werden heute bis zu DM 20 000.- pro kg bezahlt. Die aus gefangenen Tieren stammende braun-schwarze Ambra minderer Qualität ist

praktisch nicht mehr zugänglich, da die internationale Konvention über das seit 1981 verhängte Walfangverbot weitgehend eingehalten wird.
373 Ref. [234], S. 23, 209.
374 *Castor fiber* und *C. canadensis.*
375 B. Maurer, G. Ohloff, Helv. chim. Acta 1976, 59, 1169.
376 Ref. [234], S. 215.
377 C. Wériguine, Soap, Perfumery & Cosmetics 1966, 39, 543.
378 H. Boelens, P. C. Traas, H. J. Takken, Perfumer & Flavorist Feb./March 1980, 39.
379 *Archangelica officinalis* Hoffm.
380 *Ficus religiosa*, auch Bodhi-Baum genannt. Aus seinem Holz fertigt man gelbe Perlen, von denen 108 zu einem Rosenkranz verarbeitet werden und in der lamaistischen Religion eine Rolle spielen [428].
381 U. Schoettli, NZZ Nr. *80*, S. 29, 5.4. **1990**.
382 H. Wagenführ, Dragoco Report 1977, 45. Der Dhakbaum wird im *Rtusamhara* als Kimsuka bezeichnet, s. Ref. [405], VI (Frühling) ,Strophe 19: «Die Wälder wogen mit des Kimsuka Blumenröte ...»
383 Bananenbaum.
384 Ref. [299], S. 155, 156.
385 *Upanischaden*, Reclams Univ.-Bibl. Nr. 8723, S. 42.
386 Ref. [385], S. 68.
387 Hermann Hesse: *Siddhartha*. Suhrkamp Taschenbuch 182. Der Pipal wird dort als Bo-Baum bezeichnet. Andere Quellen nennen ihn Bodhi-Baum (Baum der Erleuchtung) oder Asvattha-Baum (Sanskrit) [392].
388 *Butea frondosa.*
389 *Bombax malabaricum.*
390 Jammun = *Eugenia jambolana* Lamb. ist ein über ganz Indien verbreiteter immergrüner Baum aus der Familie der Myrtengewächse mit sehr angenehm riechenden Blättern Ref. [68], Bd. VI, S. 116. Hinweise auf die Pflanze finden sich in der *Ayurveda* Ref. [413], Vers 20. Sein Fruchtaroma besitzt einen rosenartigen Geruch mit zimtartig-würzigem Unterton. Das ätherische Öl besteht aus 80 flüchtigen chemischen Verbindungen, von denen viele bereits im Rosenöl entdeckt worden sind. Zimtaldehyd, Zimtalkohol und Zimtester, die etwa ¼ des Jambulöles ausmachen, sorgen für die typische Zimtnote. Gaston Vernin, Geneviève Vernin, J. Metzger, C. Roque, J.-C. Pierittesti, J. Ess. Oil Res. 1991, 3, 83.
391 Agehananda Bharati: *The Tantric Tradition*, Rider and Company, London 1965, S. 77.
392 H. Härtel u. J. Auboyer: *Indien und Südostasien*, Propyläen Kunstgeschichte, Band **16.**
393 W. Ruben, Zeitschrift der Deutschen Morgenländischen Gesellschaft **1950**, *100*, 323. Kindlers Literaturlexikon. V, 3014.
394 *Genji-Monogatari*, verfaßt von der Hofdame Murasaki. Übersetzung von Oscar Benl. Bd. 1, S. 154, Manesse Verlag **1966**.
395 Kindlers Literatur Lexikon. **VII**, 355. Es handelt sich wahrscheinlich um mündliche Überlieferungen des ins Pandschab eingedrungenen indoarischen Zweiges (Aryas) der Indogermanen aus Afghanistan. Die älteste Stufe der lange Zeit mündlich überlieferten vier Veden wird als die Rig-Veda angesehen, deren Entstehung noch vor der indischen Eisenzeit und um 1500 v. Chr. datiert wird.
396 Kalidasa: *Sakuntala*, ein indisches Schauspiel. Aus dem Sanskrit übertragen von Johannes Mehling, Manesse Verlag, Zürich **1987**.
397 Johann Gottfried Herder, Vorrede zur 2. Auflage der ersten deutschen Übersetzung von *Sakuntala*, **1803** [396].
398 Gedichte aus der *Rigveda*. Aus dem Sanskrit übertragen und erläutert von Paul Thieme, Reclam Univ.-Bibl. Nr. 8930, Stuttgart **1964**.

Zur Bereitung des heiligen Trankes werden die Stengel der mythischen Somaranke gepreßt und durch Seihen über Schafwolle von allen irdischen Schlacken befreit, wodurch sich die *soma* in ihre himmlische Form verwandelt und Unsterblichkeit verheißt. Aus dem Preßtrank als Opfergabe entsteht nach den *Upanischaden* (Refr. [385], (S. 55)) der König Soma, der den Monsunregen und damit die Nahrung entstehen läßt. Der Rauschtrank *soma* wurde von den indogermanischen Einwanderern eingeführt, denn er hieß bei den Indoiranern *Persiens haoma*. Vedische Hymnen schließen ekstatische Visionen für Teilnehmer an den Riten ein. Daher wird angenommen, daß ein wichtiges Ingredienz von soma der Fliegenpilz *Amanita muscaria* war, welcher den psychoaktiven Stoff Muscinol enthält. Aus Kantilyas Werk [439] geht hervor, daß ein *soma* genanntes, berauschendes Getränk bereits lange vor 300 v. Chr. an die Bevölkerung abgegeben wurde. Es handelt sich um ein vergorenes Reisgetränk mit verschiedenen Zusätzen wie pflanzliche Extrakte, Gewürze, andere aromatische Stoffe, Zucker und Honig, das man in Trinkstuben unter staatlicher Kontrolle ausschenkte. Unter buddhistischem Einfluß durften zunächst auch die Brahmanen davon trinken, mußten sich dann aber später auf den rituellen Rauschtrank aus der «Pflanze Soma» beschränken.

399 *Bhagavadgita*, das Lied der Gottheit. Aus dem Sanskrit übersetzt von Robert Boxberger, Reclam Univ.-Bibl. Nr. 7874, Stuttgart **1955**, 7. Gesang, Vers 8 und 9. Das Lehrgedicht, das um 300 v. Chr. entstanden sein soll, gehört dem aus 100 000 Doppelversen bestehenden Sanskrit-Epos *Mahabharata* an. Wilhelm v. Humbold bezeichnete die Gita (Schriften der Berliner Akademie 1825–1826) als «das schönste, ja vielleicht das einzig wahrhaft philosophische Gedicht, das alle uns bekannten Literaturen aufzuweisen haben».

400 *Nala und Damayanti*, eine Episode aus dem *Mahabharata*. Herausgegeben von Albrecht Wetzler, Reclam Univ.-Bibl. Nr. 8938, Stuttgart **1965**, Kapitel 4 und 5.

401 Ref. [396], 3. Akt. S. 39.

402 Ref. [393], S. 345.

403 Reine-Marie Paris: *Camille Claudel*, S. Fischer Verlag, Frankfurt 1989. Anne Delbée, *Der Kuß*, Goldmann Verlag 1985.

404 Mangobaum (sansk. *cuta*) = *Mangifera indica* ist ein immergrüner Baum mit roten Blüten von betörendem Duft ([405], VI (Frühling), Strophe 1). Er trägt «die köstlichen Früchte, die der Subkontinent zu bieten hat» und «die Hälfte der früchtetragenden Bäume in Indien» sollen Mangobäume sein. In voller Reife ist die Mango, welche als «die indischste aller Früchte» bezeichnet worden ist, «von einem intensiven Safrangelb, der heiligen Farbe der Hindus» (U. Schoettli, NZZ Nr. *199* v. 29. 8. **1990**). Farbe und Form der Früchte erinnern im *Meghaduta* an eine Frauenbrust. Die den Himmel durchziehenden Geister bewundern von oben dieses Schauspiel [405].
Heute gehört die Mango zu den beliebtesten tropischen Früchten, deren Weltproduktion im Jahre 1982 13,6 Millionen Tonnen erreichte. Mango-Aroma wird als der Prototyp tropischer Fruchtaromen angesehen. Unter den charakteristischen Stoffen befinden sich 14 verschiedene γ-Laktone zwischen 4 und 12 Kohlenstoffatomen, die sich teilweise auch im Aroma der Pfirsiche, Nektarinen, Aprikosen und der Kokosnuß befinden. Einige γ-Laktone [802] [806] spielen eine bedeutende Rolle in der modernen Parfümerie.

405 Kalidasa: *Der Kreis der Jahreszeiten* (*Rtusamhara*), Herausgeber Herman Kreyenborg, Übersetzung mit Anmerkungen von P. v. Bohlens, Insel Verlag 1919.

406 Ref. [405], I (Sommer), Strophe 6.

407 Kewda = *Pandanus odoratissimum* auch *Ketaki* genannt. Ihre Knospen sind weiß, die Farbe des Lachens (Ref. [405], II (Regenzeit), Strophe 23 und VI (Frühling), Strophe 23).

408 Ref. [405], I, Strophe 9. Patala = *Bigonia suaveolens* ist ein Baum mit blaßroten, wohlriechenden Blüten.

409 Ref. [405], IV (Frühling), Strophe 6 und 27. Blüten von *Pterospermum acerifolium* dienen den Frauen als Ohrschmuck.
410 Ref. [405], II (Regenzeit), Strophe 24. Vgl. auch Ref. [417] und Ref. [419].
411 Ref. [405], IV (Winter), Strophe 5.
412 Korallenbaum.
413 Kalidasa: *Meghaduta* (*Der Wolkenbote*) traduit et annoté par R. H. Assier de Pompignan, Soc. d'Edition «Les Belles Lettres», Paris 1938.
414 Ref. [413], dort als *sarala*, Baum der Götter bezeichnet.
415 Mandara = *Erythrina indica*. Er trägt wohlriechende Blüten und gehört zu einem der fünf heiligen Bäume. Vgl. Ref. [413], Vers 70 und 72.
416 Asoka = *Jonesia asoka* gehört der Familie der Leguminosen an und besitzt sehr stark duftende rot-orange Blüten. Vgl. Ref. [413], Vers 75: «Wie der Zähne Schmelz durch rote Lippen, so schimmert das blendende Weiß junger Jasminblüten durch den schwellenden roten Blütenwald der Asokabäume.» Ref. [405], III (Herbst), Strophe 20.
417 Kesara = *Mimusops Elengi* ist eine in Indien weit verbreitete Sapotacee, die unter dem Namen Moulsari bekannt ist. Zwischen Mai und Juni hat der Baum weiße wohlduftende Blüten, s. Ref. [68], Bd. VI, S. 554. In der Dichtung wird die Blüte auch Bakula genannt (Ref. [405], II (Regenzeit), Strophe 24).
418 Madhavi = *Gaertnera racemosa*, eine Frühlingsliane. Ihre duftenden Blüten werden auch als *atimukta* bezeichnet (Ref. [405], VI (Frühling), Strophe 17).
419 Die Naudea oder auch Kadamba = *Anthocephalus Cadamba*, eine Rubiacee, entwickelt im Juli gelbe oder orangefarbige Blüten, die am Abend oder während der Nacht einen Wohlgeruch entwickeln (Ref. [68], Bd. VII, S. 534). Es soll sich um den elegantesten Baum Indiens handeln, der seine Blüten bei Donnerrollen entfaltet. Frauen tragen die Blüten als Kopf- und Ohrschmuck (Ref. [413], Vers 21).
420 Zur Brunstzeit ergießt sich über die Elephanten aus schlitzartigen Drüsen an ihren Schläfen eine *mada* genannte, extrem stark stinkende Flüssigkeit als lockendes Lebenselixier, dem sich selbst die Bienen nicht entziehen können. Dieses Ereignis spielt in der indischen Poesie eine große Rolle (Ref. [413], Vers 20 und Ref. [405], II (Regenzeit), Strophe 15).
421 P. K. Gode, Journal of the University of Bombay, Sept. **1945**, S. 44.
422 C. Hemmet: *Parfums de Plants*, Muséum nationale d'Histoire Naturelle **1988**, S. 191.
423 Alexandra David-Neeli: *Liebeszauber und schwarze Magie*, Barth Verlag, München **1952**, S. 140.
424 Terry Clifford: *Tibetan Buddhist Medicine and Psychiatry, The Diamond Healing*. The Aquarium Press, Wellingborough, Northhamptonshire **1984**, S. 115.
425 Ref. [424], S. 171.
426 *Terminalia chebula*, *Terminalia belerica* und *Emblica officinalis*. Ihre Bedeutung kann man an den vielen Synonymen ablesen, nämlich 42 in Sanskrit und 37 auf tibetanisch. Ref. [424], S. 204.
427 Ref. [424], S. 119.
428 Robert Bleichsteiner: *Die Gelbe Kirche*, Verlag Josef Belt, Wien **1937**, S. 140.
429 Ref. [424], S. 187.
430 *Hemidesmus indicus*, deren Wurzeln einen an Tonkabohnen (Vanille) erinnernden Geruch besitzen und wegen ihrer harntreibenden und tonischen Wirkung als Volksmedizin verwendet werden. Das ätherische Öl besteht zu 80 % aus 4-Methoxy-salicylaldehyd, einem sehr haftfesten, blumig-würzigen Geruch, der in der Parfümerie zur Modifizierung von Vanillin und Eugenol eingesetzt wird und die Basis von Eichenmoos-Kompositionen verstärken soll. Ref. [68], Bd. VI, S. 582.
431 Nach tantrischer Tradition gehören geröstete Bohnen zu den Aphrodisiaka. Ref. [391], S. 70.

432 Die Butter soll mindestens neun Jahre alt sein, denn je länger sie ruht, um so stärker wirkt sie auf alle Elemente und die Kraft der Vitalität.
433 Ref. [424], S. 201.
434 *Shorea robusta* Gaertn. stammt aus Indien. Das ätherische Öl seines Harzes wird als ein anhaftend aromatisch riechendes Öl beschrieben. Unter dem Namen *Chua*-Öl wird es als Fixiermittel in der indischen Parfümerie und als antiseptisch wirkendes Mittel bei Hautkrankheiten eingesetzt. Ref. [68], Bd. VI, S. 33.
435 *Camphora mukul* Engl., ein in Ostindien beheimateter und Harz liefernder Baum.
436 *Delphinium grandiflorium.*
437 *Materialien zu Hermann Hesses: Siddharta*, Band 1, S. 321, Suhrkamp Taschenbuch 129 (**1975**).
438 Ref. [97], S. 98.
439 E. v. Lippmann, Chem. Ztg. **1925**, *135*, 951.
440 Lieblein: *Handel und Schiffahrt auf dem Roten Meere in alten Zeiten*, Christiania **1886**, S. 21 u. 31.
441 Ein gereinigtes Sandelholzöl wurde am Ende des vorigen Jahrhunderts unter dem Namen Gonorol von der Firma Heine & Co., Leipzig auf den Markt gebracht.
442 Edward H. Schafer: *The Golden Peaches of Samarkand*, University of California Press Berkely, **1963**, S. 136.
443 Ref. [442], S. 137.
444 Ref. [428], S. 156.
445 Ref. [394], S. 734.
446 Eine Abbildung davon befindet sich in: [97], S. 120.
447 Bereits im Altertum war ostindischer, iranischer und ägyptischer Kalisalpeter bekannt, der sich nach der Regenzeit auf kalireichen Böden in Form kleiner Kristalle absetzte. O. A. Neumüller: *Römpps Chemie Lexikon*, 3047. Bei dem römischen Nitrum handelt es sich selten um Salpeter, meist um Soda oder Natron.
448 *Santalum album* L.
449 *Amyris balsamifera* L.
450 Westindisches Sandelholzöl, auch Amyrisöl [279] genannt, besteht ausschließlich aus über 40 verschiedenen Sesquiterpenen und ihren sauerstoffhaltigen Derivaten. Als Hauptprodukte wurden Cadinol, Valerianol und fünf Isomere des Eudesmols identifiziert. Das geruchlose Valerianol (20 %) wurde, wie sein Name aussagt, erstmals im Baldrianöl entdeckt, während das sogenannte 10-epi-γ-Eudesmol (11 %) einen starken holzartigen Geruchscharakter aufweist und einen bedeutenden sensorischen Beitrag zum marokkanischen Geraniumöl leistet. Die Inhaltsstoffe von westindischem und ostindischem Sandelholzöl sind in ihrer chemischen Zusammensetzung verschieden, was sich in ihren unterschiedlichen Geruchseigenschaften ausdrückt. Westindisches Sandelholzöl wird von in Venezuela, auf Haiti und Jamaica beheimateten Bäumen gewonnen. In der Parfümerie werden seine leicht süßliche Holznote und die guten fixierenden Eigenschaften geschätzt.
451 *Aquilaria agallocha.*
452 Sprüche Salomos **7**, 17.
453 Aloe des *Neuen Testaments* hat nichts mit dem aromatischen Holz gemeinsam. Es handelt sich um den Dicksaft von Blättern einer Lilienart *Aloe succotrina* Lam., die zu einem gummiartigen Harz erstarrt sind. Die Lilienart ist auf der afrikanischen Insel Socrota an der Mündung des Roten Meeres heimisch (Ref. [49], S. 35). In Ägypten wurde es häufig zur Mumifizierung verwendet. Bei Jesus Grablegung spielt das Harz eine Rolle [454]: «(…) Nikodemus (…) brachte Myrrhe und Aloe untereinander gemengt, bei hundert Pfund. Da nahmen sie den Leichnam Jesu und banden ihn in leinene Tücher mit den Spezereien, wie die Juden pflegen zu begraben!» Aloe diente auch als starkes Abführmittel, das heute noch in vielen Rezepturen in Gebrauch ist.
454 Johannes **19**, 39.

455 *Vetiveria zizanioides* Stapf.
456 Ref. [68], Bd. V, S. 753.
457 Schimmel Berichte **1925**, 17.
458 Im persischen Schrifttum wird die Kostuswurzel Kost, (*Saussurea lappa* Clarke) bei den Arabern Quest und den Chinesen Mu-hsiang genannt [457]. Als Putchuk kennt man sie heute in Indien.
459 Pedanios Dioskurides aus Anazarbos: *De Materia Medica*, Edition Kühn-Sprengel **1829**, Vol. 1, S. 15 u. 29. Vgl. mit Ref. [33].
460 Ref. [68], Bd. V., S. 542.
461 Ref. [307], S. 26.
462 Hohelied Salomos **1,** 12; **4,** 13, 14.
463 Johannes **12,** 3; Markus **14,** 3–6.
464 Ref. [33], S. 33
465 Ref. [68], Bd. VII, S. 545.
466 G. Rücker u. G. Glauch, Dtsch. Apotheker Ztg. **1967**, 107, 921.
467 *Valeriana Wallichii* DC.
468 *Valeriana officinalis* L.
469 *Valeriana officinalis* L. var *angustifolia* Miq.
470 Ref. [608], 76. Sure, Vers 17: «Und sie sollen darin getränkt werden mit einem Becher, gemischt mit Ingwer.»
471 Ref. [135], S. 600.
472 Ref. [68], Bd. V, 2.
473 Irrtümlicherweise handelt es sich bei Macis nicht um die Blüte der Muskatnuß, sondern um den Samenmantel, von dem das Fruchtfleisch umschlossen wird.
474 Ref. [35], Liber XII, cap. 15.
475 Heliotropin ist eine dem Vanillin chemisch verwandte Verbindung (3,4-Methylendioxybenzaldehyd), die einen intensiv süß-blumigen, leicht würzigen Geruch von warmer Tonalität und hoher Haftfestigkeit besitzt. Der Riechstoff, der an den Duft von *Plectronia heliotropiodora* erinnert, wird wegen seiner Entstehung aus dem Pfefferalkaloid Piperin auch Piperonal genannt. Nach dem gleichen Verfahren wie Vanillin [804] aus Eugenol bzw. Isoeugenol wird Heliotropin aus Safrol [481] nach den italienischen Forschern Ciamician und Silber {1890} hergestellt. Seither kennt der halbsynthetische Riechstoff eine große Verbreitung in allen Segmenten der Parfümerie. Man findet Heliotropin heute in 43 % aller aktuellen Kreationen [791] in Konzentrationen bis zu 10 %.
476 Ref. [428], S. 244.
477 A. T. Weil: *Ethnopharmacologic Search for Psychoactive Drugs*, herausgegeben von D. H. Efron, B. Holmstedt und N. S. Kline, Raven Press, New York 1979, S. 118.
478 Ref. [428], S. 123.
479 D. A. Kalbhen, Angew. Chem. **1971**, *83*, 392.
480 U. Braun und D. A. Kalbhen, Dtsch. med. Wschr. 1972, 97, 1614. Durch Rattenleber-Homogenate wird in die Allyl-Seitenkette von Phenylallyl-Derivaten Stickstoff eingeführt unter biochemischer Bildung der entsprechenden Amphetamin-Derivate. Es wird angenommen, daß die menschliche Leber nach dem gleichen Prinzip arbeitet und eine Bioaminierung von Myristicin und Elemicin zu psychoaktiven Stoffen vornimmt.
481 Safrol wurde in über 70 ätherischen Ölen entdeckt (Ref. [24], Bd. IIId, S. 449). In vielen Fällen kommt es als Hauptprodukt und nicht selten wie im chinesischen Sassafrasöl in Mengenverhältnissen von über 80 % vor. Selbst in häufig verwendeten Lebensmittel-Aromen können bis zu 10 % festgestellt werden, als da sind: Anisöl, Fenchelöl, Sternanisöl, Kampferöl, bengalisches Mango-Ingwer.
Elemicin trägt seinen Namen von dem Manila-Elemiöl (Harzöl von *Canarium luzonicum*), wo es das Hauptprodukt darstellt. Es kommt in verschiedenen indischen

Gras- und Blätterölen vor. Das ätherische Öl des stark riechenden japanischen Grases von *Cymbopogon Georingii* Honda enthält davon 50%. Ref. [68], Bd. VI, S. 411.
Myristicin, abgeleitet von *Myristica fragrance* = Muskatnußbaum. A. T. Shulgin, T. Sargent, C. Naranjo (Ref. [477], S. 202) vermuten, daß der psychotrope Effekt von Myristicin und Elimicin durch synergistische Aktivität anderer Inhaltsstoffe das volle Muskatnuß-Syndrom auslöst.
Myristicin ist in der Natur wahrscheinlich am wenigsten verbreitet. Allerdings trifft man es in einigen wichtigen Gewürzen und Gemüsesorten wie Dill und Petersilie oder Pastinak und Karotten an. Die Verbindung hat sich als Antimutagen herausgestellt.

482 Ref. [68], Bd. I, S. 116.
483 *Curcuma longa.*
484 P. Cyrill v. Korvin-Krasinski: *Die Tibetische Medizinphilosophie*, Origo Verlag, Zürich **1953**, S. 119.
485 Ref. [428], S. 244.
486 Ref. [391], S. 253.
487 *Cymbopogon flexuosus* Stapf.
488 *Cymbopogon citratus* Stapf.
489 *Cymbopogon nardus.*
490 *Eucalyptus citriodora* Hook.
491 Ref. [68], Bd. VII, 449.
492 B. D. Mookherjee, K. K. Light u. I. D. Hill in *Essential Oils*, herausgegeben von B. D. Mookherjee u. C. J. Mussinan, Allured Publishing **1979**.
493 Eugene Rimmel: *Das Buch der Parfums*, Herausgeber K.-B. Voigt-Karben, Hesse & Becker im Weiss Verlag GmbH, Dreieich **1985**, S. 184.
494 *Ocimum sanctum.*
495 Ref. [382], S. 46.
496 U. Schoettli, NZZ Nr. *430*, S. 65 v. 4./5. 10. **1986**.
497 Ref. [68], Bd. V, S. 507.
498 *Artemisia pallens.*
499 Ref. [437], S. 60.
500 S. Thierry: *3000 Ans de Parfumerie Grasse*, Ausstellungskatalog Musée d'Art et d'Histoire, S. 93.
501 M.-C. Mahias, Ref. [406], S. 190.
502 Ref. [428], S. 62.
503 Ref. [484], S. 186.
504 Ref. [442], Fußnote 80, S. 309.
505 Ref. [428], S. 157.
506 *Nelumbo nucifera.* Das ätherische Blütenöl setzt sich aus einer Reihe chemischer Stoffe zusammen, die man bereits früher in anderen Ölen entdeckt hatte. Eine Hauptkomponente stellt das aus dem Rosenöl bekannte 1,4-Dimethoxybenzol dar, das einen warm-krautig, süß und medizinischen Geruch ausströmt. Vgl. auch Ref. [94].
507 Ref. [394], Bd. 1, S. 688.
508 Ref. [442], S. 127.
509 Koran, 53. Sure, Vers 14.
510 *Nymphea coerula.*
511 Encyclopaedia Brittanica 14, 406.
512 Ref. [97], S. 65.
513 Brockhaus Enzyklopädie 11, 610.
514 1. Könige **7**, 22.
515 2. Chronik **4**, 5.
516 *Nymphea esculata*, auch *Nymphea alba.*

517 *Nymphea lotus.*
518 *Nymphea teragona.*
519 *Pandus odoratissimus.*
520 Ref. [68], Bd. IV, 304.
521 *Michelia champaca.* Nach einer analytischen Untersuchung von Roman Kaiser, J. Ess. Oil Res. **1991**, *3*, 129 besteht Champaca-Öl aus mehr als 240 chemischen Verbindungen. Ein Drittel des ätherischen Öls setzt sich aus dem Rosenalkohol b-Phenyläthanol, aus beträchtlichen Mengen an Veilchenriechstoffen (besonders a- und b-Jonon 6 %) sowie den Jasmin-Riechstoffen Methyljasmonat (0,6 %) und Indol (3 %) zusammen. Außerdem befindet sich dort eine höhere Konzentration an stark blumigem Methylanthranylat (4,5 %), das als wichtiger Bestandteil des Mandarinen- und Orangenblütenöls (Neroli) gilt.
522 Ref. [493], S. 174.
523 Ref. [493], S. 46.
524 *Callophyllum inophyllum* L.
525 O. P. Jaggi: *History of Science and Technology in India*, Vol. VII: *Science and Technology in Medieval India*, Atma Ram und Sons, New Dehli **1977**.
526 *Datura inoxia* Mill., Nachtschattengewächs. *dhatura* oder *unmata* bedeutet im Sanskrit göttlicher Rausch.
527 Ref. [391], S. 264.
528 *Cannabis indica L.*
529 Phyllis und Eberhard Kronhausen: *Erotic Art*, Grove Press, Inc., New York **1968**.
530 Ref. [532], S. 38.
531 Ref. [573], S. 109.
532 Christian Rätsch: *Pflanzen der Liebe*, Hallwag Verlag, Bern und Stuttgart **1990** ,S. 84.
533 *Piper officinarumm* D. C.
534 Ref. [423], S. 112. Über die botanische Abstammung der Kräuter ist nichts bekannt.
535 Ref. [423], S. 171. Die Zusammensetzung der Räucherkerzen ist unbekannt.
536 *Lawsonia inermis.*
537 Ref. [68], Bd. V, S. 60.
538 Y. de Siké, Ref. [422], S. 202.
539 Thomas Moore: *Lalla Rookh, an oriental romance.* Dt: *Lalla Rukh: Die mongolische Prinzessin*, übers. v. F. de la Motte Fouqué, Halle **1904**.
540 Ref. [97], S. 103.
541 *Jasminum grandiflorum.* Im südfranzösischen Anbaugebiet von Grasse pfropft man die großblättrige Spezies von *Jasminum grandiflorum* auf den wildwachsenden *Jasminum officinale.*
542 *Jasminum aurikulatum.*
543 *Jasminum arborescens.*
544 *Jasminum humile.*
545 *Jasminum sambac.*
546 Ref. [68], Bd. VI, S. 572.
547 J. N. Kapoor, Perf. Flav. **1991**, *16*, Jan./Febr. S. 21.
548 F. Bray, Ref. [422], S. 193.
549 Lao-Tse: *Tao-Tê-King. Das heilige Buch vom Weg und von der Tugend*, Reclam Univ.-Bibl. Nr. 6798. Einleitung von Günther Debon, S. 3.
550 Ref. [549], S. 59.
551 Ref. [553], S. 130.
552 R. E. Schultes, Science **1969**, *163*, 245, berichtet, daß Hanf als Räucherwerk in China seit 3 500 Jahren bekannt ist.
553 Joseph Needham: Science and Civilization in China, Vol. V. 2, S. 150.
554 *Amanita muscaria.*
555 Ref. [493], S. 190.

556 Ref. [442], S. 156.
557 Ref. [442], S. 316, Fußnote 51.
558 Ref. [442], S. 161.
559 J. Fontein u. R. Hempel: *China – Korea – Japan*, Propyläen Kunstgeschichte, Propyläen Verlag Berlin, Bd..17, Abb.31.
560 Christopher Hibbert: *Les Grands Trésors de l'Histoire – Les Empereurs de Chine*, Edition du Fanal 1981, S. 59.
561 Ref. [442], S. 171.
562 Ref. [442], S. 157.
563 Ref. [553], Vol. V4, S. 159.
564 Ref. [442], S. 160.
565 Ref. [442], S. 162.
566 Ref. [442], S. 163.
567 Arthur Christopher Moule und Paul Pelliot: *Marco Polo, The Description of the World*, George Routledge and Sons Ltd., London **1938**.
568 Ref. [442], S. 158.
569 Aloeholz hat ein höheres spezifisches Gewicht als Wasser und kann daher nicht auf seiner Oberfläche schwimmen.
570 Ref. [442], S. 164.
571 Ref. [442], S. 172.
572 *Ginseng: Vom Mythos zur Wissenschaft*, Neue Zürcher Zeitung Nr. *144* v. 22. 6. **1977**.
573 R. E. Schultes u. A. Hofmann: *Pflanzen der Götter.*, Hallweg Verlag, Bern, Stuttgart **1980**, S. 95.
574 Aus den Wurzeln der *Panax ginseng* C. A. Meyer wurden bisher über 100 chemische Verbindungen isoliert. Die Wirkstoffe der Ginseng sind tetracyclische Triterpene vom Steroid-Typ. Sie werden Ginsenoide genannt, weil ihre Moleküle chemisch an verschiedene Zucker gebunden sind und daher als Glycoside auftreten. Bisher kennt man 14 dieser Ginsenoide mit unterschiedlicher Wirksamkeit. Das therapeutische Prinzip der Ginseng kann nicht als Pharmaka im klassischen Sinne angesehen werden, sondern eher als Adaptogen oder Adjuvans, das das körpereigene Abwehrsystem stärkt und die lebenswichtigen Komponenten der Zellmembran vor einem vorzeitigen Alterungsprozeß bewahrt. Die Droge wirkt möglicherweise gleichzeitig auf den genetischen Informationsträger DNS, das Immunsystem und auf enzymkatalysierte Synthesen, die in der menschlichen Zelle ablaufen. Nach neuropharmakologischen Untersuchungen mit standardisierten Ginseng-Extrakten konnte eine deutliche Steigerung der körperlichen und geistigen Leistungsfähigkeit festgestellt sowie das Lern- und Sexualverhalten vor Ermüdung geschützt werden. Sie fördern den Stoffwechsel, stimulieren das neurovegetative Steuerungssystem des Gehirns und üben einen wachstumshemmenden Einfluß auf Krebszellen aus.
575 Ref. [442], S. 188.
576 G. Metailié, Ref. [22], S. 169.
577 Ref. [442], S. 183.
578 Ref. [442], S. 167.
579 Ref. [442], S. 125.
580 Ref. [442], S. 186.
581 Ref. [442], S. 170.
582 Ref. [573], S. 92.
583 *Wissenschaft und Technik im alten China*, herausgegeben vom Institut für Geschichte der Naturwissenschaften der Chinesischen Akademie der Wissenschaften. Birkhäuser Verlag, Basel **1989**, S. 328.
584 Ref. [583], S. 314.
585 Agrumen = Sauerfrüchte.
586 Ref. [583], S. 295.

587 Seine Stammpflanze ist *Citrus medica*, «medischer Apfel». Ref. [68], Bd. V, S. 488.
588 Bitterer Pomeranzenbaum = *Citrus aurantium* L. subsp. *amara* L. (Ref. [68], Bd. IV, S. 549).
589 Apfelsinenbaum = süße Pomeranze = *Citrus sinensis*. Ref. [68], Bd. IV, S. 530.
590 *Citrus junos* Tanaka. Es handelt sich dabei um eine Art Sauerorange, deren typisches Aroma durch Spurenstoffe geprägt wird. K. Tajima et. al. J. Agric. Food Chem. **1990**, *38*, 1544.
591 *Citrus bergamia* Risso (Ref. [68], Bd. IV, S. 553).
592 *Citrus aurantifolia* Swingle (Ref. [68], Bd. IV, S. 575).
593 Mandarine = *Citrus nobilis* var. *deliciosa* Swingle Mandarin. Tangerine = *Citrus nobilis* var. *deliciosa* Swingle Tangerin.
594 Ref. [484], S. 145.
595 *Citrus limonia* Osbeck var. *acida* oder *Citrus medica* L. var. *acida* Brandis (Ref. [68], Bd. IV, S. 529 und 589).
596 *Citrus decumana* L. (Ref. [68], Bd. IV, S. 602).
597 Ref. [97], S. 110.
598 Ref. [442], S. 1.
599 *Actinida deliciosa*.
600 *Kiwifruit Science and Management*, herausgegeben von I. J. Warrington u. G. C. Weston, Ray Richards Publisher, Auckland **1990**.
601 *Illicium verum*. Aus den frischen Früchten des Steranisbaumes wird ein ätherisches Öl gewonnen, das bis zu 90 % aus dem kristallinen Anethol besteht. Diese anisartig riechende Substanz wird in der Pharmazie zur Herstellung milder Expectorantien und in der Getränkeindustrie als Basis für Anis-Schnäpse, u.a. für den französischen Pastis verwendet.
602 Ref. [68], Bd. VI, S. 625.
603 Ceylon-Zimt = *Cinnamomum zeylanicum*. Chinesischer Zimt = *Cinnamomum Cassia*.
604 Ref. [68], Bd. VI, S. 46.
605 *Cinnamomum camphora*, Lauraceae. Ref. [68], Bd. V, S. 82.
606 *Dryobalanops aromatica*, Dicterocarpaceae.
607 Kampfer des Kampferbaumes stellt chemisch ein Keton dar, während der «Borneokampfer» sein Reduktionsprodukt ist und als Alkohol Borneol genannt wird. Beide Naturstoffe drehen die Ebene des polarisierten Lichtes nach rechts, wodurch sie mit dem Präfix (+) ausgestattet und korrekt als (+)-Kampfer und (+)-Borneol bezeichnet werden müssen [747].
608 *Der Koran*, aus dem Arabischen übertragen von Max Henning, Reclam Univ.-Bibl., **76**. Sure, Vers 5.
609 Kampferquelle.
610 *Juniperus chinensis*.
611 *Liquidambar formosana*.
612 *Liquidambar orientalis*.
613 *Liquidambar altingia*.
614 *Citrus medica* L. var. *ehtrog* Engl. Zhenia Fleisher, Alexander Fleisher, J. Ess. Oil Res. **1991**, *3*, 377.
615 3. Mose **23**,40.
616 *Perilla frutescens* Britton. Die den Geruchscharakter prägende Hauptkomponente (über 50 %) ist ein Aldehyd als Oxidationsprodukt des Zitrus-Terpens Limonens, der nach seiner Herkunft als Perillaaldehyd bezeichnet wird. Perillaaldehyd ist eine stark riechende Verbindung von fettig-schweißiger Tonalität und würzig-krautiger Basisnote, die an Dill und Kümmel erinnert.
617 *Osmanthus fragrans* Lour. Mehrere charakteristische Osmanthus-Riechstoffe stammen aus der gleichen Duftfamilie wie die Aromastoffe des Tees, so daß die stark

blumig riechenden Osmanthus-Blüten eine Geruchsverstärkung spezifischer Tee-Noten darstellt. Sie gehören chemisch derselben Strukturklasse an, nämlich den Veilchen-Riechstoffen (Jonone).

618 *Thea chinensis* Sims.

619 Ref. [583], S. 307.

620 *Rosa moschata.*

621 *Rosa multiflora.*

622 *Banksia alba* und *Banksia lutea.*

623 Ref. [553], S. 161.

624 *Rosa davurica* Pall.

625 *Rosa rugosa* Thunb., auch Kartoffelrose genannt, existiert in vielen und teilweise stark duftenden Abarten. Als Wildpflanze ist sie sehr häufig zu Kreuzungen benutzt worden, so daß viele Edelrosen der heutigen Zeit auf sie zurückgehen [197].

626 Y. Ueyama, S. Hashimoto, H. Nii u. K. Furukawa, Flavour and Fragrance Journal **1990**, *5*, 115.

627 *Chimanthus praecox* Link.

628 Ref. [68], Bd. VI, S. 640.

629 *Paeonia moutan* Sims. Die Hauptkomponente des ätherischen Blütenöls ist das Paeonol, ein kristallines Acetophenonderivat von schwerem warmen aromatischem Duft und guter Haftfestigkeit. Seine süßlich blumige Tonalität wird von einem Heugeruch begleitet.

630 *Paeonia officinalis* L.

631 F. C. Stern: *Study of the genus paeonia,* London 1946.

632 *Alpina officinarum* und *Alpina galanga* gehören beide der Familie der Zingiberaceae an. Letztere Art liefert die Substanz Radix Galangae majoris (Ref. [511], S. 483). Galanga-Wurzeln liefern ein gelblich-grünes ätherisches Öl von würzig-kampferartigem Geruch, der an Kardamom- und Myrtenöl erinnert und einen schwach bitteren, später kühlenden Geschmack besitzt. 50 % des Öls bestehen aus dem kampfrig riechenden 1,8-Cineol neben etwa 50 anderen Mono- und Sesquiterpen-Derivaten, die auch teilweise den Geruchscharakter von Kardamom- und Myrtenöl bestimmen.

633 *Kaempferia galanga* L. Das ätherische Öl besteht im wesentlichen aus balsamisch, zimt- und anisartig riechenden Zimtsäureestern von relativ hoher Haftfestigkeit, sowie dem p-Methoxystyrol mit seiner kräftig blumigen Kopfnote. Die Zusammensetzung des Öls der indischen Spezies unterscheidet sich vollständig von den Inhaltstoffen der chinesischen Galanga [632].

634 Ref. [68], S. 641.

635 Ref. [135], Bd. 1, S. 591.

636 Brockhaus 3, 790.

637 *Artemisia vulgaris* L. Ref. [68], Bd. VII, 703.

638 *Moschus moschiferus.*

639 *Nardostachys jatamansi.*

640 Ref. [135], Bd. 2, S. 619.

641 Ref. [135], S. 621.

642 Immerhin importierte Japan zwischen 1972 und 1981 allein aus Nepal 1488 Kilogramm Moschusbeutel, wofür etwa 51 000 Tiere erlegt werden mußten. Zusätzlich beträgt der jährliche Moschus-Export aus dem indischen Himalayagebiet etwa 200 kg (nach NZZ 1989, Nr. 138 v. 17./18. Juni, S. 7). Danach verbraucht Japan allein 80 % der illegalen Weltproduktion dieses Stoffes. Nach der offiziellen Weltstatistik hat Japan 1988 außerdem 270 kg Moschus aus Hongkong eingeführt (Parfums, cosmétiques, arômes **1989**, *88*, Aug./Sept. S. 64).
Die japanischen Abnehmer zahlen bis zu 100 000 DM für ein Kilogramm Moschus. Er stellt in Japan einen hochgeschätzten Rohstoff für Aphrodisiaka und als Ingredienz von Herztonika dar.

643 Ref. [394], S. 146.
644 Ref. [394], S. 753.
645 Ref. [349], S. 572.
646 Ref. [349], S. 176.
647 Ref. [349], S. 852.
648 Ref. [553], Vol. 5, Part IV, S. 144.
649 Es war den sensiblen «Nasen» der damaligen Zeit bereits bekannt, daß in gesättigtem Dampfraum die besten Evaluationsbedingungen bestehen, da dies den direkten Kontakt mit der Riechschleimhaut begünstigt. Vgl. Ref. [394], S. 855.
650 Ref. [394], Bd. 1, S. 852–857.
651 Als Opfergabe für Buddha Amida mischte man Räucherwerk nach der Lotosblattmethode, dem man kleine Honigstücke und chinesischen «Hundert-Schritt-Weihrauch» beigemischt hatte. Ref. [394], Bd. 2, S. 247.
652 Jiju bedeutet einen hohen Hofrang.
653 C. Arthaud, Dragoco Report **1976**, 42. An Räucherwerksorten, die mit Jahreszeiten identifiziert wurden, kannte man noch die *kikuda* (Chrysanthemenblüten = Herbst) und die *rakka* (Abfallen der Blüten = Ende des Herbstes).
654 Ref. [394], S. 384. Dieser «hundert Fuß reichende Duft» gehörte zu den köstlichsten Rauch-Parfümen der Heian-Epoche.
655 Ref. [394], S. 859.
656 Sadayuki F. Takagi: *Human Olfaction*, University of Tokyo Press, **1989**, S. 453–466.
657 Das *kodo* schließt die Lehre von den sieben Atemzügen (*nana soku*) ein. Es beruht auf der Erfahrung, daß nach mehrfachem Einatmen eines Stimulus die Sensibilität der Riechnerven abnimmt und die Nase schließlich völlig «taub» wird. Nach dem siebenten Atemzug «hört» man nichts mehr. Diese Ermüdungserscheinung oder auch Fatigue ist ein heute experimentell gesichertes Phänomen, das als Adaption bezeichnet wird [743] [744]. Die Erholungsphase des Rezeptorsystems ist von der Natur des Stimulus abhängig.
658 Jeder Fachmann weiß heute aus Erfahrung, daß die geringste Ablenkung durch Geräusche das Abrufen von Geruchsinformationen aus dem Gedächtnis beeinträchtigt und damit die Analyse von Duftqualitäten erschwert. Die Wahrnehmung der Signale aus der Großhirnrinde werden gestört. Man kann sie nicht mehr «hören».
659 Ref. [394], S. 56.
660 Toshihiko u. Toyo Izutsu: *Die Theorie des Schönen in Japan*, DuMont Verlag, Köln **1988**, S. 80.
661 *Prunus pseudocerasus* ist mit der Kirsche unserer Breitengrade nicht verwandt, sondern es handelt sich um eine Zierpflanze ohne genießbare Früchte.
Von Prinz Niou sagte seine Liebhaberin: «Er wirke so duftend frisch wie ein Kirschblütenzweig, den man eben vom Baum brach.» «Der Duft des Prinzen war so herrlich, daß man fast glauben konnte, es fühlten sich selbst die Blüten vor ihm beschämt.» Ref. [394], Bd. 2, S. 725 bzw. 398.
662 *Wistaria chinensis*, ein Schmetterlingsblütler, der ursprünglich in Nordchina und der Mongolei heimisch war. Im *Genji* werden die *fudji* auch Wistaria genannt. Ref. [394], S. 638.
663 Ref. [394], S. 876; Bd. 2, S. 429 u. 699.
664 Der Kammuri-Hut des Kaisers war mit *fudji*-Blüten geschmückt. Die violette Wolke (Farbe von Glycinienblüten) bedeutet hier das buddhistische Paradies.
665 Ref. [394], Bd. 1, S. 52.
666 Ref. [394], S. 361, 491 u. 710. Der Duft der Tachibana-Blüte erinnert an denjenigen der Neroliblüte, die von der bitteren Orange stammt [588].
667 Die japanische Rose ist hier eine Kamelie (*Camellia japonica*) und naher Verwandter des Teestrauchs (*Thea japonica*). Der Zierstrauch besitzt immergrüne, ledrige Blätter mit rosenartig duftenden Blüten, die keine botanische Beziehung zu Rosen besitzen.

668 *Nadeshiko.*
669 Bei der oft erwähnten Lotos handelt es sich wahrscheinlich um Liliengewächse (*Nelumbo nucifera*), da die heilige Wasserpflanze zu der damaligen Zeit ausschließlich in Kashmir vorkam. Der Lotos ist hier als Sinnbild der buddhistischen Paradiesvorstellungen zu verstehen.
670 Ref. [394], Bd. 2, S. 177.
671 Ref. [394], Bd. 2, S. 33.
672 Ref. [394], Bd. 1, S. 700; Bd. 2, 357. Der Ort Ite in der Präfektur Yamashiro war wegen seiner Goldnesseln berühmt.
673 Aoi heißt auch Herbst.
674 Ref. [394], S. 273 u. 884.
675 Ref. [394], Bd. 2, S. 155.
676 Fluß Kamo.
677 Ref. [394], Bd. 1, S. 358; Bd. 2, S. 156.
678 Ref. [394], Bd. 1, S. 98.
679 Ref. [394], Bd. 1, S. 584; Bd. 2, S. 632.
680 Ref. [394], Bd. 2, S. 632, 910.
681 Ref. [394], Bd. 2, S. 882.
682 Ref. [68], Bd. VI, S. 641.
683 Ref. [394], Bd. 2, S. 385.
684 Peter Crome: *Japan hinter dem Chrysanthemenvorhang*, DTV, München **1990**.
685 Ref. [394], Bd. 1, S. 889. Hellgrün ist die Farbe des sechsten (niedrigen), lila diejenige des dritten Hofranges.
686 Ref. [394], Bd. 1, 221; Bd. 2, 624.
687 Brockhaus 4, S. 52.
688 Die auch als Winteraster oder Allerheiligenaster bezeichnete Chrysantheme ist auch unter dem botanischen Namen *Chrysanthemum sinense* var. *japonicum* bekannt. Sie besitzen graugrüne, lappig-fiederteilige Blätter und weiße, gelbe, rote, lila oder braune Blüten.
689 Edwin T. Morris: *The Gardens of China*, Charles Scribner's Sons, New York **1983**.
690 *Chrysanthemum coronarium.*
691 M. Kotake, H. Nonaka, Liebigs Ann. Chem. **1957**, *607*, 153.
692 Ref. [68], Bd. VII, S. 670.
693 Umesao-Tadao (Hrsg.): *Seventy-seven keys to the civilisation of Japan*, The Senri Foundation, Sogensha Inc., Osaka **1985**.
694 *Pinus Massoniana* Sib. et. Zucc., auch Thunbergs Kiefer (*Pinus Thunbergii* Parl.), wird in Japan Matsu, Kuromatsu oder Omatsu genannt Ref. [68], Bd. VI, S. 102.
695 *Abies sachalinensis* Masters.
696 *Picea ajanensis* Fich.
697 *Larix leptolepis* Gord. neben der dahurischen Lärche (*Larix dahurica* Turcz.).
698 *Chamaecyparis obtusa* Endl. Der Hinoki nahe verwandt ist die in Japan vorkommende Pinacee Sawara = *Chamaecyparis pisifera* Endl.
699 Ref. [394], Bd. 1, S. 688.
700 Ref. [684], S. 15.
701 *Cryptomeria japonica* Don. oder auch *Cypressus japonica* L.
702 Ref. [68], Bd. VI, S. 227.
703 Ref. [394], Bd. 2, S. 354.
704 Ref. [394], S. 247.
705 *Ginkgo biloba*, der Goldfrüchtebaum (jap. *Gin-Koyo*) erfreute sich weiter Verbreitung in der Tertiär-, Kreide- und Jurazeit. Seine wohlriechenden Blüten enthalten die giftige Shikiminsäure. Der Gingkobaum gelangte erst im 18. Jh. nach Europa, wo er in Parkanlagen kultiviert wird. Sein auffällig zweigeteiltes Blatt regte Goethe zu einem Liebesgedicht an Marianne von Willemer an, das im West-Östlichen Divan enthalten ist.

Ginkgo ist seit 5000 Jahren als chinesische Volksmedizin bekannt. Ein aus den Blättern hergestellter Extrakt fördert die Hirndurchblutung, indem er dort den Energiestoffwechsel steigert. In der modernen Medizin werden seine Präparate als Mittel bei Kreislaufstörungen und gegen Asthma eingesetzt. Sein eigentlicher Wirkstoff, das Ginkgolid B, ist ein außerordentlich komplexes Molekül, für dessen chemische Synthese E.J. Corey 1990 mit dem Nobelpreis ausgezeichnet wurde. Angew. Chem. **1991**, *103*, 469.

706 So wie Indiens Leitgeruch Sandel darstellt, ist in Japan Kampfer in allen Duftnuancen präsent.

707 *Magnolia kobus* De Candolle. Sein Name stammt von dem im 17. Jahrhundert lebenden französischen Botaniker Pierre Magnol ab.

708 *Cinnamomum Loureirii* Nees.

709 *Cinnamomum pedunculatum.*

710 *Cinnamomum camphora* var. *glaucescens.*

711 Früchte von *Xanthoxylum piperitum* DC.

712 Ref. [68], Bd. V, S. 39.

713 *Piper nigrum* L.

714 *Zingiber mioya* Thunb. Roscoe.

715 Ref. [394], Bd. 2, S. 33.

716 *Mentha arvensis* var. *piperascens* Holmes.

717 Ref. [68], Bd. VII, S. 350.

718 Es wurde ein Augenwasser daraus hergestellt *me* = Auge; *gusa* = Kraut.

719 *Mentha arvensis* var. *glabrata* Holmes.

720 *Perilla fructescens* Britton var. *crispa* Decne.

721 *Perilla citriodora* Makino.

722 *Orthodon japonicum* Benth.

723 Ref. [68], Bd. VII, S. 425.

724 *Acorus calamus* L. Der Geruchscharakter des ätherischen Öles wird im wesentlichen vom (Z,Z)-4,7-Decadienal bestimmt. F.P. van Lier, L.M. van der Linde, A.J.A. van der Werdt: *Progress in Essential Oil Research*, Walter de Gruyter & Co., Berlin, New York **1986**, S. 215.

725 Ref. [68], Bd. VII, S. 438.

726 *Citrus unshiu* Marcov.

727 Ref. [68], Bd. VI, S. 434.

728 Die Richtlinien der EG von 1988 begrenzen die Anwendung von Kalmusöl auf 0,1 mg/kg Nahrungsmittel oder Getränk und 1 mg/kg alkoholisches Getränk bzw. Gewürz für Snacks.

729 *Zingiber officinalis* Roscoe.

730 J. Erler, O. Vostrowsky, H. Strobel u. K. Knobloch, Zeitschr. Lebensm. Unters. Forsch. **1988,** *186*, 231.

731 G. Ohloff: *Fortschritte der Chemie organischer Naturstoffe*, Herausgeber W. Herz, H. Griesebach, G. W. Kirby, Springer-Verlag, Berlin, Heidelberg 1978, Bd. 35, S. 431.

732 *Elletaria cardamomum.*

733 B. M. Lawrence, Parfumer & Flavorist **1987,** Dez./Jan., S. 349.

734 *Myristica fragrans* Houtt.

735 A. T. Shulgin, T. Sargent u. C. Naranjo: *In Ethnopharmacologic Search for Psychoactive Drugs*, D. H. Efron, B. Holmstedt, N. S. Kline (Hrsg.), Raven Press, New York 1979, S. 202.

736 *Hedychium spicatum* Ham.

737 *Piper cubeba* L.

738 *Pimenta officinalis* Lindl.

739 *Pimenta racemosa* Mill.

740 Ref. [68], Bd. IIId, S. 503.
741 *Curcuma longa* L.
742 Tadeus Reichstein (geb. 1897), der zunächst an der E.T.H. in Zürich, danach an der Universität Basel gelehrt hat, erhielt 1950 für seine Arbeiten auf dem Gebiet der Naturstoffchemie den Nobelpreis für Physiologie oder Medizin.
743 Ausdruck für die Ermüdung der Geruchsnerven, die zu einem zeitlich begrenzten Ausfall des Geruchsvermögens für eine chemische Verbindung führt.
744 In der Fachsprache als Anosmie bezeichnet. Der vollständige Ausfall des Geruchsvermögens, der bei 1,2 % aller Menschen ermittelt wurde, heißt totale Anosmie. Unter einer spezifischen Anosmie versteht man das Unvermögen des menschlichen Rezeptorsystems zur Wahrnehmung einer bestimmten Geruchsqualität. Dieses genetische Phänomen wird bei praktisch allen Menschen beobachtet. Bisher kennt man über einhundert chemische Verbindungen, die eine spezifische Anosmie verursachen können.
745 *Pogostemon patchouli* Pell.
746 Der Schweizer Chemiker G. Büchi (geb. 1920) hat sich mit der Strukturaufklärung und Synthese bedeutender natürlicher Geruchsstoffe einen Namen gemacht. Er wirkt am Massachusetts Institut of Technology (MIT), Cambridge.
747 Organische Moleküle, die in zwei spiegelbildlichen Formen auftreten können, nennt man Enantiomere. Voraussetzung einer Enantiometrie ist die Chiralität, die durch das Vorhandensein mindestens eines assymetrischen Kohlenstoffatoms im Molekül bedingt ist. Chirale Moleküle drehen die Ebene des polarisierten Lichtes (optische Aktivität) in entgegengesetztem Drehsinn um den gleichen Betrag. Die rechtsdrehende Form wird als (+)-enantiomer, die linksdrehende als (-)-enantiomer bezeichnet. Ein Razemat besteht aus gleichen Teilen von (+)- und (-)-Form. Enatiomere Verbindungen (Antipoden) sowie die Razemate sind chemisch identisch. Dennoch können sie dramatische Änderungen ihrer physiologischen Eigenschaften aufweisen. Eine besondere Bedeutung besitzen enantiomere Signalstoffe chemischer Kommunikationssysteme im Tierreich. Auch der Mensch ist in der Lage, chirale Riechstoffe qualitativ und quantitativ voneinander zu unterscheiden. So bildet das Monoterpen (+)-Limonen die olfaktorische Grundlage aller Zitrusöle. (-)-Limonen dagegen besitzt eine Note nach Terpentinöl. Letzteres Enantiomere würde selbst der Laie als ungenießbares Fehlaroma etwa in einem Orangensaft erkennen. (+)-Carvon, ein Ketoderivat des Limones, ist das riechende Prinzip des Kümmelaromas, (-)-Carvon dasjenige der Krauseminze. Das Sesquiterpenketon (+)-Nootkaton gilt als das Aroma-Prinzip der Grapefruit. Sein Antipode, das (-)-Enatiomer, dagegen hat nichts von dem fruchtigen Charakter, sondern riecht holzig-würzig. Außerdem ist (-)-Nootkaton eintausendmal schwächer als das (+)-Enantiomer.
748 Ref. [234], S. 147.
749 B. W. Lawrence, Perfumer & Flavorist **1985**, June/July, S. 27.
750 Das Wort pot pourri stammt vom franz. pourrier = verrotten ab und deutet auf die Verwendung von «toten» Pflanzenteilen für ihre Mischungen hin. Ursprünglich hatte man Potpourris zur Parfümierung von Wohnräumen benutzt.
751 B. Maurer u. A Grieder, Helv. chim. Acta **1977**, *60*, 2177.
752 B. Maurer u. G. Ohloff, Helv. chim. Acta **1977**, *60*, 2191.
753 *Nardostachys Jatamansi* De Candolle.
754 *Nardostachys chinensis* Batalin.
755 M. Gras, Dragoco Report **1991**, *38*, 175.
756 Als Terpene bezeichnet man natürlich vorkommende Kohlenwasserstoffe, die nach einem ganz bestimmten biochemischen Muster aus Isopren, einer Verbindung mit fünf Kohlenstoff- und acht Wasserstoffatomen in verzweigter Anordnung, in Pflanzen aufgebaut werden. Diese Erkenntnis verdanken wir dem Göttinger Otto Wallach [217], der bereits 1887 das noch heute gültige Postulat aufstellte, daß Terpene aus zwei

oder mehreren Isopren-Einheiten bestehen (Isopren-Regel). Zwei Isopren-Einheiten koppeln sich zu Monoterpenen zusammen, drei Isopren-Einheiten bilden die Sesquiterpene, während Diterpene aus vier Isopren-Einheiten und somit bereits aus zwanzig Kohlenstoffatomen zusammengesetzt sind. Terpene können in Kohlenstoffketten oder -ringen auftreten. Im Verlauf der isoprenoiden Biosynthese kann nun Sauerstoff, Stickstoff oder Schwefel an den unterschiedlichsten Stellen des Kohlenstoff-Gerüstes der Terpene eingeführt werden. Die für die Parfümerie wichtigsten Derivate sind die sauerstoffhaltigen Verbindungen, die je nach ihrer chemischen Natur aus Alkoholen, Aldehyden, Ketonen, Säuren, Estern und Äthern bestehen können. Außerdem lassen sich alle diese Gruppen, einschließlich der Kohlenstoffatome, räumlich verschieden miteinander, aber unter genauen Gesetzmäßigkeiten verknüpfen, wodurch sich Stereoisomere ergeben. Sie können zudem optisch aktiv sein [747]. Diese in den letzten hundert Jahren gewonnenen Erkenntnisse erklären die immense Vielfalt terpenoider Riechstoffe.
In der folgenden Übersicht sollen die wichtigsten Terpene und Terpen-Derivate, die in diesem Buch vorkommen, aufgeführt werden.
Monoterpene: Myrcen, Ocimen, Limonen, Phellandren, Terpinen, Pinen.
Monoterpenalkohole: Linalool, Geraniol, Citronellol, Terpineol. Terpineol, Menthol, Borneol.
Monoterpenester: Linalylacetat, Geranylacetat, Myrtenylacetat, Bornylacetat.
Monoterpenaldehyde: Citral, Citronellal, Perillaaldehyd, Safranal.
Monoterpenketone: Carvon, Pulegon, Menthon, Thujon, Kampfer, Chrysanthenon.
Monoterpenäther: Rosenoxyd, Neroloxyd, Dilläther, Menthofuran, Cineol (Eucalyptol).
Sesquiterpene: Farnesen, Bisabolen, Zinigberen, Cadinen, Kubeben, Sesquiphellandren, Selinen, Caryophyllen, Humulen, Valencen, Bergamoten, Cedren, Aristolan.
Sesquiterpen-Derivate: Nerolidol, Farnesol, Sinensal, Bisabolol, Cyperon Cubenol, Viclifloral, Valerianol, Endesmol, Santalol, Patchoulialkohol, Davanon, Cedrol, Ledol, Farnesal, Caryophyllenoxid, Agarofuran, Agarospirol, Vetivon, Costol, Costal, Costunolid, Nardostachon, Nootkaton.

757 E. P. Demole: *Fragrance Chemistry*, herausgegeben von E. T. Theimer, Academic Press 1982, S. 349.
758 Markenname ® der Firmenich S. A. in Genf.
759 *Artemisia absinthium* L.
760 *Pandamus odoritissimus* L., Ref. [68], Bd. IV, S. 304.
761 *Citrus aurantium* L. var. *dulcis*, subsp. *sinensis* Gall.
762 *Citrus junos* Tanaka.
763 *Citrus reticulata.*
764 *Citrus paradisi.*
765 Ref. [135], S. 593.
766 Ref. [135], S. 594.
767 Régine Pernoud: *Königin der Troubadoure*. Aus dem Französischen von Rosmarie Heyd, DTV, München **1979**, S. 35, 55.
768 Ref. [767], S. 102.
769 Ref. [767], S. 103.
770 H. Kühnel, Archiv f. Kulturgesch. **1991**, *73*, 61.
771 Giovanni di Boccaccio: *Das Dekameron*, Insel Taschenbuch 8, zweiter Band **1972**, S. 753 ff.
772 E. Rosenbohm: *Kölnisch Wasser*, Albert Nauk % Co. **1951**, S. 126 ff.
773 Hieronymus Brunschwig: *Liber de arte destillandi. De siplicibus*, fol. 103.
774 Ref. [68], Bd. I, S. 7.

775 S. Piesse: Histoire des Parfums et Hygiène de la Toilette, Librairie J.-B. Ballière et Fils, Paris **1905**, S. 18.
776 Ref. [775], S. 14.
777 Ref. [274], S. 77.
778 Ref. [274], S. 23.
779 Ref. [775], S. 271.
780 Die verschiedenen Parfümgattungen nach der Verdünnung ihrer konzentrierten Komposition in meist 96prozentigen Alkohol lauten:
Eau de Cologne 1,5–6 %
Eau de Toilette 3–8 %
Parfum de Toilette 7–15 %
Extrait Parfum 15–25 %.
781 ital. *pomata*, abgeleitet von *pomo* = Apfel.
782 Pslam **133**, 2.
783 Fred Winter: *Handbuch der gesamten Parfümerie und Kosmetik*, Verlag von Julius Springer, Wien **1927**, S. 21.
784 Ref. [248], S. 104.
785 P. A. Dubois, Parf. Cosm. Arômes **1982**, *44*, 29.
786 Wurde von *musc* = Moschus oder *muscat* = Muskat abgeleitet. Die Kombination beider Geruchsqualitäten war damals in Mode.
787 Ref. [775], S. 274.
788 *Vanilla planfolia* Andr. sind Schotenfrüchte einer in Mexiko beheimateten Kletterorchidee, die unreif geerntet, einem Fermentationsprozeß unterworfen werden muß. Europa wurde mit der Vanille erst im 16. Jahrhundert durch die Spanier bekannt. Die Azteken benutzten die Schoten als Gewürz, Heilmittel und Parfüm.
789 Friedrich Wöhler (1800–1882), Professor in Göttingen, gilt als der Vater der organischen Chemie – Justus von Liebig (1803–1873), Professor in Gießen und München, ist der Begründer der Agrikulturchemie.
790 Wegen seines Vorkommens in Tonkabohnen auch als Tonkabohnenkampfer bekannt. Kumarin ist ein hochungesättigtes Lakton mit einem Benzolkern, das man als 1,2-Benzopyron bezeichnet. Seine Synthese gelang bereits 1866 dem englischen Chemiker W. H. Perkins aus Salicylaldehyd; doch erst 10 Jahre später konnte dieses Ausgangsmaterial von K. Reimer, einem Gründer von Haarmann & Reimer Holzminden, in technischen Mengen hergestellt werden.
791 R. S. Fenn, Perf. Flav. **1989**, *14*, March/April, S. 2.
792 Ferdinand Tiemann (1848–1899) lehrte und forschte an der Universität Berlin. Ihm und seinen Schülern verdanken wir den technischen Zugang zum Vanillin (1875), Heliotropin (1878), Isoeugenol (1882) und zu den Jononen (1893).
793 Methyljonone sind Kohlenstoffhomologe Derivate der Jonone und gleichzeitig Isomere der Irone mit ähnlich veilchenartigen Geruchseigenschaften.
794 Eugenol, der Geruchsträger der Gewürznelken, kann auf chemische Weise aus dem ätherischen Öl isoliert werden. Man trifft dieses Phenolderivat in 26.% aller aktuellen Parfüms an [396]. Im Isoeugenol, das durch chemische Isomerisierung von Eugenol gewonnen wird, macht der würzige Geruch des Ausgangsmaterials einer an Nelkenblüten erinnernden warmen Tonalität von großer Haftfestigkeit Platz.
795 IRALIA ® ist ein Methyljonon, das Philippe Chuit in Genf Anfang dieses Jahrhunderts entwickelt hatte. Dieser begnadete Chemiker war der Begründer der heutigen Firma Firmenich S. A.
796 CYCLOSIA BASE ® ist ein (+)-7-Hydroxydihydrocitronellal, das 1907 von Philippe Chuit entdeckt wurde.
797 Die an blühenden Weißdorn erinnernde Verbindung ist ein Benzaldehyd-Derivat, nämlich der p-Methoxybenzaldehyd.

798 MNA ist Abkürzung für Methylnonylacetaldehyd, der als krautig und trocken ambraartig von hoher Strahlkraft (Diffusion) und großer Haftfestigkeit beschrieben wird.
799 Stickstoffverbindungen dieser Art besitzen einen außerordentlich starken, holzig-erdigen, moßartigen und an Nikotin erinnernden Geruch.
800 β-Phenyläthylalkohol ist das Hauptprodukt von extrahiertem Öl der Rosenblüten. Wegen seiner hohen Wasserlöslichkeit macht er in dem durch Wasserdampfdestillation gewonnenen ätherischen Öl aber nur wenige Prozente aus. Rosenwasser besteht daher hauptsächlich aus β-Phenyläthylalkohol. Der Alkohol hat eine leichte, aber sehr typische Rosennote. Er kann in Kompositionen in großem Stil eingesetzt werden, da er eine große Anpassungsfähigkeit besitzt. Man trifft ihn als synthetisch hergestellten Stoff in 82 % aller Parfüms an [791].
801 Louis Bouveault (1864–1909) war u. a. Professor an der Sorbonne und bekannt für seine Arbeiten auf dem Gebiet der ätherischen Öle und Kampfer. 1903 entdeckte er mit seinem Schüler Blanc die Ester-Reduktion, die in technischem Maßstab die Herstellung von β-Phenyläthanol erlaubte.
802 Der von den russischen Forschern Jukov und Schestakov 1908 entwickelte «Aldehyd C 14» mit seiner ausgeprägten Pfirsichnote ist chemisch ein sogenanntes γ-Undecalakton, das sich wie gesagt aus 11 Kohlenstoffatomen zusammensetzt. Diese chemische Verbindung wurde erst 55 Jahre später als Spurenstoff im Blütenöl der Narzisse entdeckt und schließlich als das riechende Prinzip des Pfirsicharomas erkannt.
803 Ref. [257], S. 127.
804 Vanillin ist als Aldehyd mit Benzolkern und phenolischem Charakter (4-Hydroxy-3-methoxybenzaldehyd) ein oxydatives Abbauprodukt des Isoeugenols [794]. 84 % der Weltproduktion von 12 000 Tonnen Vanillin im Jahre 1990 wurden in der Aroma-Industrie und nur 3 % in der Parfümerie verwendet, während 13 % als Zwischenprodukt bei der Arzneimittelherstellung gebraucht wird [805]. Äthylvanillin ist ein um ein Kohlenstoffatom homologes Vanillin, das bisher in der Natur unbekannt ist. Seine Geruchsstärke übertrifft Vanillin um das Fünffache.
805 G. S. Clark, Perf. Flav. **1990**, *15*, March/April S. 45.
806 Der sog. «Aldehyd C 18» ist ein γ-Nonalakton (neun Kohlenstoffatome) und chemisch eng verwandt mit dem Pfirsichlakton [802].
807 M. Gras, Dragoco Report **1991**, *38*, 99.
808 Unter Fettaldehyden versteht man die sauerstoffhaltigen Oxydationsprodukte von Fetten. In der Parfümerie verwendet man die Aldehyde mit linearen Kohlenstoffketten zwischen 8 und 12 Kohlenstoffatomen. Als reine Substanz riecht diese Verbindungsklasse nach verrotteten Fetten mit unangenehm starkem Stearinton. In hoher Verdünnung besitzen die Fettaldehyde eine blumig-zitrusartige Nuance. Sie treten in Spuren in allen Citrusölen auf. *Chanel No. 5* enthält C 10- (Decanal), C 11 (Undecanal) und besonders reichlich C 12-Aldehyd (Dodecanal). Zu dieser Mischung gesellt sich noch der Methylnonylacetaldehyd (MNA) [798].
Einen besonders olfaktorischen Beitrag leisten die ungesättigten Fettaldehyde. 2-Nonenal, auch Iris-Aldehyd genannt, besitzt eine fettige Irisnote, die sich besonders vorteilhaft mit den Veilchenriechstoffen kombinieren läßt. Der Mandarinen-Aldehyd 2-Decenal zeichnet sich durch eine sehr kräftige, wachsartige Zitrusnote von hoher Diffusion aus. 10-Undecenal mit seinem starken wachsig und rosenartigen Zitruston, nimmt in Konzentrationen unterhalb von 1 ppm [266] eine erfrischend fruchtige Note an, die sich durch große Anpassungsfähigkeit auszeichnet und vorteilhafterweise Rosen- und Moosgeruch unterstützt. Wegen seiner Harmonie mit Ambratönen wurde 10-Undecenal auch AMBROLIONE ® [758] genannt, *Mitsouko* hat davon profitiert.
809 H.-M. Hoffmann, Perf. Flav. **1985**, *110*, April/May S. 66.
810 1923 gelang Leopold Ruzicka [359] in Zürich die Totalsynthese der beiden Sesquiterpenalkohole. Nerolidol und Farnesol sind isomere Alkohole mit einem aus 15

Kohlenstoffatomen und 3 linear angeordneten Isoprenresten bestehenden Gerüst. Der primäre Alkohol Farnesol mit seiner frisch-grünen Maiglöckchen-Note wurde 1913 von dem deutschen Forscher M. Kerschbaum (Harmann & Reimer) im Moschuskörneröl entdeckt, während der tertiäre Alkohol Nerolidol ein Jahr später von Chemikern der Firma Schimmel & Co. in Miltitz bei Leipzig aus Perubalsamöl gewonnen werden konnte. Sein delikater holzig-blumiger und etwas grüner Geruch erinnert an Äpfel und Maiglöckchen. 1947 entdeckte Y. R. Naves (Givaudan S. A., Genf) Nerolidol in den brasilianischen Hölzern von *Myrocarpus frondosus* und *M. fatigiatus*, wo es in 80% ihrer ätherischen Öle vorkommt. Seitdem dient dieses sogenannte Cabreuvaöl als wesentliche Quelle für Nerolidol in der Parfümerie. Wir begegnen hier dem seltenen Fall, wo ein Syntheseprodukt durch einen Naturstoff ersetzt wird.

811 Die Synthese von Cyclamenaldehyd gelang in den Laboratorien der Agfa in Berlin. Das davon später abgeleitete LILIAL ® trifft man heute in der Hälfte aller Parfüm-Kreationen an. Die gleiche Bedeutung besitzt der Maiglöckchenduft LYRAL ®.

812 Der ungesättigte aliphatische Alkohol mit dem chemischen Namen (3Z)-Hexenol (lineare Anordnung von sechs Kohlenstoffatomen) wurde von den deutschen Forschern T. Curtius und H. Franzen als das reichende Prinzip der Hainbuchenblätter entdeckt (Liebigs Ann. Chem. **1912**, *390*, 89). Später wies die japanische Schule von S. Takei die Verbindung als das «grüne» Element im Tee nach. Seitdem wurde der Blätteralkohol in vielen ätherischen Ölen nachgewiesen, besonders auch in Form seiner Ester. In der Parfümerie verwendet man ausschließlich synthethisch hergestellten Blätteralkohol.

813 Allylamylglykolat ist ein einfacher aliphatischer Äther mit 10 Kohlenstoffatomen, der wegen seiner relativ hohen Flüchtigkeit als Kopfnote dient. Er wird häufig in Kombination mit anderen Grünnoten wie etwa Blätteralkohol [812] eingesetzt.

814 Ref. [257], S. 68.

815 Eine Parfümkomposition wird im allgemeinen aus drei Teilen aufgebaut. Sie entsprechen der Flüchtigkeit ihrer Ingredienzen. Die Kopfnote (*Téte*) steigt unmittelbar in die Nase (*Départ*). Sie vermittelt den ersten Geruchseindruck und besteht aus den volatilsten Substanzen der Mischung. Das Thema der Komposition wird von der Herznote (*Bouquet* oder *Cœur*) bestimmt. Den dritten Teil, der aus den am stärksten haftenden Komponenten aufgebaut ist, nennt man Basisnote (*Fond*). Zur Harmonisierung und Verzögerung des Duftablaufs fügt man in den meisten Fällen sogenannte Fixateure hinzu, die ein hohes Molekulargewicht besitzen und oft selbst geruchlos sind.
Diese «Architektur der Düfte» ist an 400 neuzeitlichen Parfüms vorgenommen worden. *H & R Duftatlas in vier Bänden*, Glöss Verlag, Hamburg **1984**.

Bildnachweis

Abb. S. 24, 42:
Dr. Wolfgang Pilz, Haarmann & Reimer GmbH, Holzminden.

Abb. S. 31:
Fritz-Martin Engel: *Zauber der Pflanzen – Pflanzenzauber.* Landbuch-Verlag, mit freundlicher Genehmigung des Autors.

Abb. S. 32:
Foto: Archiv für Kunst und Geschichte Berlin.

Abb. S. 37, 38, 39:
Bildarchiv preussischer Kulturbesitz, Berlin 1992.
Standort: Ägyptisches Museum Berlin, S. 37: Inventar-Nr. 16439, Foto: Jürgen Liepe. S. 38: Inventar-Nr. 1178, Foto: Margarete Büsing. S. 39: Inventar-Nr. 10708, Foto: Dietlinde Karig.

Abb. S. 40, 51 (oben), Farbbogen I, Abb. 2,3,6:
Dr. Emmerich Paszthory, Hoechst AG, Frankfurt.

Abb. S. 52 (oben):
Bildarchiv Foto Marburg.

Abb. S. 52 (unten)
Paul Faure: Magie der Düfte, München, Zürich 1990, S. 25. (c) 1991 Artemis & Winkler Verlag, München.

Abb. S. 132, 133, 135, 140, 159, Farbbogen I, Abb. 4, 5, Farbbogen II, Abb. 5 (a+b), 8 (a+b):
Firmenich SA, Genf.

Abb. S. 137 (oben):
WWF International, Gland, Switzerland, Foto: Margo Rice.

Abb. S. 151, 152:
EMB-Service Luzern, Switzerland.

Abb. S. 176, 191, 201, 203, Farbbogen I, Abb. 8:
Quelle: Propyläen Kunstgeschichte Band 17, China, Korea, Japan, Berlin 1968.

Abb. S. 246, Farbbogen II, Abb. 1, 2, 3, 4:
Givaudan-Roure SA, Genf.

Farbbogen I, Abb. 1:
The British Museum, Department of Egyptian Antiquites, London; reproduced by Courtesy of the Trustees of the British Museum.

Farbbogen I, Abb. 7:
Quelle: Propyläen Kunstgeschichte, Band 16, Indien und Südostasien, Berlin 1971.

Sachverzeichnis

H

I

J

Namenverzeichnis

Parfümverzeichnis

[Die mit einem Stern* versehenen Parfüms stammen aus der Zeit vor 1850.]